Norman Manea
Roboterbiographie

NORMAN MANEA

ROBOTERBIOGRAPHIE

Mit einem Nachwort von Dieter Schlesak

STEIDL VERLAG · GÖTTINGEN

Übersetzung:

Gerhardt Csejka: Die Hochzeitsfeste, Roboterbiographie. Dieter Schlesak: Tod, Prousts Tee. Paul Schuster: Der Pullover, Lehrgeld, Wendepunkt, Trennwand. Ernest Wichner: Die genaue Uhrzeit, Das Porträt des gelben Aprikosenbaumes, Seestück mit Vögeln.

Lektorat: Karl Heiner Busse

1. Auflage Oktober 1987. Titel der rumänischen Originalausgabe: Octombrie ora opt. · Umschlaggestaltung und Buchausstattung: Gerhard Steidl · Gesetzt aus der Bembo der H. Berthold AG, Berlin · Gesamtherstellung: Steidl, Druckerei + Verlag, Düstere Straße 4, 3400 Göttingen
ISBN 3-88243-078-8

ERSTER TEIL

ZWEITER TEIL

DER PULLOVER

Montags ging sie, freitags kam sie wieder. Sie ging weinend, als sei es das letzte Mal. Das nächste Mal würde sie's nicht mehr über sich bringen, uns alleine zu lassen – in einer Woche konnte ja so viel geschehen. Vielleicht würde nach den Tagen der Trennung ein Wunder geschehen, und sie würde uns nie wieder verlassen müssen. Vielleicht würde sich auch der Himmel auftun, und wir würden in einem Zug mit wirklichen Eisenbahnwagen sitzen, nicht wie der, aus dem sie uns in dieser Einöde am Ende der Welt wie Schlachtvieh ausluden. Mit geheizten Abteilen, Lampen und gepolsterten Sitzen ... sanfte, höfliche Tanten, die auf Wunsch jegliche Speise servierten, auf die man gerade Lust hatte, so wie es Reisenden zusteht, die aus dem Jenseits zurückkehren. Oder bis Freitag, bis zu ihrer Wiederkehr, würde der Himmel einstürzen, uns verschlingen, erlösen, dieser unendliche Himmel aus Asche, nach dem wir uns sehnten, damit endlich alles vorbei sei. Wenn sie dann wiederkam, war sie in Eile, von Ängsten geplagt, ächzend und gebückt unter dem Sack der Tage und Nächte, die sie für uns in Fron gestanden hatte.

Sie wirkte wie ein Schatten, schwarz und ausgedörrt. Wir standen am Fenster und erwarteten sie, wie sie sich aus dem Nebel der Steppe löste, sich hastig näherte, ein Phantom. Sie hatte gekämpft, das wußten wir, hatte darum gebettelt, und schließlich hatten sie ihr erlaubt, in die umliegenden fremden Dörfer zu gehen. Wie und wohin hätte sie auch flüchten sollen, ohne uns im Stich zu lassen? Die Arbeit des Vaters bezahlten sie täglich mit einem Viertel Brot. Wäre sie nicht gewesen, so wären wir längst schon umgekommen.

Sie hatten ihr also erlaubt zu gehen, hatten mit hinterhältigem Wohlwollen ihrer Bitte entsprochen, wie in einem Spiel, das man noch ein Weilchen dulden, beobachten konnte, um es dann, mit gesteigerter Lust und Grausamkeit, abzubrechen.

Von Montag bis Freitag strickte sie in den Dörfern jener fremden Umgebung bei den Bauern, deren Sprache sie nicht kannte. Jeden Augenblick, das wußten wir wohl, konnte das Spiel aus sein, hier in der Kate, in der sie uns zurückließ, oder dort in den warmen Bauernstuben, wo sie stumm für ihren Lohn arbeitete, für ein paar Kartoffeln, eine Handvoll Bohnen, ein bißchen Mehl, manchmal sogar ein Stück Käse, Dörrpflaumen, Äpfel. Sie allein glaubte noch, daß wir davonkommen würden, klammerte sich an alles, was Rettung verhieß.

Und so war jeder Freitag eine Art neuer Anfang. Als hätten wir noch einmal Aufschub bekommen. Sie schwankte auf uns zu, sich dahinschleppend, gekrümmt unter der Last des Sackes. Die Wiedersehensfreude war so erschütternd, daß keiner ein Wort herausbringen konnte. Sie aber bewegte sich noch lange wie im Traum, als könne sie es nicht fassen, daß sie uns wiedergefunden, daß sie uns wiedersah. Hilflos lief sie zwischen den Wänden hin und her, verstört, ohne uns zu berühren. Und mühsam nur kam sie wieder zu sich, fand sie die Kraft, den Sack zu öffnen, den sie an der Türschwelle abgeworfen hatte. Erst wenn sie sich bückte und sich ans Austeilen machte, wußten wir, daß sie sich beruhigt hatte.

Sie griff in den Sack, sortierte, wie sie's immer tat, die Sachen auf dem Boden, sechs Häufchen, für die kommenden sechs Tage: Kartoffeln, Runkeln; drei Äpfel sonderte sie ab. Keiner von uns hatte etwas anderes erwartet als das Gewohnte. Sie strich sich mit der Hand über die Stirn, kauerte erschöpft neben dem Sack. »Und dann hab' ich noch was« – dieses bedeutete nicht unbedingt eine Überraschung. Auf etwas Neues waren wir nicht eingestellt, längst wünschten wir uns keine anderen Geschenke mehr, wir wunderten uns ja schon über dieses Wenige.

Mühsam zog sie ihn hervor, als müßte sie ihn an den Ohren oder an gewaltigen Pranken ans Licht hieven. Dann ließ sie ihn aus ihren ausgemergelten Händen auf den leeren Sack sinken, wo er noch dicker, noch größer wirkte.

Kein Zweifel, er konnte nur für Vater sein; obwohl er zu schön aussah, vielleicht aber auch, weil es jeden anderen gereizt hätte, ihn einfach an sich zu nehmen, egal, wem er zugedacht war. Er strahlte in allen Farben, der Magier, der uns retten sollte, als wollte er uns seine ganze Macht zeigen. Die Nacht ringsum atmete bloß Rauch und Frost und Finsternis, wir hörten nichts als Schüsse, Schreie, das Gebell der Wachtposten, und Frösche und Krähen – daß es solche Pracht überhaupt noch geben konnte, hatten wir längst vergessen.

Sie hatte nicht mehr die Kraft, ihn ganz vor unseren Blicken zu entfalten, auszubreiten, aber das war wohl jetzt auch nicht mehr wichtig. Wir sahen, daß es etwas Wirkliches war. Ja, sogar unsere Rettung schien plötzlich näher, fast möglich angesichts dieses Wunders vor Augen.

Ich konnte nicht länger an mich halten und näherte mich, ihn zu streicheln. Er war flauschig, weich, herrlich, hineinzuschlüpfen, ohne sich um irgendwen zu scheren! Ich fuhr mit der Hand über die Ärmel, den Kragen. Drückte ihn an mich, knüllte ihn zusammen; er ließ mich gewähren. Ich breitete ihn aus, glättete ihn, legte ihn zurück auf den Sack; und hob ihn wieder hoch, um ihn Vater zu bringen. Alles hätte ich vergessen, hätte mich nicht ihre Stimme im rechten Augenblick aufgehalten, um mir zu sagen, daß er, wie ich's ja eigentlich erwartet hatte, für mich bestimmt war.

Aber, da wir ihn alle begehrten, stand er nicht gerade darum ihm alleine zu, der als erster und schon vor langer Zeit die Hoffnung verloren hatte?

Er war grob, erschien groß und war, darin bestand kein Zweifel, für ihn allein gemacht. Ihm mußte ich ihn geben, warum zögerte ich noch?

»Nein, er ist nicht für Vater«, begann sie zu flüstern, fast schuldbewußt.

Verwirrt blieb ich stehen. Noch hielt ich ihn umarmt, geblendet von seinen Farben, benommen von seiner Wärme. Ich hätte, nun sah ich's ein, die Hände davon lassen müssen, hätte zumindest rechtzeitig merken müssen, was es mit ihm auf sich hatte.

Endlich hatte die Ärmste einmal an sich selbst gedacht. Auf ihren Wegen durch den Schnee würde er ihr mehr nützen als uns hier. Ich hätte von selbst darauf kommen müssen, bedenken, daß sie selber, immer wenn sie fortging, nur in einen alten Sack gehüllt war und ihre Füße in Lumpen steckten. Eine solche Blindheit war mir nicht erlaubt, nicht eine solche Dummheit. Vor Ärger über mich selbst wäre ich fast in Tränen ausgebrochen. Ich hätte ihn nicht losgelassen, so weich war er und so anschmiegsam, doch wenn er ihr gehörte, hatte ich wohl nichts mehr zu sagen. Ich entfaltete ihn und betrachtete ihn noch einmal. Nun schien er mir auch nicht mehr so groß. Für sich selbst hatte sie ihn gemacht, wenigstens einmal auch an ihre eigenen Bedürfnisse gedacht.

Ich wandte mich um und näherte mich der guten Fee, die in einer Ecke der Stube kauerte, wo es wärmer zu sein schien.

»Der Pullover ist für Mara«, lächelte sie, oder weinte sie, ich weiß es nicht.

Es dämmerte schon, ich konnte nicht erkennen, nicht wahrnehmen, ob sie lächelte, wie ich vermutete, oder ob sie, wie schon so manches Mal, zusammengebrochen war. Ein schwarzblauer Nebel umfing mich, vielleicht schon die Nacht.

Es war nicht recht; dennoch verharrte ich noch lange so, den Kopf für immer in den Armen, in der Brust versenkt, wie eingenistet. Aber durch die dicke und gute Wolle sickerte bald ein kaltes Schweigen, schwer und kaum erträglich; selbst ihr Atem war nicht mehr zu hören. Ich drehte mich auf dem Absatz um und ging entschlossen auf Mara zu, selbst überzeugt, das Richtige zu tun. Ich legte ihn dem Mädchen in die Arme.

Erst tags darauf betrachtete ich ihn genauer. So ein Wunderding war es gar nicht. Nur aus Knötchen zusammengestrickt, das sah man ja gleich. Ich wendete ihn, hielt ihn Mara unter die Nase, damit sie sich selbst überzeuge: Knoten an Knoten. Als bestünde er nur aus notdürftig miteinander verflochtenen Resten. Und dann die Farbe. Zugegeben: an einigen Stellen richtiges Rot. Sonst aber ein Farbengemisch, aus dem man nicht schlau wurde. Weiß mit Grau, Schwarz, eine Spur Gelb, etwas Grün, und dann noch ein Grün, ein dunkleres; dann ein Streifen Grau, ein Flecken fauliges Lehmbraun neben einem pflaumenblauen Klecks, da ein Zipfel Schinkenrosa und gleich daneben der rotgelbe Schnabel eines Vogels. Und natürlich war er nicht für ein Mädchen gestrickt, das sah man doch auf den ersten Blick. Was ich aber für mich behielt.

Mara hatte eine besondere Stellung, und die mußte – das hatten sie mir eingeschärft – gewahrt werden.

Wir liebten sie sehr, beschützten sie mehr als uns selbst – was man uns oft genug vorhielt. Ich konnte ihr doch nicht sagen, daß er viel zu groß war für sie, und mit geschlossenem Halsausschnitt, wie für einen Jungen. Schließlich hätte sie das selbst feststellen können, groß genug war sie ja, doch um ihn genauer anzusehen, hätte sie ihn ausziehen müssen. Ihr aber war natürlich alles erlaubt. Wenn sie bat, ihn anbehalten zu dürfen, dann durfte sie's auch. Während der ersten Tage schlief sie sogar darin. Gewiß, wir waren klamm vor Kälte. Tag und Nacht froren wir, besonders nachts. Doch sobald man zusätzlich irgend etwas anzog, traf einen wieder das Verhängnis: die Läuse. Ausziehen, waschen, in andere, saubere Lumpen wickeln; die abgelegten müssen erstmal ausgekocht, alle Nähte abgesucht werden, sonst wehe uns. Mir, das wußte ich, mir hätten sie's nicht erlaubt, drei aufeinanderfolgende Nächte in den gleichen Lumpen zu schlafen. Wo sie sie doch so ängstlich beschützten. Sprach sich herum, daß in einer Kate am anderen Ende jemand erkrankt war, dann untersuchten sie sie sofort in fieberhafter Angst, tasteten ihre Stirn, ihren Hals ab, prüften sorgfältig ihre Augen, ihr Haar, ihre Fingernägel. Welche Panik, wenn ihre Stirn, ihre Hände möglicherweise glühten …

Sie mußte heimkehren, überleben, um jeden Preis, so flüsterten sie sich jedesmal zu. Durch einen Irrtum war sie bei uns. Was würden die Leute wohl sagen, wenn ausgerechnet sie umkäme, wir aber wiederkehrten und so für alle beweisen würden, daß wir uns bloß um unsere eigene Haut gekümmert hätten? Und vielleicht hatte ihre Mutter mittlerweile schon herausbekommen, wo wir waren, vielleicht war sie schon unterwegs hierher, um mit Hilfe amtlicher Papiere die Wahrheit wiederherzustellen. Mit dem Fluch, der auf uns lag, hatte sie doch nichts zu schaffen, sie war unschuldig. Ihre Mutter, die in einem Spital interniert war, hatte sie für einige Wochen zu einer alten, weit entfernt wohnenden Freundin geschickt. So war sie in diese Hölle geraten, zu uns und mit uns hierher verschlagen worden.

Unsere Proteste hatten niemanden überzeugt, für Klarstellungen war keine Zeit, niemand glaubte uns. Unschuldig, auf unsere Weise, waren freilich auch wir – schrien es immer wieder, nährten dadurch unsere Hoffnung. Aber der Sonderfall dieses Gastes schien allen weit schlimmer. Sollte der Irrtum sich nicht klären lassen und die Unglückliche auch weiterhin mit uns festgehalten werden, dann mußte sie unbedingt – hierin waren sich alle einig – als letzte überleben. In Ecken flüsternd, wenn sie außer Hörweite war, besprach man den Fall, sie wetteiferten, sie zu schützen, und dennoch wußte niemand, wie man ihr alles recht machen und zugleich die Gefahr von ihr fernhalten könnte. Ich hätte auf Anhieb erraten können, daß das Geschenk nur für sie bestimmt war und daß niemand ihre Freude daran beeinträchtigen kann.

Erst jetzt, am vierten Tag, betrachtete ich ihn in aller Ruhe. Ein Wunder, ich konnte mir nichts mehr vormachen. Wie gerne hätte ich ihn wenigstens eine Nacht gehabt. Sie hätte ihn mir gegeben, hätte ihn mir sicherlich geschenkt, wenn ich sie darum bitten würde. Sie war immer so lieb zu mir. Aber ich wußte, das war verboten. Dafür aber konnte ich ihn ungestört stundenlang bewundern. Selbst der erfahrenste Hexenmeister hätte keinen besseren machen können. Die Knötchen verliehen ihm Festigkeit, hielten und vermehrten die Wärme, und sie waren nach innen gestrickt, so daß er außen schön leicht und glatt aussah. Und diese Farben, diese geheimnisvollen Tinteninseln, da eine schwarze, dort eine grüne, und eine blaue auf der anderen Seite, man konnte nach Herzenslust mit den Augen und den Fingern über sie hinwandern, sich einnisten: da eine offene Hand, rot wie der Sand afrikanischer Wüsten, dort ein aschgrauer Wolkenbausch, von goldenen Rändern gesäumt, und Blumen und Sonnen. Ein ganzer Tag reichte nicht aus für all diese Kontinente, die einer dem anderen entsprangen und einen völlig verwirrten.

Ich kam nicht dazu, mich zu langweilen, während ich ihn betrachtete; geschweige, ihn mir auszuleihen oder gar selber zu tragen, bis er mir gleichgültig würde. Bereits in der folgenden Woche erschien Mara mit fiebergeröteten Wangen. So trennte sie sich von ihm, ließ ihn im Winkel neben dem Fenster liegen. Ich schaute ihn an, dachte an ihn, doch ich berührte ihn nicht, wie sehr ich's auch gewollt hätte.

Mara ging es von Tag zu Tag schlechter, sie würde sterben. Seit der Erkrankung der Großeltern wußte ich, wie der Anfang aussah und wie das Ende. Es würde nicht lange dauern, und Hilfe gab es keine. Die Stunden, in denen sie auflebte, plauderte und vergnügt war, trogen; das wußte ich.

Sie hatte keinen Grund, ihn nicht zu guter Letzt mir zu geben. Die Krankheit schritt fort, die Tage wurden schwerer, dehnten sich aus, der Tod rückte heran. Ich spürte es. Erschrocken wartete ich, das Erstarren des geliebten Mädchens zu sehen. Ich weiß nicht, wenn sie ihn mir jetzt angeboten hätte ... Als ginge es um eine Forderung, deren Erfüllung das Gesetz der Natur hätte aufheben können. Wenn sie ihn mir also überlassen hätte, um selber davonzukommen, obgleich doch nicht ich Schuld war an ihrer Erkrankung und es auch keine rettenden Medikamente gab.

Ich mischte mich nicht ein, als sie schluchzend beschlossen, sie am Waldrand, neben den Großeltern, zu beerdigen, mit all ihrer bescheidenen Habe.

Ich wartete, bangte, hoffte, sie würden ihn vergessen ... Doch Mutter nahm ihn und warf ihn wütend zu den anderen Sachen. Sie verweilten noch kurz am Totenbett, rückten zusammen, laut klagend, von Tränen erstickt. Sie, die Fremde, war nun doch als erste den Großeltern gefolgt. Nun gehörte auch sie zu uns. Als man sie hinaustrug, griff Vater mit seiner großen Hand zu, fand ihn, zog ihn heraus und ließ ihn hinter sich zu Boden fallen. Mutter bemerkte das, betrachtete ihn mit einem langen Blick, sagte nichts, war also einverstanden mit der Rettung.

Frierend bis ins Mark kehrten wir aus dem Wald zurück. Es regnete, schwer klebte die Erde an unseren Fußlappen. Dunkle, wasserdurchtränkte Schollen bedeckten nun Mara. Ich wußte, wie schon beim Tod der Großeltern, daß sie nie zurückkehren würde. Und erinnerte mich, wie sie sich damals zitternd vor Kälte an mich gedrängt und den Arm um meinen Hals geschlungen hatte. Erinnerte mich an ihr rundes und rasches Lachen, mit dem sie uns so oft entzückt hatte. Keiner sagte ein Wort, wir legten uns auf den Lehmfußboden, wo uns die Nacht, jeden für sich, zudeckte.

Ich näherte mich ihm nicht, berührte ihn nicht. Ab und zu streifte ich ihn mit flüchtigem Blick; wie farblos er dalag, verlassen, gestorben. Auch tags darauf ermunterte mich niemand, ihn anzuziehen, obwohl die Kälte und die Feuchtigkeit im Raum zugenommen zu haben schienen. Am Montag ging Mutter wieder. Erst nachmittags, als wir alleine waren, legte Vater ihn mir um die Schultern. Ich fühlte die Ärmel warm auf meine Brust herabhängen. Ich schlüpfte hinein, zog mir die warme Hülle über den Kopf. Er war wie für mich gemacht. Gern wäre ich in den Hof hinausgetreten, um mich zu zeigen. Oder wäre wenigstens ein bißchen im Zimmer herumspaziert, doch ich traute mich nicht. Zusammengekauert hockte ich da. Endlich, nun war er mein, wie ich mir's so lange gewünscht ... ich zitterte, konnte mich nicht mehr beherrschen.

Aber auch diese Freude war von kurzer Dauer. Schon tags darauf spürte ich ihn weich und schlaff von meinen Schultern herabhängen. Dies war das Signal, ich wußte es. So hatte es auch bei den Großeltern begonnen, dann bei Mara. Irgendwo, ganz nah, lauerte die Krankheit, schlich sich unbemerkt an, sog sich langsam fest, um dann jäh auszubrechen, meist gegen Abend; die Geschlagenen begannen zu taumeln, brachen unter Fieberwellen zusammen, verloren die Stimme.

Und dann der kopflose Kampf, die Suche nach Medikamenten unter den Nachbarn, nach einem Pyramidon, einem Aspirin, einem bißchen Spiritus. Endlich würden wir auch an das Thermometer herankommen. Das einzige im ganzen Lager; es gehörte einer manischen Alten, die es, in ein schmutziges Wolläppchen gewickelt, ängstlich hütete, und war nur über zermürbenden Wortschwall verfügbar. Wie ein Talisman wanderte das Thermometer von Hand zu Hand bis zum Kranken, es durfte unter keinen Umständen kaputtgehen, denn dann hätten wir auch das Letzte verloren, was uns noch mit der normalen Welt verband, und noch wollten wir diese Bindung.

Wie immer würde sich der Herr Doktor auch einfinden. Nur eben nicht jener typische Vertreter seiner Zunft, ein vornehmes Wesen mit funkelnder Brille, sondern ein schwindsüchtiger Buckliger, völlig erschöpft und zerlumpt. Auch ihn nannten wir Doktor, auch er hatte kleine weiße Hände, nur wusch er sie sich längst nicht mehr, wie sonst vor und nach jeder Untersuchung. Und er machte es auch so kurz wie möglich, sparte Gesten und Worte.

Er hatte dem Mädchen die Hand auf die Stirn gelegt, hatte ihre Finger angesehen, den Puls mit stummen Lippen gezählt, hatte den abgezehrten, wachsgelben Körper entblößt, hatte ihn auf die eine Seite, dann auf die andere gewendet, hatte auf die Flecken gedeutet, hier einer, und da, und da: Die Krankheit hatte bereits die volle Herrschaft über den Leib der kleinen Patientin übernommen. Nein, da würde sich nichts mehr machen lassen; bloß hilflos die Hände heben und mit gesenkten Lidern den Namen der Marter aussprechen, die wohl nach wenigen Tagen ausgestanden sein würde. Falls nicht ein Wunder, falls nicht ein Wunder ... und er würde noch einmal die Schultern hochziehen, noch einmal die Hände heben und, wie alle anderen auch, um das Wunder flehen. Und würde sich wieder davonmachen, verlegen, wie er gekommen war.

Es war dunkel geworden, doch ich spürte nicht nur, wie das Licht sich allmählich selbst aufgab, sondern mehr noch die grausam schneidende Kälte. Und in dieser Kälte des Abends geriet ich in einen seltsamen Zustand, als hätte er mich verlassen, mir den Schutz entzogen: Leblos, kalt, schlaff hing er auf mir. Zweifellos hatte die Krankheit die ganze Zeit in ihm gehaust. Er hatte schon Mara getäuscht, doch ihr war es nicht gelungen, ihn mit sich ins Grab zu nehmen. Nun war ich an der Reihe. Ich hätte ihn ausziehen, verbrennen, wegwerfen sollen. Zu spät, es hatte keinen Sinn mehr.

Ich fürchtete mich vor dem Ende in jener nassen, finsteren Grube, wo keiner wußte, was danach kam. Schuldbewußt gestand ich mir ein: Ich hätte seine Buntheit, seine Wärme nicht so voreilig begehren dürfen. Hätte mich beherrschen müssen, warten, und nicht so schamlos mit ihrer Krankheit rechnen dürfen, und selbst nachher noch auf ihn scharf sein, bis ich ihn endlich auf dem Leib spürte. Ich hätte nicht so schwach, so blind und ungeduldig sein dürfen, daß ich sogar vor Freude weinte, als ich ihn schließlich bekam ... Nun war ich ertappt worden, das war gewiß, und gezeichnet um meiner Habgier und Niedertracht willen. Hätte ich, wenn nicht von Anfang an, so doch wenigstens nach Maras Tod, auf ihn verzichtet, dann wäre ich der Strafe vielleicht entgangen ...

Ich hielt's nicht länger aus, schleppte mich zum Fenster. Vater spähte wie gewöhnlich durch das schmale Lichtauge hinaus, in Erwartung des Wunders oder des Untergangs. Gegen Abend überkam ihn die Verzweiflung, verlor er den Halt.

»Die Krankheit. Die Krankheit, mir ist so übel ...« – es dauerte eine Weile, bis er mich wahrnahm. Aufgeschreckt wandte er sich mir zu, legte die Hand auf meine Stirn, an meinen Hals. Er zog mich ans Fenster, hieß mich zählen, die Zunge herausstrecken, die Augen weit öffnen. »Du bist bleich, sehr bleich, aber du hast nichts«, sagte er, hob mich mit seinen großen Armen hoch, brachte mich zu Bett.

Meine Stimme versagte. Ich deutete mehrmals auf die giftigen Ärmel, wies mit der Hand auf den kranken Halsausschnitt, Vater bemerkte es nicht. Es war ganz dunkel geworden. Sein großes Lächeln deckte mich zu, er beugte sich über mich, seine Hand lag auf meiner schweißnassen Stirn.

Ich erwachte im Sarg, hinabsinkend in die Grube neben Mara, dann kam das Nichts. Ich zitterte, es war wieder Tag geworden, immer wieder wollte ich's aussprechen, daß ich den Freitag nicht mehr erreichen, es also niemanden gäbe, der mich retten würde. Und wieder die Nacht; Schwärze vor Augen, eine tiefe Wolke, tiefer und immer tiefer, und darüber eine angstvolle Stimme.

Ich spürte am Hals, am Ohr den Hauch eines hastigen Atems. »Ein Glück, daß ich wieder da bin, rechtzeitig wieder da bin«, sagte sie. Und auch die dünne Stimme des Doktors war zu hören, ganz nahe, und sein Keuchen. »Keine Flecken, keine Symptome«, so hatte er auch damals gesagt: Symptome. Wie schön das klang, ich riß das Wort an mich, strauchelte, stürzte, Symptome, fast eine Liebkosung, und glitt hinab, versank, verlor das Bewußtsein. Kalte schlüpfrige Fische strichen über meine versengten Lippen, leckten meine Ohren, ich floß mit ihnen dahin. Einige Male schaffte ich es, die Wogen wegzudrängen, die Augen zu öffnen. Dann sah ich Mara, wie durchsichtiges Wachs, sah die gelben Mausezähne des Doktors, und wieder die Grube.

So lag ich, ertrunken, wohl einige Nächte lang, bis ich abermals die vertraute Stimme vernahm. »Nun kann ich ruhiger gehen, es ist überstanden.« Ich hatte mich den Armen des Todes entwunden, torkelte benommen, übte die ersten Schritte an der Wand entlang, gestützt vom Arm des Vaters, bis zum Fenster der Steppe, die alles verschlungen hatte.

Und ich fand die Kraft zu der Frage, ob ich noch Flecken hätte.

»Du hattest gar keine, warst gar nicht krank. Bloß ein Schreck, das hat auch der Doktor gesagt. Du hast die ganze

Zeit phantasiert: Er klebt fest, hast du immerzu gesagt, klebt fest, und hast versucht, die Arme zu heben.«

Er hielt mich unter den Achseln, ließ mich hinausblicken. Reichte mir einen heißen Trunk. Freitag, schon morgens, gab die Steppe uns Mutter zurück. »Bin früher gekommen, hab' ihnen gesagt, daß du krank bist. Sie haben mir auch ein bißchen Schmalz mitgegeben, damit du wieder zu Kräften kommst.« Ich kam wieder zu Kräften und konnte ihn wiedersehen, in einer Ecke, besiegt, geschrumpft, ergeben, bereit mir zu dienen. Doch ich war ein anderer geworden. Ich ließ ihn warten, beachtete ihn nicht. Sie hatten mich in eine dicke Decke gewickelt, hier streifte mich kein Frost mehr. Und alle umdrängten mich, entschlossen, mich nun nie wieder zu verlassen.

Ja, er war geschrumpft, war ganz winzig. So ließ ich's denn zu, daß er mich wieder umhüllte. Er war also doch nicht so gefährlich gewesen. Während er zusammengeknüllt an der feuchten Wand gelegen hatte, war sein sprödes und wirres Haar weicher geworden. Ich vergrub die Nase, das ganze Gesicht in der einst so gütigen flauschigen Fülle. Suchte wieder den entrückenden warmen Duft frisch gebackenen Brots, den Duft von Bratkartoffeln, von lockerem Sägemehl, von dampfender Milch, von Regen und nassem Laub, von Bleistiften und von Äpfeln. Doch den fand ich nicht mehr, er roch so befremdlich, nach Schimmel, faulig und dumpf. Irgendwie stickig, beißend, ich erinnere mich nicht mehr genau. Und ergraut war er, verkümmert, müde geworden – ein Fremder.

Das legte sich während der folgenden Tage allmählich, langsam fanden wir wieder zueinander, freundeten uns wieder an. Er wurde wieder kuschelig und warm. Die Farben erwachten, die Welt bunter Tinten. Und trotzdem, die Annäherung ängstigte und bedrückte mich. Wie ein

Schurke war ich darauf versessen gewesen, ihn für mich alleine zu haben. Meine Ungeduld hatte Maras Tod beschleunigt! Ich bebte, obwohl doch niemand, außer ihm selbst, davon wußte. Mutlos und geknickt nahm ich ihn wieder an.

Meine Arme verhedderten sich, und ich bekam den Kopf nicht durch. Und als er mich dann endlich wieder umspannte, war mir's, als müßte ich ersticken. Die Krankheit fürchtete ich nicht länger. Mara hatte ihm alle Kraft genommen, die Krankheit konnte er mir nicht mehr aufhalsen. Aber Schuld und Entsetzen; brennend umspannten mich seine Ärmel, umschmiegten mich, so wie das Mädchen sich in vielen Nächten, zitternd vor Kälte, an mich zu schmiegen versucht hatte.

Doch ich gewöhnte mich daran, und auch er beruhigte sich. Sein Anblick weckte nicht mehr die Pein der Erinnerung. Er gehorchte mir, diente mir, ergeben und unauffällig. Darüber vergaß ich manchmal mich selbst, gewann wieder ein klein wenig Sicherheit.

Zur Beerdigung des Doktors nahm ich ihn jedoch nicht mit, zu groß wäre die Herausforderung gewesen! Der Schneesturm wütete, ich schlotterte vor Frost und Grauen. Ich hatte ihn gut versteckt, damit ihn ja niemand fände. Und ich ließ ihn tagelang so liegen. Spät erst erlöste ich ihn, als die Beerdigungen sich häuften, von Tag zu Tag. Von nirgend war Aufschub zu erhoffen, wir brauchten uns nicht mehr zu sorgen. Zu Dutzenden kippten wir um, blind schlug das Verhängnis zu, traf gerade die, die's am wenigsten erwartet hatten. Niemand mehr kümmerte sich um mich, ich selbst nicht mehr, das Grauen wurde allgemein, zum riesigen Sog, der uns alle mitriß, betäubte, winzig machte. Wir vergaßen uns selbst, vergaßen den Nächsten.

Schuld und Verbrechen zählten nicht mehr, gar nichts mehr zählte. Das hatte auch er begriffen, hatte Buntheit und Duft abgelegt, um unbemerkt durchzukommen. Jetzt war er nur noch nützlich, ich trug ihn täglich, er behütete mich: das war alles. *Er* paßte sich mir an, wurde zum Schild, nichts mehr erinnerte an unsere großartigen Heimlichkeiten von einst. Wir nahmen einander gar nicht mehr wahr, schützten uns gegenseitig, so gut wir konnten – selbst schutzlos. Die Winde der Steppe wehten unablässig heran, trafen die Wahl. Ihr gieriges Tosen übertönte alle Schrecken. Kein Ohr hätte da noch einen armseligen Seufzer aus Schuld oder Reue ausmachen können.

Die Tage belauerten uns. Wir vergaßen sie, warteten, horchten hinaus ins knirschende Rasen der Nacht. Die Zeit trieb uns vor sich her, wir hatten nur unsere Ohnmacht, die Zeit selbst war krank geworden, und ihr gehörten wir an.

TOD

Das Spiel verlangte es so: Sie mußten sofort, wenn das laute Geräusch auf sie eindrang, in der Bewegung erstarren; keine Faser des Körpers durfte sich regen. Auch wenn der Ruf oder ein Stein, auf bestimmte Weise gegen den Zaun geworfen, die simulierte Detonation einer geborstenen Flasche, ihr Zerplatzen an der Wand, sie in vollem Lauf oder im Sprung, während des Kämmens oder selbst in den eigenartigsten Körperstellungen überraschte, in denen es äußerst schwierig war, für längere Zeit das Gleichgewicht zu halten, durfte es kein Blinzeln geben und nicht die kleinste Bewegung.

Kurz zuvor erst waren zwei von ihnen unverhofft am Rande eines Fenstersimses in der Schwebe erstarrt, nahe daran zu fallen, der Sims etwa ein Stockwerk hoch über dem Boden, die dünnen Beine bereit, nachzugeben; einige Sekunden später wären sie rücklings in die Tiefe gestürzt... Einem vorbeigehenden großen Bengel war es gerade noch gelungen, sie festzuhalten.

Sie verharrten oft bis zu einer Stunde wie gelähmt in ein und derselben Position, so verlangte es die Spielregel. Da standen die vom Signal Überraschten, gefrorene Sekunden, mit erhobenen Händen, mit einem Bein in der Luft, mit verdrehtem Hals oder gebeugtem Rücken, die Arme fast bis zum Boden baumelnd oder erstarrt beim Hochheben eines alten Mantelärmels oder eines noch fettigen Butterbrotpapiers, das sich aus der Kantine der

Wachmannschaften hierher verirrt hatte. Dem natürlichen Trieb, eine einmal begonnene Bewegung fortzusetzen, widerstanden sie, er machte sie nie schwanken. Sie starben einfach – und keine Versuchung dieser Welt konnte sie in die Bewegung des Lebens zurückbringen.

Es gab also auch hier Spiele. Die kleinen Mädchen erfanden etwa das Schaufensterpuppen-Spiel; sie versuchten sich ganz plötzlich in Fräuleins oder vornehme Damen zu verwandeln. Die Regungslosigkeit der kleinen zerlumpten und schmutzigen Statuen erinnerte an eine gewisse Eleganz. Sie stellten sich vor, daß diese einer Welt entsprach, die noch solche Modelle nobler und feiner Damen bewahrte, deren Vollkommenheit der starren Unbewegtheit dieser Puppen gleichkam.

Man hätte das Spiel aber auch anders nennen können. Ihre plötzliche Versteinerung zu einer Haltung, die sie in ihrer Regungslosigkeit fast nackt und als Skelette erscheinen ließ, wie sie ganz plötzlich stillstanden, auf jede Bewegung verzichteten und dabei kaum atmeten, hatte etwas von einer unheilvollen Vorahnung.

Der Junge, der sie so sah, fragte sich dabei oft, ob dieses Spiel das Unglück nicht erst anziehe. Er glaubte, in der Nähe einen versteckten Gewehrlauf zu spüren, der vom Zaun her oder von anderswo drohte ... Dieses Spiel hätte den Posten furchtbaren Spaß gemacht. Wenn ein Knall wie ein Schuß krachte und ein Mädchen fiel um, konnten die anderen nicht wissen, daß es ein wirklicher Schuß gewesen war und das Umfallen nicht zum Spiel gehörte.

Die Mädchen waren entzückt von ihrer Kunst, bewahrten in dieser erstarrten Bewegung den Hochmut, die zarte Koketterie einer anderen Welt, in der – so stellten sie es sich vor oder so hatte es ihnen ein Älterer erzählt – es noch Damen und Herren gab, die nur dazu da waren, aus der Distanz wie in einem Schaufenster bewundert zu werden ... Der Junge glaubte, den Gewehrlauf oder die kleine schwarze Pistolenmündung zu sehen, die nur ein paar Schritte von den Mädchen entfernt versteckt lauerten, um dann plötzlich in einem anderen Spiel zu feuern, das für die Soldaten eine tolle Unterhaltung gewesen wäre.

An dem Tag, an dem sie oben auf der Fensterbank vom Alarm überrascht wurden, hatten die beiden Mädchen das Gleichgewicht fast verloren und waren nur im letzten Augenblick von Lică, dem riesigen Vetter mit dem roten Lockenkopf, der bereits ein wenig weiß geworden war, so daß eine ganz ungewöhnliche neue Farbe, ein aschenes Ziegelrosa, sich ergeben hatte, aufgefangen worden, an diesem Tag also, da war der Junge sicher, daß das Unglück diesmal schon passiert war. Erschrocken öffnete er erst spät die Augen: Die Schwarzhaarigen liefen wieder herum. Sie schienen noch erschrocken, aber waren lebendig, fröhlich – unglaublich.

... Rundherum hinter dem Zaun platzten die Blumenknospen. Der Frühling war da, man hörte die Vögel. Er konnte sie aber nicht unterscheiden und benennen, niemand hatte Zeit, mit ihm über Vögel und Blumen zu sprechen. Auch nicht über die vielen Käfer, die mit der Sonne erwacht waren.

Er lehnte sich an einen Pfosten des Maschendrahtzaunes. Die Augen geschlossen, fließende Trägheit stieg in ihm hoch. Wärme erfüllte ihn, er öffnete das Hemd bis zur Hose. Das Hemd war bunt, bestand aus vielen verschiedenen Flicken, wie man sie so fand. Seine Mutter hatte sie wer weiß wo zusammengeklaubt. Er hatte nur zwei Knöpfe zu öffnen, einen ganz oben am Hals, der war rosa, ein Bettdeckenknopf, der andere, unten nahe am Gürtel, war groß und schwarz, ein »Überzieherknopf«, wie Lică zu sagen pflegte, der ihn damit verspottete. Er öffnete also die Knöpfe, zog die beiden Hälften des Hemdes auseinander und entblößte seine gelbliche, knochigmagere Brust. So blieb er mit geschlossenen Augen stehen, die Lider zuckten und flatterten im grellen Licht.

Die Sonne wärmte die dünnen, nicht ausgeformten Rippen ... nackt und bloß für die Kugel, die schon wartete.

Der Schuß traf ihn mitten in die Brust. Sein erster Gedanke, bevor er die Augen öffnete: »Man hat nichts gehört, da war doch kein Knall.« Wirklich, nichts.

Ein Summen auf der Brust. Die tief eingestochene Nadel, und die Stelle des Einstichs. Er schlug sinnlos mit den Armen um sich, schrie. Das war der Tod. Es konnte nur Sekunden dauern, dann stürzte alles ein. Keine Zeit mehr. Er lief, blaß, gestochen, erstochen. Ein Toter, weit aufgerissene schwarze Augen. Das gelbe Tier verfolgte ihn, kreiste um seine Schultern. Er hob die Arme, um sich zu schützen. Ging rückwärts, stolperte. Drehte sich um sich selbst, das Hemd rutschte von den Schultern. Er drehte sich auf der Stelle, lief dann, ohne sich umzusehen, davon. Sprang, der Erdboden öffnete sich unter ihm bei jedem Satz. Er rannte bleich, verschwitzt, mit offenem Mund, um noch die letzten Augenblicke zu erfassen, beizeiten anzukommen. Der Schmerz breitete sich aus; dünne schnelle Schmerzbahn; das Gift stieg hoch; es würde zu spät sein ... Er stieß heftig an die Tür der Baracke, stürmte hinein.

Der Onkel sah wie immer durch die Bretterritzen ins Freie. Die Alte betete in einer Ecke. Die hätten ihm niemals helfen können, die sahen ihn gar nicht. Er schwankte. Die Kräfte würden ihn bald verlassen, das wußte er. Er stürzte nach nebenan, zur Tür der Nachbarn, drüben, die anderen, auf dem Korridor. Er konnte nicht mehr sprechen, er erstickte, die Wangen brannten, verklebt mit Tränen.

Er sprang über die Schwelle, lief schluchzend und verzweifelt um den Hof. Schnell rannte die Zeit, immer schneller. Er suchte in einer anderen Baracke, fand *sie,* endlich! Es gelang ihm noch, ihr die Schwellung, die bewußte Stelle zu zeigen. Er keuchte, bat sie, schnell, schnell, alles muß versucht werden, jetzt, sofort. Ihn noch zu retten, vielleicht ... es ist auf ihn geschossen ... er ist getroffen worden, gestochen, etwas Gelbes, Giftiges ... Doch die rauhe Hand der Mutter strich ihm über den Scheitel, um ihn zu beruhigen. Einfältige Zärtlichkeiten: Mutters Art, Zeit zu verlieren. Ihn verließen die Kräfte, einer Ohnmacht nahe. Nicht einmal sie begriff den Unglücksfall.

»Es ist nichts ... eine Biene ... es ist nichts!«

Ihre ruhige Stimme entsetzte ihn. Auch sie hatte nichts begriffen ...

Als er schreien, den Blick heben wollte, hörte er hinter seinem Rücken ein wildes bekanntes Gelächter. Lică, der Cousin, schüttelte sich vor Lachen. Dieses Ungetüm, das von Tag zu Tag abgemagerter aussah, wie ein armer Teufel, hatte noch Kräfte. Als sammele er seine ganze Energie, dieser schamlose Kerl, in dem Gelächter, das er über ihn hinwegrollen ließ.

PROUSTS TEE

Jene, die neugierig, dieses Schauspiel zu sehen, sich auf der anderen Seite großer und schwerer Holztüren drängten, waren vielleicht Reisende, ihre Begleiter oder auch nur gewöhnliche Faulenzer, die man auch sonst hier auf dem Bahnhof antreffen konnte. Doch niemand hatte an diesem Nachmittag Zugang zu den Wartesälen. Auch was drinnen vorging, konnte keiner sehen. Die Fenster waren zu hoch und die Glasscheiben der Türen schmutzig und beschlagen.

Der Saal selbst hatte riesige Ausmaße; und es schien schwer vorstellbar, daß er von irgend etwas mit Leben erfüllt werden könnte; alles verlor sich in ihm, wurde von der Leere verschluckt. Die zerlumpten, über ihren Bündeln Zusammengesunkenen hatten sich aneinander gedrängt; sie bildeten Kreise, die sich von den Wänden her zur Mitte ausbreiteten, den ganzen Raum einnahmen, der Lärm nahm kein Ende.

Dünne Stimmen, verzweifelte, manchmal heisere, auch Stöhnen, alles verstärkte sich plötzlich beim Erscheinen der Krankenschwestern. Die weißen Kittel konnten sich kaum durch das Gewirr von Körpern und Beinen hindurchschlängeln. Hände, die sich den Armen und Schenkeln entgegenstreckten, wenn auch nicht bis hinauf zur Schulterpartie, zum Hals der vornehmen Damen in Weiß, versuchten sie festzuhalten. Sie schrien, es schien, als beteten sie, schnarchten, fluchten sie. Einige, vor allem jene, die sich zu weit vom Zentrum entfernt hatten und für die es keine Hoffnung mehr gab, an einen der Beutel und Becher zu kommen, weinten.

Die Neugierigen, die sich auf der anderen Seite der Holztüren und des dicken Glases drängten, hätten, auch wenn es ihnen möglich gewesen wäre, in den Raum zu blicken, vergeblich versucht, in jener Masse menschlicher Skelette, die in mit Bindfaden zusammengehaltenen Lumpen steckten, die Gesichtszüge, das Alter oder das Geschlecht derjenigen zu erkennen, die dort im Wartesaal des Bahnhofs zusammengepfercht waren. Frauen – wie alte und verbrauchte Häftlinge. Kinder mit leichenblassen Gesichtern, wie der Apokalypse entronnene Männer, zermalmt und kleingemacht von der gleichen Foltermaschine, die ihnen die Körper zusammengestaucht hatte.

Die Krankenschwestern wußten sicher, daß es im Saal keinen einzigen Mann gab, auch waren weder Mädchen noch junge Frauen zu sehen. Hätten sie das Jammern und das Klagen verstanden, wäre es ihnen klargeworden, daß eben diese Selektion und Trennung die Panik im Wartesaal ausgelöst und nun ins Unerträgliche gesteigert hatte: Sie verstanden nicht und glaubten auch nicht an ihre Rettung, hatten den Verdacht, ihre neue Lage sei eine noch teuflischere Bosheit, um andere, neue Qualen vorzubereiten, vielleicht sogar das Ende. Warum sind denn alle jungen Männer und Frauen, die noch bei Kräften gewesen waren, zurückgehalten worden? Sollten sie mit einem anderen Zug nach hier gebracht werden? Hatte es keinen Platz mehr gegeben? Hatte sich jemand beschwert, daß die Leute wie Heringe übereinander liegen mußten? Man hätte doch auf diese großen und luxuriösen Wagen verzichten können, auf diese Waggons, die sich wie kaiserliche Gondeln wiegten: doch einfach alle Leute mit Pferdewagen hierherbringen, oder auch zu Fuß, auch Dutzende von Kilometern, aber gemeinsam eben, die Männer, die Frauen, die Schwestern, die Söhne und Töchter und Alte und Kinder – alle.

Auch die Frau, vor der nun die Rotkreuzschwester stehenblieb, war geschoren wie alle anderen. Ihren Kopf bedeckte eine Art Kapuze aus Sackleinen. Sie war ohne Alter. Die ganze Zeit stumm. Reagierte auch nicht, als ihr eine Nachbarin den Rest Decke aus den Händen riß und sich selbst darin einwickelte. Blieb regungslos, auch als eine Alte rechts von ihr diese Stummheit als bösen Beweis ihrer eigenen Vorahnungen nahm, außer sich geriet und die Hände gen Himmel hob.

Endlich hob die Frau den Kopf: eine zerfurchte Maske, verwelkt und alt, wie ein Phönizier. Sie rührte sich nicht, als die Krankenschwester einen Schritt zurücktrat, weil der Gestank im Saal ihr den Atem nahm. Die Frau blickte aufmerksam. Ebenso der Zwerg, der seinen kleinen gelblichen Kopf an ihre nackte Schulter gelegt hatte. Im Saal flimmerte die erhitzte Luft. Das unaufhörliche Rauschen schien die Saaldecke herabkommen zu lassen, die Wände schienen zusammenzurücken. Der Saal war kleiner geworden. Und alles geschah nun ganz nah am Boden. Erst als jemand den Blick hob und den Kopf in den Nacken legte, hob sich die Decke wie ein sich entfernender, unberührbarer Himmel. Der Lärm blieb zurück, verlor sich irgendwo weit unten. Die dort unten waren von dem Durcheinander taub geworden; sie waren vom Schrecken erschöpft; vergaßen alles.

Auch sie vergaß, was in dem Zug, der nicht kam, hätte passiert sein können. Sie wäre mit Sicherheit nicht akzeptiert worden, darüber bestand für sie kein Zweifel, sie sah, obwohl kaum dreißig, aus wie eine Greisin. Auch wußte sie nicht, weshalb sie denn mit jenem Zug, der für die Männer und die jungen Frauen bestimmt gewesen war, hätte fahren sollen. Gesehen hatte sie freilich, wie in jenem Moment, als sie aus den Reihen raustraten, der Vater schamlos an meiner Cousine klebte. Sie hatte kaum hingeschaut, doch gesehen hatte sie natürlich alles. Brav eingereiht, hatte sie kraftlos die Hände des Zwergs umklammert, der sich hinter ihr herschleppte. Dann hatte sie ihm die hohen Stufen des Waggons hinaufgeholfen und gespürt, was der Junge dort oben beim Drehen seines welken und zerfurchten Gesichts sah: Die auf dem Bahnhof zurückgeblieben waren, standen viel zu nahe beieinander. Sie hatte aber kein Wort gesagt, sich auf die Bank gesetzt und müde die Augen geschlossen.

Vielleicht löschte ihr das Summen der vielen konfusen Stimmen dort unten das Bewußtsein aus, so daß sie vergessen konnte ... doch drehte sie sich plötzlich mit einer ruckartigen Bewegung um, ihr Gewicht drückte auf den dünnen Hals der Zwergs, warf ihn aus dem warmen Nest. Freilich, ihre magere und feuchte Schulter konnte wohl nicht einmal im Traum oder in der Erinnerung des Kindes die vollen frischen Wangen eines Kissens, die er sich wohl gewünscht hätte, ersetzen.

Dann berührten fremde Hände, die Hände der Dame im weißen Kittel, den Hals und die spindeldürren Arme des wilden Tierchens. Die Dame lächelte ihm zu, neigte sich zu ihm herab, das über ihrer Stirn leuchtende Rote Kreuz war ganz nah. Sie reichte die Tüte mit den Keksen und die Blechkanne.

Die Kanne war heiß. Das Gesicht des Menschentierchens tauchte in einen flüssigen gelblichen Himmel, in Dampf mit außergewöhnlichem Duft. Noch nie erlebte Freude überkam ihn. Sie konnte aber nicht lange dauern, vor solch einer Freude, wie glücklich man auch war, mußte einem angst und bange werden. Unmöglich und doch wirklich war sie, diese Freude, der Saal war auch wirklich, über dem Kopf rauschte es, dann das Reißen einer Tüte und ... – die Hände waren voll mit Keksen. Er schlürfte glücklich, erschrocken den Tee. Begriff, daß alles wirklich war, bald mußte alles wieder vorbei sein. War nicht er selbst es, der es hastig, betäubt und entzückt, beschleunigte? Die Tasse war schon halb leer. Er hörte auf zu trinken, betrachtete die runden, kleinen Kekse in seiner Faust. Hunger hatte er erst verspürt, nachdem er angefangen hatte, an den mehligen Muscheln zu knabbern. In der einen Hand hielt er die Tüte, in der anderen die Kanne. Mit einer schnellen Bewegung warf er Kekse zwischen seine Zähne. Rührend, dieser gräßliche Zwerg, so daß die Dame der Mutter noch eine Tüte in die Hand drückte.

»Trink auch den Tee – trink, solange er noch heiß ist!«

Vielleicht stimmt's, was die Leute sagen: Die Seelen der Entschwundenen schließen sich mit Vorliebe in unbelebten Dingen ein, dort warten sie, bis sie unser Näherkommen spüren. Dann rufen sie uns, damit wir sie wiedererkennen und vom Tode erwecken. Vielleicht ist es auch so, daß die Vergangenheit nicht durch einen Befehl des Gedächtnisses zurückgeholt werden kann, sondern erst aufersteht in einer rätselhaften Empfindung, die uns unverhofft mir Geruch, Geschmack und Wonne erreicht, bei einer Wiederbegegnung mit einem bereits so lange toten Ding von einst.

Aber der Duft dieses göttlichen Getränks hätte an nichts Vergleichbares erinnern können. So ein Glücksgefühl hatte es noch nie zuvor gegeben. Die bisherige Erfahrung jedenfalls erlaubte es nicht, das verzauberte Getränk als Tee wiederzuerkennen.

So mußte also der Blick wieder hinauf zur Decke wandern, zu jenem Himmel aus schmutzigen Steinen, zu den schwarzen Fliegen-Wolken, die dort herumschwirrten, wo der Großvater erscheinen mußte. Er allein konnte auf alle Fragen Antwort geben.

Sie hatten sich wie gewohnt um ihn versammelt, jeder eine Tasse mit grünlichem heißen Wasser in der Hand. Die Kräuter stammten aus der Umgebung geheimnisumwitterter Orte, und manchmal, so er welche fand, fügte der Großvater noch Akazienblüten hinzu.

Am hohen Gewölbe des Wartesaals, wo um die Glühbirnen die zahllosen wachgewordenen Fliegen summten, erschienen wie auf einem runden Bildschirm der Großvater, die Großmutter, die Eltern, die Tante, sie wärmten sich die Hände über den dampfenden Tassen und sahen alle nach oben auf den gleichen Punkt. Unter ihnen selbstverständlich auch Anda ... Aber sie war andächtig, unterwürfig, schamlos genug, um an der Teezeremonie teilzunehmen, zu der der Großvater alle zusammengerufen hatte. Er sah dabei jedem lange in die Augen, alle sollten begreifen, daß er wußte, was geschehen war und noch geschehen würde, mit jedem einzelnen von ihnen, mit den Töchtern, den Schwiegersöhnen, auch mit der schönen und schuldbeladenen Enkelin.

Der Großvater, der also nun wieder am Leben war, ließ mit den Blicken nicht ab von dem kleinen weißen Zuckerstück. Es hing dort unter der Decke an der Lampe. Sie mußten es eine gute Weile angespannt anstarren, bevor sie das warme Wasser aus der Tasse schlürfen durften, sich erinnern an den Zuckergeschmack. Vor allem jene, die noch vor dem großen Unglück Zeit gehabt hatten, ihren Gaumen an das Aroma der kleinen weißen Zuckerstücke zu gewöhnen, spürten dann langsam, wie die Lippen feucht und klebrig, wie der Mund wäßrig wurde. Die grüne bittere und fade Brühe bekam einen süßen und wohltuenden Geschmack, wie »richtiger Tee«, sagte der Großvater.

Dieses Vergnügen wiederholte sich beinahe jeden Nachmittag, in Szene gesetzt wurde es vom Alten mit Strenge und Humor, ... – der einen wilden, zum Teil noch schwarzen Bart trug. Er war sicher, daß er wiederkehren würde, und er bewahrte das Symbol von drüben für drüben auf – ein schmutziges Stück Zucker. Nachdem in die Tassen heißes Wasser gegossen worden war, durfte jeder nur noch in diese Tassen blicken, auf das Geräusch des Einfüllens des Wassers in die anderen Tassen warten, hören, wie das kochende Wasser in die Tasse des Nebenstehenden floß, bis alle Tassen der Reihe nach gefüllt waren. Und jeder mußte dann den Blick zur Lampe erheben, wo jenes kleine, fast weiße Parallelogramm des Zuckers an einem Faden hing. Es mußte lange Zeit mit Geduld und Ausdauer angestarrt werden, der Tee langsam geschlürft, jeder konnte die eigene Zunge, seinen Gaumen, die Lippen, den Mund, sein ganzes Wesen daran fühlen, wurde erneuert, erfrischt, alles wurde milder durch die Erinnerung an eine Welt, auf die wir nicht verzichten durften, weil diese, so dachte er, auf uns nicht verzichten, ohne uns nicht auskommen kann. Der Tee dampfte in den Tassen, alle schwiegen, konzentrierten sich auf ein kleines und schmutziges Stückchen Würfelzucker, so wie es von ihnen verlangt wurde. Es war die Idee des Großvaters gewesen, es aufzubewahren und an die Decke zu hängen; hoch über alle Köpfe, so daß jeder es vor sich sehen konnte, jeden Tag.

Dort oben über dem Gedränge, in dem diese Unglücklichen erfolglos versuchten, zu ihrem bisherigen Leben zurückzufinden, dort oben in einem freien Raum, abgesondert vom riesigen Wartesaal, hätte der Großvater, wo er sich doch der Rückkehr so sicher gewesen war, die er dann doch nicht mehr erleben durfte, hätte er jetzt bezeugen können, wie sehr dieser wunderbare Trank ein untrügliches Zeichen dafür war, daß die Zurückgekehrten von der Welt wieder angenommen wurden. Das rätselhafte Getränk aber hatte nicht die geringste Ähnlichkeit mit dem, was wir gewohnt sind, »richtigen Tee« zu nennen.

»Tauch die Kekse in den Tee. Trink, solange er noch heiß ist.«

»Trink, solange er noch heiß ist«, wiederholte mal die eine, mal die andere Frau.

Die kleinen, runden, in Tee eingeweichten Kekse hatten für ihn den Geschmack des Glücks ... wenn die Zukunft es erlaubte. Ein sich Hingeben also war es, ein völliges Eintauchen in die betäubende Fülle der Empfindungen, ein kostbares Geschenk. Nur die wirklich Berufenen können hoffen, es sich auch zu verdienen, es wiederzugewinnen und zurückzuerstatten, wie ein Wunder dieser Austausch.

Die Kekse schmeckten nach Seife, nach Lehm, nach Rost, verbrannter Haut, Geschmack von Schnee, Blättern, Regen, Knochen, Sand, Schimmel; sie schmeckten nach nassem Schaffell, Pilzen, Mäusen, nach verfaultem Holz, nach Fisch; sie hatten den unverwechselbaren Geschmack des Hungers. So gibt es denn auch Geschenke, deren einziger Vorzug und einziger Nachteil darin besteht, daß sie zu keiner Zeit mehr gegen etwas anderes eingetauscht werden können. Man kann es nicht irgendwann zurückfordern, neu in Besitz nehmen, wieder abgeben.

Angst und Hunger, Erniedrigung, die blinde, wilde, tierische Ungeduld, ein grausames Alleinsein, das ist geblieben. Und nur dadurch, vielleicht, auch die Kindheit.

Tiefes Erlebnis? Begnadet und verzaubert, rauschhaftes Selbstvergessen? Freude und Duft, der Überfluß jener Verstecke, in denen die Erwartung das Geborenwerden gleichsam unendlich verlängert.

Wenn mir in der Zeit danach etwas abhanden gekommen ist, so war es die Brutalität der Gleichgültigkeit. Spät erst, schwer, viel, viel später. Spät erst wurde ich zu dem, was man ein ... sensibles Wesen nennt.

DIE HOCHZEITSFESTE

Eine Stadt mit staubigen Straßen, über denen mächtige Bäume ihre Äste ausstrecken. In den geräumigen Höfen der Bürger hält die Sonne ausgiebig Rast. Der Morgen steigt langsam herauf; der Mittag, im Scheitelpunkt, wiegt sich träge über der lärmenden Tafelrunde, die kein Ende zu finden scheint, so zahlreich und ungewöhnlich folgen die Speisen aufeinander; und durch das schwere Besteck, zu schwer für die Ungeduld und den Heißhunger des Jungen, dauert alles noch länger.

Der Abend kommt schnell. Die Familien sitzen in einer Reihe auf Stühlen oder Bänken vor den gedrungenen weißen Häusern und erzählen sich stundenlang, bis nach Mitternacht, die Geschichte vom Krieg. In der Stimme des dünnen Himmels erheben sich die Stimmen zu eigenartiger Klarheit und Schwermut.

So war es im ersten Sommer …

Damals waren sie jedoch noch nicht zu den anderen Verwandten an den Rand der Stadt gezogen. Sie hatten noch im Haus des Gymnasiallehrers im Zentrum gewohnt.

Und der Tag war unvermittelt, gleich beim ersten Frühlicht, in tausend Stücke zersprungen, zerplatzt wie ein riesiger, orangefarbener Luftballon, den die Spitze eines Sonnenstrahls getroffen hat. Fröhliche junge Stimmen hatten die Hauptstraße geweckt. Die Fenster öffneten sich, als die ersten Scharen lachend und singend vorüberzogen. Eine Art Sonntag, ein Tag voller Frische und Ungestüm wie keiner jemals zuvor, hatte in aller Herrgottsfrühe die Ruhe der Gassen gestört. Die Menschengruppen schwärmten unaufhörlich umher, gleichsam ratlos, mal hierhin, mal dorthin, schlossen sich zusammen, trennten sich, suchten sich erneut, bis sie sich schließlich, von allen Seiten kommend, gefunden hatten.

Sie waren, so schien es, bis auf den letzten Mann hinausgeströmt, angelockt von der Buntheit und dem Trubel der Straße. Die Reihen mehrten sich und wurden breiter, sie überfluteten die Gehsteige, rollten in immer kürzeren Wellen vorwärts.

... Er schwankte wie ein Pendel am Arm seines Vetters hin und her, die Menge stieß ihn, riß ihn fort.

Das Städtchen brodelte, turmhoch schlugen die Wogen der Hoffnung. Kolonnen, kompakte Ketten von Köpfen wälzten sich dem Park zu. Dort sollte er seine Rede halten. Er wäre am liebsten in ihre Mitte gestürmt, in den Reigen ihrer fröhlichen Rufe.

Das Gehen ermüdete ihn. Sie wußten noch nichts von seiner Mission; er trug das Geheimnis wie eine Last. Der Wind wirbelte aus allen Winkeln kräftige Stimmen empor, ein ohrenbetäubender Chor, während die Sonne zaghaft durchsickerte und ihn ganz schwindlig machte.

Der Vetter zerrte ihn hinter sich her, umfaßte von Zeit zu Zeit seine Hand fester. So gemahnte er ihn daran, daß er sich an seiner Seite befand. Er hatte begriffen, daß der Junge sich auf seine apathische Art wehrte. Alle Anstrengungen, ihm Kraft einzuflößen, waren vergeblich gewesen. So hatte er denn, überdrüssig geworden, schließlich dessen Schwäche und Zerfahrenheit hingenommen.

Er hatte das Wesen des Jungen stufenweise und methodisch ertastet. Doch er ahnte nicht, wie sehr dieser es gewohnt war, jedesmal, wenn er sich entdeckt fühlte, noch weiter zurückzuweichen, andere Verstecke aufzusuchen.

Seit einem Monat, seitdem er in diesem unbekannten Städtchen plötzlich auf so viele Verwandte gestoßen war, wohnte der Junge bei seinem Vetter, dem Lehrer. Ein gemütlicher Unterschlupf, sollte man meinen, jedenfalls hatte er sich von Anfang an freudig der Neugier und Liebenswürdigkeit überlassen, die die Hausleute ihm gegenüber an den Tag legten. Es war ihm gelungen, schon bald nach seiner Ankunft die Erstickungsanfälle zu vergessen, die ihn vordem gepeinigt hatten. Man war ständig um ihn bemüht, ständig darauf bedacht, ihn zu erheitern, ihn durch irgendeine Überraschung wachzurütteln, ihn nicht sich selbst zu überlassen.

Man hatte ihn beispielsweise fast eine Woche lang mit den süßesten Worten auf das *Blaustein-Bad* vorbereitet. Man brachte ihn dahin, mit dem »Blaustein« – ein Wort, das tatsächlich aus einer anderen Welt zu stammen schien – das Wunder seines künftigen Wachstums zu verbinden. Schon bald würde er so stark sein, wie die anderen in seinem Alter es offenbar waren. Zu spät traf ihn die Heuchelei dieser geschwätzigen Verwandten. Wie glühende Nadeln auf roter, wundgeschürfter Haut, so brannten ihre heimtückischen Reden. Das Wasser war siedend heiß, ätzend; seine Schreie aber fruchteten nichts. Man hielt ihn fest, kein sanftes Grinsen mehr wie bisher. Nach einiger Zeit verkündeten sie ihm voller Genugtuung, daß er von der Krätze geheilt sei.

Nicht da überkam ihn das Würgen wieder, mit dem er früher zu kämpfen gehabt hatte, sondern erst an einem der Nachmittage, die er mit dem Lehrer allein verbrachte. Sie probten die Rede. Er hatte es nun heraus, den Fallen, die man ihm stellte, rechtzeitig auszuweichen. Er beging den

Fehler, sich dem Glauben hinzugeben, daß er sich im Schoße der Seinen nicht mehr zu schützen brauchte, kein zweites Mal. Es war, als trennte er sich ungerührt von sich selbst – bemerkte der Lehrer, seines Scharfblicks sehr sicher. Die Zusammenkünfte mit diesem Vetter waren zum Spiel eines anderen geworden, er hatte keinen Grund mehr, sich zu empören.

Aus ihren letzten Begegnungen hatte er mehr gelernt als selbst aus der Sache mit dem Blaustein-Bad. Anfangs war er dem Lehrer auf den Leim gegangen, der ihm eine Männerfreundschaft, ohne Geschmus und Geseire, anzubieten schien. Er war voll seliger Erwartung, als träumte er, so daß die Ereignisse sich wie von selbst vor die Fragen schoben, mit denen dieser neuentdeckte Vetter ihn fortwährend zu sich hinzog.

»Hattest du Angst?«

»Ja, abends.«

»Hat man euch geschlagen?«

»Selten. Ich habe mich versteckt. Nicht davor hatte ich Angst.«

»Sondern?«

»Der Abend. Schöne Abende. Wiesen, nichts als Wiesen. Sehr schöne Abende.«

»Das hat dir Angst gemacht?«

»Ja. Alles ganz öde. Die Krähen. Ich weiß nicht, was. Die Stille. Die Wiese hörte nirgends auf, die Stille auch nicht.«

Der Vetter machte eine längere Pause. »Ja, ich verstehe. Die Weite des Raums, das war's, was dich erschreckt hat. Und die andern?«

»Sie beteten, flüsterten miteinander. Manche weinten. Ich hielt mich abseits.«

»Was war das Schwerste?«

»Das Essen.«

Die Gespräche mündeten gewöhnlich in Spaziergänge, so lange bis der Lehrer schließlich alles erfahren hatte, was er wissen wollte. Manchmal schrieb er sich etwas auf, in ein Notizbuch mit blau glänzendem Deckel, das er jedesmal hastig aus der Brusttasche des Hemdes zog.

»Hast du jemals geweint, solange du dort warst?«

»Als Großvater starb. Er war der einzige, mit dem ich mich verstanden habe.«

»Hat es auch heitere Tage gegeben?«

»Ja, als Mara zum ersten Mal krank wurde. Man brachte mich zum Onkel, damit ich mich nicht anstecke.«

Er hörte dem Vetter aufmerksam zu, wie einem älteren Bruder, und erwiderte dankbar sein ruhiges Zutrauen. Er vergaß, daß andere es ebenso machten: Zuerst begleiten sie einen bis an die Schwelle der Freundschaft, dann zeigen sie plötzlich ihr wahres Gesicht! Sie finden Spaß an den größten Qualen des anderen, amüsieren sich ... Er hatte das vergessen, es blieb ihm keine Zeit, sich auf das neue Gesicht des Freundes einzustellen.

Die Rede klang gut, sie probten sie täglich. Es war alles darin, was er dem Vetter anvertraut hatte, nur neu geordnet, kürzer, in andere Worte gefaßt. »Stille, die nicht aufhört«, hatte er gesagt. Daraus war »weiträumige Stille« geworden; das war nicht das gleiche, war schöner, auch wenn er es nicht verstand.

Mit einem Mal wurde der Lehrer ganz scharf, frostig, schwarz wie ein Rabe.

»Nicht so. Schon wieder falsch! Du mußt lauter sprechen. Sonst versteht dich niemand. Laut! Laut, hörst du?«

Von dem brüllenden Ton überrascht, verstummte er. Dann sammelte er schnell seine stimmlichen Kräfte, um den Erzürnten zu versöhnen. »... die Brüder, in deren

Händen wir erstmals einen Laib Brot gesehen haben, und wir sagen euch: nichts darf vergessen werden, nichts verziehen, keiner darf seiner Strafe entgehen, der ...«

»Schon besser. Noch einmal. Laß hören!«

Er hatte Mut geschöpft, schwang sich in allzu große Höhen hinauf wie ein übermütiger Distelfink. Das Lineal klatschte auf den Tisch, machte ein paar Hüpfer.

»Nicht so, nicht so! Wie oft muß ich es noch sagen? Du bist mit den Gedanken woanders. Du versuchst alles mögliche, um nur loszukommen. Die Betonung ist wichtig, verstehst du? Laut, verstehst du, und mit Betonung ... Los, noch mal, ab 'die Brüder, in deren Händen ...'!«

Abermals tanzte das Lineal über den Tisch, noch mal und noch einmal, und auch die Schreie des verzweifelten und vor Wut schwitzenden Mannes wiederholten sich. Der Junge fing von vorne an, mit noch geringerem Erfolg.

Er mußte die Hand ausstrecken. Das Lineal sauste eiskalt zehnmal auf seine Finger herab. Die Tränen stiegen nicht hoch, stiegen nicht hoch. Sie gurgelten in der Tiefe, er hatte sie rechtzeitig zurückgehalten, aus Schwäche, aus Selbstmitleid. Sein Hals aber war zugeschnürt, als würde er im Rauch ersticken. Er riß sich auch diesmal von sich los, es machte ihm nichts mehr aus. Ein anderer, ein von ihm Losgelöster, würde den Ansprüchen genügen.

Niemand hatte ihn je geschlagen. Selbst damals nicht, als er das Spiel mit den Kindern im Hof nicht unterbrechen wollte, obgleich er gesehen hatte, wie sein Vater zwischen Gewehrläufen abgeführt wurde; man hatte ihn *Egoist* gescholten, er hatte das Wort nicht verstanden; fühlte bloß dessen Gewicht, die Schuld, zumal er es eilig hatte, zurückzukehren in den Hof zu jenen, die nach glatten, glänzenden Kieselsteinen suchten, um sie übers Wasser springen zu lassen – die Steine schlugen einmal klatschend auf das Wasser auf und sprangen dann hinüber ans andere Ufer. Selbst in jenen Jahren hatte ihn keiner je geschlagen, er war bisher niemals geschlagen worden.

Die Proben waren immer unerbittlicher geworden, je näher das Ereignis heranrückte. Erst gestern – es war nun ja doch nichts mehr zu retten – hatte der Vetter versucht, mit der Einfalt eines Engels ihre alte Freundschaft neu zu knüpfen, scherzend, um ihm zu zeigen, wie jung und wie alt er sein konnte ...

Die fremde Hand hielt die seine jetzt achtlos fest. Der Lehrer besaß weder die Kraft noch die Beweglichkeit, seine Überzeugungen zu korrigieren. Er wäre verblüfft gewesen, wenn er gemerkt hätte, wie gesammelt und gleichmütig ihm der Junge folgte ... Dieser hatte vor langer Zeit die Fähigkeit erworben, sich unter die blasse, dünne Haut des Traums zu flüchten, seine Gemütsbewegungen abzuschirmen. Nun aber ließ er sich gehen, gab sich voll und ganz seinen Empfindungen hin, die Nähe des Lehrers hatte ihre Macht über ihn verloren. Er ließ sich von der Erregung der Massen, die stetig anwuchs und bald zur Explosion kommen mußte, mitreißen.

Er betrachtete die Menschenmenge im Park. Zornige Stimmen, feierliche Stimmen. Morgenfrische Blicke, die taubedeckten Blätter der Bäume spiegelten sich darin. Die Hand des Lehrers schien leblos, sie spürte nicht, was in dem jungen Weggefährten vorging.

Plötzlich strich ein Murmeln durchs Laub. Dann hing einen Augenblick lang leblose Stille über dem Park. Und gleich darauf fetzte die Blaskapelle den Marsch herunter. Ein hochgewachsener, schnurrbärtiger, sehr hagerer Mann hatte die Tribüne erstiegen. Er sprach vom Krieg, von Leiden und Frieden, von Vergeltung, Gerechtigkeit und Arbeit.

Hinter der Bühne wartete der Held auf seinen Auftritt. Er kam nach dem Soldaten dran, vor der Frau. Die Hand des Vetters, die selbstvergessen auf seinem Scheitel geruht hatte, stieß ihn plötzlich vor die Menge.

Man hob ihn auf einen Stuhl. Im Publikum stieg die Erwartung. Dann ließ man den Jungen stehen. Allein auf der Bühne, vor sich die wogende Masse. Er fürchtete nicht, daß er die ausgeklügelte Wortfolge vergessen haben könnte oder die rechte Betonung, ihm graute vielmehr davor, daß der Stuhl sich möglicherweise nicht in seine Rolle schickte, umkippte und ihn in den Abgrund schleuderte.

Gespanntes Schweigen schlug ihm entgegen. Er spürte die lechzende Gier der Leute. Er nahm sich zusammen, wandte sich ihnen voll zu.

»Wir, die Kinder, die nie erfuhren, was das Wort Kindheit bedeutet, die man unter dem Himmel des Krieges mit Kälte und Grauen fütterte, wir wenden uns heute ...«

Er sah ihre tränenfeuchten Augen nicht, die bewegten Blicke. Erst das Tosen des Beifalls, die Zurufe brachten ihn wieder zu sich.

Hinter der Bühne nahm der Vetter Glückwünsche entgegen. Sein verwirrter Gesichtsausdruck deutete darauf hin, daß die Rede den Erwartungen entsprochen hatte, der Erfolg war verdient.

Den Darsteller aber reichten die Verwandten untereinander herum, reichten ihn weiter an zahllose Bekannte. Die Kußlawine erschöpfte ihn. Etwas wie einen Ausgleich sah er darin, daß man ihn an diesem Nachmittag mit soviel Achtung behandelte. Man fragte ihn immer wieder nach seinen Wünschen, Worte und Gesten wurden zögernd an ihn herangetragen, daß man ihm nicht irgendwie zu nahe trete.

Lange noch fühlte der Held die Toga des Triumphs um seine Schultern. Es gab unzählige Anlässe, die ihn daran erinnerten.

Sein Vetter, der Lehrer, zeigte sich bereit, wieder der Kamerad von ehemals zu werden. Seine Strenge und sein Eifer suchten sich ihr Betätigungsfeld in anderer Richtung. Er schien davon überzeugt, daß der Junge die Härte, mit der er ihm zugesetzt, vergessen hatte und daß solche Erfahrung lediglich das Vertrauen in die eigenen Kräfte stärkte. Die langen Abendspaziergänge wurden wieder aufgenommen, auch die Gespräche. Alles hätte wieder so sein können, wie es einmal gewesen war...

In die Achtung der Menschen seiner Umgebung mischten sich allerdings zunehmend Angelegenheiten des kleinlichen Alltags, allerlei Vorhaltungen etwa. Man mochte sich fragen, was wohl von der festlichen Begebenheit noch übriggeblieben war.

Doch das Ereignis war – zumindest dem Anschein nach – nicht in Vergessenheit geraten. Sie erinnerten bei jedem Anlaß daran, ja sie suchten geradezu nach Gelegenheiten, um daran erinnern zu können, und mit jeder Gelegenheit, die sie fanden, gingen sie vertrauter mit dem großen Ereignis um, wagten sich jedesmal ein Stückchen näher heran, mit immer größerer Selbstgewißheit, als ob es ihnen gehörte.

Auf der Straße blieben viele Leute stehen, um die so frühreife Berühmtheit zu begutachten. Bekannte – oder auch völlig Unbekannte – wechselten von einem Gehsteig zum anderen hinüber, traten an die Frau mit dem weißen Haar heran. »Entschuldigen Sie, ist das nicht der Junge, der die Rede gehalten hat?«

Sie strichen ihm übers Haar. Flüchtig hatte er den Eindruck, daß etwas wie unsichtbarer goldener Staub seine

Schultern wachsen ließ. Nach wenigen Augenblicken war alles wieder vorbei. Da konnte er wieder dafür gescholten werden, daß er die Dicke vom Tabakladen nicht gegrüßt hatte, daß seine Fingernägel schmutzig waren, daß er die Hände wieder mal in den Hosentaschen hatte, daß er unaufmerksam war und seine Blicke in der Gegend umherschweifen ließ, wenn Erwachsene mit ihm redeten.

Am meisten ödete ihn das Geschrei der Verwandten an, vor allem der entfernteren Verwandten, die bei dem Ereignis gar nicht dabeigewesen waren, sondern bloß vom Echo seines Ruhmes in Aufregung versetzt wurden.

»Aber Liebste, warum kommt ihr denn nicht mal zu uns? Ich habe gehört ..., ja sicher, bring ihn uns doch auch einmal, aber ich bitte dich, er ist wirklich ganz phantastisch ...«

Wenn Besuch kam, wenn das Haus voll fremder Leute war, wurde der Junge unmittelbar nach der Konfitüre serviert. Tränen kullerten und waren bald darauf vergessen, aufgesogen von Geschwätz und spitzen Schreien, ein jeder suchte den anderen zu übertönen, jeder hörte nur sich selbst. Nach ihm kam dann nur noch der dünne und süße Kaffee auf den Tisch.

Immer neue Bekannte tauchten auf, irgendwelche angeheirateten Cousinen dritten Grades, ehemalige Nachbarn des Invaliden, der das Sodawasser brachte, Kindheitsfreunde der verstorbenen Großeltern. Die Menschen suchten einander, um ihre eigenen Gewohnheiten wiederzufinden.

Alle möglichen Hoffnungsstürme erschütterten das Städtchen in den ersten Friedensmonaten. Man lebte laut, in einem ungestümen Ausbruch von Vitalität. Die exaltierte Lebenslust war überall auf der Suche nach passenden Gelegenheiten und brach sich oftmals auch ohne jeden

Grund Bahn: Ventil allzu lang zurückgehaltener Erwartung.

Die Parks rauschten im Tangoschritt. Besuche, Namenstage, Jubiläen, Parties, Verlobungen, Hochzeiten, Hochzeitsfeiern vor allem. Hochzeiten von Verwandten und Bekannten, von Nachbarn, Freunden und Freundesfreunden, Hochzeiten ohne Zahl. Als Gäste geladen, versäumten sie keine einzige, als wollten sie die Zeit nachholen und sich vergewissern, daß sie lebendig zurückgekehrt waren, daß sie mit neuen Kräften noch mal von vorn anfangen konnten. Die Familie marschierte geschlossen los, man vergaß keinen daheim, weder die Alten noch die Kinder.

... Schwer zu sagen, wer den Einfall hatte. Er lag ja auch in der Luft. Man fahndete fortwährend nach Dingen, die das Spiel anheizen, den Tränenfluß beschleunigen, das Lachen rascher hervorkitzeln sollten. Was hätte man schon davon, wenn man wüßte, wem der Vorschlag zu verdanken war. Man freundete sich schnell mit ihm an – alles wurde sehr schnell selbstverständlich. Der Junge fügte sich ohne Widerspruch.

Er wußte noch, wann er zum ersten Mal jenen würgenden Rauch empfunden hatte, wie er fast am Ersticken gewesen war und sich dann gleichsam von sich selbst abgelöst hatte. Der Soldat hatte ihm ein Viertel vom Brot gegeben. Die aschfahlen Gesichter des Großvaters und der Mutter waren in der Tür erschienen, starr vor Staunen. Er war siegreich zurückgekehrt, sie trauten ihren Augen nicht. Trotzdem untersagten sie ihm, sich jemals wieder einem Wachtposten zu nähern, und sei's einem, der ihn streichelte und beschenkte. Der Teil seiner selbst, den es zurück zur Freundschaft des Soldaten drängte, riß sich daraufhin langsam von ihm los. In den folgenden Wochen spürte der Junge, sooft ihn der Hunger plagte, immer wieder den stickigen Rauch aus dem Spalt steigen; doch er gewöhnte sich daran und sah den Krämpfen gelassen entgegen.

Aus solcher Versunkenheit in Vergangenes schreckte ihn der Schlagzeuger mit einem Paukenschlag auf: der Tanz erfror, die Paare trennten sich, es folgte die Einlage Rührseligkeit.

»Wir bitten um Ruhe! Wir haben einen Ehrengast.«

Man hob ihn auf den Stuhl oder, von Fall zu Fall, auf den Tisch. Die Hochzeitsgäste hielten die Taschentücher bereit. Neben der Tür tätschelte ein junger Mann die Schultern seiner Partnerin. Eine Weile später, als der Beifall losbrach, drückte er sie mit aufwallender Zärtlichkeit an sich.

Der Ehrengast auf dem Sockel erfüllte seine Aufgabe. Der weiße Hemdkragen warf einen Lichtschein auf sein bleiches Gesicht. Ein schmales Gesicht, von Müdigkeit mürbe gewordene Züge. Jener beißende Rauch würgte ihn nur noch selten. Der Riß vollzog sich schmerzlos. Ein anderer als er stand gleichsam vor ihm und deklamierte den stets gleichen pathetischen Text. Er hatte sich mit den Dingen abgefunden, die ihm widerfuhren.

Es folgten Beifall und schmatzende Liebkosungen. Die neu Hinzugekommenen imitierten das Verhalten der anderen, der Gäste vorangegangener Feste. Wer ihn schon bei früheren Hochzeiten erlebt hatte – nahe Verwandte oder Dauerzecher, die auf allen Hochzeiten dabei waren –, kannte seinen Auftritt bereits, lächelte ihm bereits vorher verschwörerisch zu.

Mit Müh und Not den Zärtlichkeiten und Hochrufen der Gäste entronnen, saß er zu guter Letzt vor einem prächtigen Stück Torte. Man brachte ihm auch ein Gläschen Wein. Den Musikanten setzte man, beobachtete er, größere Gläser vor. Gewöhnlich zog er sich in eine Ecke neben das Orchester zurück.

Von den anderen bei den Instrumentenkästen vergessen, umspült von schmachtenden Weisen, war er bald entrückt in den Kreis einst naher Gestalten. Da war der Großvater, die Krankheit hatte ihn damals noch nicht niedergeworfen. Er legte ihm die riesige alte Hand auf die Schulter ... Der Arzt, weinend neben der Brücke, in der ersten Nacht der Plünderungen, als man sie aus den Waggons gezerrt hatte, um dann über sie herzufallen und ihnen Kleider, Ringe, alles zu nehmen, was ihnen geblieben war.

Als einziger der Ihrigen hatte der Onkel – mit wenigen anderen – das Geld retten können. Er hatte wohl genug davon mitgenommen. Jedenfalls war es so gut versteckt, daß er es allen Durchsuchungen und Schlägen zum Trotz immer noch besaß. Es war ihm gelungen, das Geld zu bewahren, das merkten sie etwas später an den großen Stücken Marmeladenbrot, die er sich erkaufte. Die Leute gaben einen Mantel hin für zwei Scheiben Brot, doch den Onkel scherte das nicht. Allerdings kam er von Zeit zu Zeit, sich etwas Geld zu leihen ... Nicht viel, kleine Beträge, auf ein paar Tage – selbstverständlich machte er keinen Gebrauch davon –, und er brachte es jedesmal pünktlich zurück. Als Mara dann aber erkrankte, setzten sie dem Spielchen ein Ende.

»Was treibst du hier? Woran denkst du?«

Eine schwere Hand senkte sich auf sein Genick. Ab und zu entdeckte ihn irgendein Zechbruder hinter dem Kontrabaß, riß ihn aus der Versenkung. Er wurde an die Oberfläche geholt, den Seinen zurückerstattet, indem man ihn zum Ehrentisch führte und die Braut nötigte, ihm zum Zeichen der Huldigung den Tanz des Abends zu gewähren. Der Bräutigam gab seine Einwilligung, indem er sich verneigte.

Man versuchte Ruhe zu schaffen, doch das Gemurmel ging weiter. Die Stühle wurden zur Seite gerückt, die Musik blies einen langen Tusch. Die Glückliche trat in die Mitte des Saales, um den berühmten Gast zu ehren. Sie lenkte behutsam seine Schritte, beugte sich einige Male zu ihm herab, um ihm zuzulächeln. Die Musik tat ihre Pflicht, er aber brachte seine Beine in Schwung und zählte dabei die Schritte, einmal links, zweimal rechts, verhedderte sich auch mal im gar zu langen weißen Schleier – die Schnalle und die schwarze, glänzende Zunge seiner Schuhe verfingen sich im zarten Volant. Der Brauttanz war weniger ein Höhepunkt des Abends als eine Ruhepause. Er sah die Leute miteinander tuscheln, sie standen in Gruppen zusammen, unaufmerksam, wankend, mit vom Essen und Trinken geröteten Gesichtern.

Es kam vor, daß der oratorische Eifer durch die Ehre belohnt wurde, mit dem Schwiegervater der Braut ein Gespräch führen zu dürfen; der machte dann, am Kopfende des Tisches, neben sich für ihn Platz und suchte sich gehörig zu wundern und, von der Höhe seiner Weisheit herab, die Frühreife des Helden gelten zu lassen.

Doch, von der Musik und den Getränken in Anspruch genommen, vergaßen sie ihn bald wieder neben dem Kasten des Saxophons. Die Musikanten versahen gewissenhaft ihren Dienst, weckten die Lust zum Tanzen und sorgten für Fröhlichkeit. Es wurde warm im Saal, Staub und Schweißdünste stiegen zur Decke.

Der Junge zog sich noch weiter zurück, hinter den Schlagzeuger, der schmale und morsche Stuhl wackelte, er lehnte sich an die Wand. Die Leute wurden immer ausgelassener, kramten in Erinnerungen an Tote, an Not und Leid. Sie vergossen Tränen, warfen dem Orchester Banknoten zu, riefen nach Sîrba-Tänzen, nach Romanzen, fielen einander in die Arme.

... Der Onkel war letztlich doch wieder erschienen. Er betrachtete die von der Krankheit ausgezehrte Mara, beklagte das Unglück und bat dann – mit einiger Schüchternheit immerhin – um Geld; für einen Tag bloß, bis morgen. Die Mutter würdigte ihn keiner Antwort, in ihr brodelte es, man merkte es ihr an. Er war ihr Bruder, er trieb die Schändlichkeit auf die Spitze, sie ertrug ihn nicht länger. Sie schwieg auch beim zweiten und dritten Mal, er wiederholte seine Bitte, war immer verwirrter dabei. Sie schaute ihm nur unentwegt in die Augen. Nach langer Zeit erst sagte sie mit müder Stimme: »Setz dich ein wenig.« Der Onkel krümmte den Rücken, ließ sich gefügig nieder, wie man's von ihm verlangt hatte. Eine halbe Stunde später nahm er ihn, den Jungen, für zwei Wochen mit zu sich, bis Mara über den Berg wäre, und damit er sich nicht etwa ansteckte. Der Onkel hatte sich wider Erwarten fürsorglich gezeigt; er hatte eine Decke beschafft, extra für den Jungen, damit er sich einhüllen konnte wie in einen Sack und in der Nacht die Kälte des Fußbodens nicht spürte. Auch zu essen gab es für ihn zwei Wochen lang täglich. Der Onkel brachte ihm Brot, verwöhnte ihn, nahm ihn unter seine Fittiche. Wenn seine Frau wegen der Aufmerksamkeit, die der Gast genoß, schwarz wurde vor Ärger, zog er jedesmal böse die Augenbrauen zusammen. Doch die Spannungen, die den Onkel umgaben, ermüdeten den Jungen, er wünschte, daß die Zeit bald um sei, sehnte sich nach Haus.

»Hallo, junger Herr, warum denn so einsam? Geh, schau dir das Äffchen an ...«

Eine weitere Hochzeit.

Irgendwann gegen Mitternacht wachte er auf. Er erhob sich benommen, erinnerte sich dunkel an seine Rede, sah wie durch einen Schleier das Durcheinander im Saal, die Katerstimmung der Paare. Ihm wurde klar, daß sein Auftritt längst über die Bühne gegangen war, vermutlich hatte er nun an die Braut heranzutreten, alle anderen Programmpunkte waren erfüllt. Er steuerte schlaftrunken das Kopfende des Tisches an und stand plötzlich vor einer rundlichen Oma in weißem Kleid, Kränzchen auf dem Kopf, aufgedunsen das Gesicht, auf dem der Schweiß, mit Mehl und Sirup gemischt, die teigigen Wangen herunterrann. Diesmal war es keine grüne Hochzeit, fiel ihm da ein, sondern eine silberne ... Zu spät: die Alte hatte ihn erkannt. Sie winkte ihn heftig zu sich heran, entblößte, um seine Gunst bemüht, ihre großen Silberzähne in einem Lächeln, streckte ihm die mit Bratensoße bekleckerten Hände entgegen. Auf dem Teller, den sie vor sich stehen hatte, zerging die restliche Hälfte eines Tortenstücks. Sie ließ nicht locker, bot ihm ihr Löffelchen voller Rougespuren an ... Er sah noch die sauren Gurken, die Reste vom Huhn, den bouillondurchtränkten Reis, die tiefe Schüssel mit Schlagsahne. Der Ekel übermannte ihn, wankend gelangte er in die Orchesterecke, klammerte sich mit aller Kraft an einen Stuhl. Später hatte man Mühe, ihn vom Boden hochzukriegen, er war im Schlaf plötzlich vom Stuhl gesackt, der Saal, verwüstet wie nach einem Erdbeben, drehte sich noch mal im Kreise, mitsamt der alten Braut. Am Morgen fanden ihn die Seinen bei den Nachbarsleuten im Bett, wo man ihn abgeladen hatte.

»Komm, gehn wir, es ist Tag ...«

Abermals Feste, abermals Hochzeiten. »Jetzt wird alles anders«, sagten sie. Aber sie hatten es nach wie vor eilig zusammenzukommen, wer wußte denn, ob nicht wieder Schlimmes bevorstand. Sie wurden von einem Wirbelsturm gejagt, es hieß stets, schleunigst zu Kräften zu kommen, um von neuem zu beginnen. Die schmächtige Gestalt des Jungen auf dem Stuhlpodium erweckte Rührung, die Worte seiner Rede hielten die Erbitterung wach.

Es zeigte sich, daß die Veranstalter gut beraten waren – Gott weiß, von wem die Idee stammte –, der Redner erfüllte die Erwartungen... Manchmal setzte man die Rede als Schlußpunkt an oder ließ sie ganz aus. Dann mengte sich der Held unter die Musikanten, er fühlte sich wohl in ihrer Nähe.

Ein neuer Morgen war angebrochen. Die Beine setzten sich unsicher in Bewegung, die kalte Luft erfrischte die Lider. Es war, als wollte sich der andere wieder von ihm ablösen ... wie damals, als der Onkel Geld borgen kam, damit man von ihm keins verlangte ... wie er schuldbewußt die Hand ausstreckte, und sein Vetter, der Lehrer, ihm gleichsam mit einem einzigen Hieb alle Finger abschlug.

Er hatte seither bei all diesen Festen nach seinem Vetter Ausschau gehalten, damit er auch ihn einmal, vom Wein und vielen Essen erschöpft, gezähmt sähe. Er erschien nie. Man erzählte sich, der Lehrer sei »ganz und gar aus dem Häuschen«, er verschwinde für Tage, ja Wochen von daheim, ziehe mit Agitatoren durchs Land, ohne Hunger und Strapazen zu scheuen. Er sei noch dürrer geworden, wie ausgelaugt, und könne es jedesmal kaum erwarten, hieß es, von neuem aufzubrechen.

Jener ungewöhnliche Morgen mit den Transparenten, Fahnen, mit den munteren Blicken der Männer, den in Gold getauchten Straßen und dem Park in festlicher Erregung trat ihm erneut vors Auge. Wie er ganz unvermittelt in den brodelnden Beifall stürzte, daß die Haut sich rötete und alles dick anschwoll ... aber nein, das war doch ein andermal gewesen, als man ihn mit Blaustein von der Krätze geheilt hatte ... sie hielten ihn fest, damit er nicht ausriß. Er dachte daran, wie er sich vom Vetter immer mehr gelöst hatte, die Freundschaft hatte sich als Fallgrube erwiesen. Er war gewarnt. Allzeit wollte er auf der Hut sein.

Und wieder ein Abend, der Saal von Glühbirnen und Kerzen erleuchtet, die Braut lächelte blaß an der Seite des Schwiegervaters.

Seine Freunde, die Musikanten, gaben das Zeichen. Ein kräftiger Schlag auf die Pauke, zwei Schläge mit der flachen Hand auf die Tschinellen, es wurde still im Saal.

»Und nun, eine Überraschung. Unser junger ...«

Man rückte den Stuhl zurecht, die Zuhörerschaft gruppierte sich um, man hob den Solisten auf den Sockel.

»Wir, die Kinder, die nie erfuhren ...«

Es folgten: das Tortenstück, das schlanke Glas mit Wein, die Schrecken der Vergangenheit, die gewaltsam bis zum Morgen gestreckte Nacht. Die Nächte krochen zähflüssig dahin, es dauerte lange, bis sie sich gesetzt hatten, die Stimmen kamen heiser und verworren aus dem Dunkel. Der Morgen dann – frisch wie vor Zeiten. Der Wind fuhr einem in die Augen, als wäre gerade Frühling, und der Redner hob seine Erregung, seine ihn würgenden alten Ängste der Menge entgegen. In der Dämmerung wurde der Schlamm der Nächte dünn und verflüchtigte sich.

Über der schwarzen und dicken Kruste der vergangenen Nacht flatterten wieder die hauchzarten Morgenstunden. Der Blick lebte auf mit dem Tag, der in seinem Innern das Licht mit heraufbrachte.

Der Himmel funkelte wie ein scharfgeschliffenes Messer. Nun erst, im Morgenrot, würgte ihn der Rauch. Er taumelte, schwindelig vor Trauer und Erschöpfung.

DIE GENAUE UHRZEIT

Neuigkeiten und Späße liebte der Kaufmann. Die leicht verrückten Kunden belebten seine Tage. Wie verrückt auch immer, zeigen sollten sie es ihm. Die Mürrischen, davon war er überzeugt, verbargen viel schlimmere Dinge.

Wenn die Ladentür sich mit Glockengeläut öffnete, hob Herr Albu sein ruhiges Gesicht in Erwartung der neuesten Nachricht oder eines guten Scherzes. Er wog die leere Tüte ab, führte ohne Hast das Holzmaß heran, wog die volle Tüte ab, und wartete, bis sich der Zeiger beruhigte. Einigen Kunden hatte er die bevorzugten Bonbons mit dem Geständnis verweigert, sie seien alt. Dafür hatte er eine neue Sorte empfohlen; etwas teurer zwar, das stimmte schon, doch was Besonderes, etwas ganz Außergewöhnliches, eine Seltenheit, das hatte er einige Male mit voller, warmer Stimme wiederholt.

Über einen *Radio*-Käfig, mit dem man Mäuse und Frösche elektrisieren kann, hätte er nicht gelacht; auch daß *Marzipan* ein langes Tier sei, das die Felder mit seinen Sprüngen auf drei Beinen in Windeseile überquert, hätte er hingenommen.

Er war zu Hause geblieben, war immer zu Hause. Er hatte die Zeit, die man braucht, um mit den Dingen und Wörtern zu wachsen, mit ihnen zusammenzuleben. Wie all jene, die an ihrem Ort und in ihrer Zeit verblieben waren, besaß Herr Albu eine ruhige Gewißheit über die Begriffe, an die er sich gewöhnt hatte. Er ahnte nicht, was ein unbekanntes Wort im Kopf mancher Leute anrichten konnte. Auch fragte er sich nie, was im Kopfe jedes einzelnen vorgeht. Die Verrücktheit der Stummen war sicherlich noch schlimmer als die der anderen, doch sie interessierte ihn nicht. Er konnte nicht wissen, wie die *Veilleuse* auf dem Wasser schaukelnd blinkt, ein schwerfälliges, rotes Boot, tief und breit, die *Madagaskar;* kannte keinen Baum, von dem man Granaten pflücken konnte, nicht den *Wecker,* den Kreis eines schwarzen Bohrers mit spitzen Spiralen, die Sägeblätter. Trotzdem; er nahm auch die merkwürdigsten Dinge hin. Er wollte davon hören, sie sehen; angekündigt sollten sie ihm werden, damit er sich daran gewöhnte. An jenem Nachmittag beispielsweise, unglaublich! Da sollte er den ersten Versuch erleben, die Tochter zu freien.

Weniger begabt zur Heiterkeit als seine Frau, doch durch die Verwirrung des Kindes angenehm berührt, hatte er sich hinter dem Ladentisch einen Anflug von gütiger Nachsicht gegeben. Auf die angewinkelten Arme gestützt, lächelte er von Zeit zu Zeit.

Sicherlich lauschte er den Vorbereitungen, die sich nebenan beschleunigten. Die Eltern eines Mädchens, ja auch das Mädchen selber, wunderte er sich, geben häufig solch einem sanftmütigen und schweigsamen Jungen den Vorzug, der vertraut ist mit dem Leid. Seltsam kam ihm vor, daß er bei sich keinerlei Widerstreben gegen diese Feststellung entdecken konnte ... Der Junge war mit seinen Eltern beim Direktor des Lyzeums untergekommen. Daß sie verwandt waren, hatte – wie es hieß – den Ausschlag gegeben.

Herr Albu hatte den Kandidaten gesehen. Als man ihm die Bücher und die Auszeichnung aushändigen wollte, war der Fremde mit einiger Verzögerung ans Katheder getreten, bezaubert von dem Fräulein vor ihm. Auch Fräulein Albu hatte die Verwirrung des Jungen bemerkt, seine Blässe, den Blick aus den dunklen Augenhöhlen, als er das Paket empfing, das viel zu schwer war für seine dünnen Arme.

Es stimmte schon, dies gab sie zu, dieser Junge war kein Abbild der Kraft und des Mutes. Das Mädchen meinte, man habe sie nicht vorgewarnt, aufmerksamer mit ihm umzugehen. Selbstverständlich hatten sie ihn von Anfang an mit großer Neugierde betrachtet. Seinen Ruf hatte er sich jedoch allein erworben: Er las gut, mit einer etwas merkwürdigen Betonung, welche die Klasse erstarren ließ; und was das Rechnen anging, darüber konnte man nun überhaupt nichts mehr sagen, in der Tat, auf der Stelle nannte er das Ergebnis, ohne noch etwas aufzuschreiben, und dies, obzwar er – man wußte nicht, woher – gerade erst zum Ende des Schuljahres aufgetaucht war. Eher noch hätte man sie selbst übergehen können, die Klassenbeste, doch keinesfalls den Unbekannten, empörte sich das Mädchen. Es stimmte nicht, daß die Zahl der Ausgezeichneten nur deshalb auf sechs erhöht worden war, damit auch er darunter sei. Der neu Hinzugekommene, behauptete sie aufgebracht, habe auf jeden Fall den Preis verdient. Sicherlich, sechs erste Preise schienen ein bißchen viel. Doch es genügte, den Direktor zu kennen, um sicher sein zu können, daß keiner etwas bekam, das er nicht verdiente. Zurückhaltend und bescheiden stand der neue Schüler meistens abseits von den anderen; er strebe nicht danach, an der Spitze zu sein, beharrte sie schreiend, in Verteidigung ihrer Schwäche.

Tatsächlich, Herr Albu hatte bei jener Feier die Eltern des Jungen beobachtet, sie hatten sich in den Hintergrund des Saales zurückgezogen. Auch an ihnen war das Ausmaß an Grausamkeit zu erkennen, das sie – wie man hörte – erlitten hatten. Nur noch Haut und Knochen. Angst und Schwäche konnte man auch an den weichen Bewegungen des Preisgekrönten beobachten. Der Fremde hatte etwas Bekümmertes und Ernstes, das – dies mußte man anerkennen – ihn unter den anderen Kindern hervorhob.

... Hätte er sich nicht den Regalen zugewandt, sondern wie üblich von innen her durch das Schaufenster auf die Straße geblickt, so hätte der Kaufmann gemerkt, daß der Gast sich in den Straßen mit den Häusern und Firmen des Städtchens immer noch nicht zurechtfand. Nachdem er endlich aus der Rădăsenilor-Straße, durch Halei auf die Beldiceanu und vor die BONBONERIE ROZINA gelangt war, blieb er wie angewurzelt davor stehen, auf die vergoldete Barriere gestützt.

Lange war er hinter dem alten Pferd mit der langen, dreckigen Mähne hergeschlendert und hatte den Wagen voller Kisten mit glänzenden Tomaten betrachtet. Wer ihn nun so dastehen sah, hätte meinen können, er habe keine Lust, sich jemals wieder von der Stelle zu rühren.

Der Kaufmann hatte ihn nicht gesehen; er hatte sich über seine Schachteln gebeugt und achtete nur noch auf die Stimmen, die sich nebenan überlagerten: »Staube doch mal die Veilleuse auf dem Nachtkästchen ab, den Schirm und die Lampe.« »Sieh nach der Kuvertüre.« »Soll ich das rosa Halsband nehmen?« »Der Staub auf dem Wecker. Und auf dem Radio.« »Hast du die Hörnchen gebracht? Leg doch noch einige Schokoladentrüffel und ein paar Geleebonbons dazu. Ja, auch die Plunderstücke. Und. Und Marzipan.«

Herr Albu, mit dem Rücken zur Tür, konnte nicht sehen, wie der Gast die Klinke ergriff, sich auf die Zehenspitzen stellte, um mit aller Kraft die Klinke herunterzudrücken. Sofort aber merkte der Kaufmann, wie der junge Kavalier zusammenzuckte.

Er hatte die Tür bloß einen Spalt weit aufgestoßen und die Alarmglocken ausgelöst. Erschreckt zuckte er zurück, fassungslos. Betäubt vom Lärm so vieler Glöckchen, der ihm auf den Kopf schlug, blieb er auf der Schwelle stehen, die Hand an der halboffenen Tür.

»Tritt ein, Junge, nur Mut.« Der Junge trat ein. Er war eingetreten, ohne die Hand von der Klinke zu nehmen, der Alarm hielt an. Herr Albu war jedoch schon näher gekommen, strich dem Gast sanft über das spröde Haar und löste vorsichtig seine Hand von der Klinke. Die Tür schwang zu; wie durch ein Wunder brach der Lärm ab, verschlungen von einem einzigen langen Schweigen, das – wie es schien – die Kräfte des Abenteurers noch mehr überforderte.

»Beinahe elegant. Wie auch immer, gepflegt, sauber«, stellte der Kaufmann fest.

Der Freier war tatsächlich mit Sorgfalt zurechtgemacht. Frisch geputzte Sandalen, saubere weiße Socken. Die kurzen, blauen Hosen, die ihm bis über die Knie reichten, flatterten um die dürren Beinchen. Auch einen Gürtel trug er, sieh mal, der war aber gut erhalten. Ein weißes Hemd mit weiten, kurzen Ärmeln, die bis zum Ellbogen reichten, der glatt gebügelte Kragen um den langen, gelblichen Hals. Linksscheitel, das Haar glatt, feucht gebürstet, am Kopf klebend, wie eine Kappe. Große, wachsame Augen.

In Würdigung des Ereignisses trug auch der Kaufmann unter seinem weißen, gestärkten Apothekerkittel ein neues, blaues Hemd und eine silbern glänzende Krawatte mit großen, weißen Kreisen. Da er es genoß, die Ereignisse von ihrer angenehmen Seite zu betrachten, übte er heute eine Rolle, von der er wußte, daß er sie wahrhaftig erst nach vielen Jahren würde spielen müssen.

Er hielt dem Gast die Tür weit auf, half ihm über die zwei Stufen zu den Zimmern hinter dem Laden. Er selbst aber blieb noch im Laden und kam erst später hinzu.

Der Weggang dieses bezaubernden Wesens und die Wahl eines neuen Beschützers würden irgendwann einmal traurig genug sein, sagte sich wie ein Weiser der beleibte Herr Albu, während er die Rolläden herunterließ und den Laden schloß. Er stellte sich vor, wie der Gast gegrüßt haben mochte, wie er viele Jahre später grüßen würde: sich verneigend, der Dame des Hauses die Hand küssend, danach vorwärtsschreitend und sich bleich vor Aufregung neben das Mädchen setzend.

Der Kaufmann betrat das Zimmer erst nach etwa zehn Minuten. Der Gast stand verwirrt vor dem Teller mit den Süßigkeiten und schaute die Gastgeber nicht an.

Der Hausherr sah seine Familie forschend an; er hatte verstanden. Frau Sophie, an den Kachelofen gelehnt, hatte die Hände in den Nacken gelegt. Das dünne, rote Kleid, eng am Körper anliegend, der breite Ledergürtel, das Haar zu einem schwarzen Knoten zusammengefaßt, die Muße, die Wärme des weichen, weißen Halses ... Herr Albu spürte, weshalb der Gast nicht zurechtkam.

Die Tochter trug das gleiche weiße Seidenröckchen wie bei der Schulfeier. Dichte, schwarze Zöpfe, intensiver Blick. Zerbrechlich, elegant, aufmerksam ihrem Auserwählten zugewandt.

Doch Herr Albu wandte sich wieder der Frau zu, betrachtete sie lange, sah sonst keinen mehr, merkte nicht, daß der Junge sich nicht traute, zum Kachelofen hinzublicken, und zögerlich, unschlüssig vor den Süßigkeiten stand. Trotzdem begriff er, was geschah, und ahnte, was folgen würde.

»Bediene dich doch, für den Anfang vielleicht mit einem Stück *Plunder*«, versuchte es die Hausfrau.

Der Junge zuckte zusammen, schloß die Augen, hielt sich am Wort fest, sah kleine, braune Eidechsen mit langen, grünlichen Zungen, aus denen Gift spritzte. *Plundern* also, Hunderte im fetten, hohen Gras, die plötzlich hervorschnellten, zu spät, um sich vor ihrem dünnen, kalten Sirren zu schützen.

Albu hatte anscheinend erkannt, daß der Gast die Wörter – selbst wenn er sie verstanden hätte – nicht ohne weiteres annehmen konnte; Sophie stand zu nahe bei ihm, und ihre Stimme brannte in der Luft. Gerne hätte er ein weiteres Mißverständnis vermieden, doch die Hausherrin schien entschlossen, die Scheu des Gastes nicht zu bemerken; keinen Schimmer hatte sie, daß sie in einer anderen Sprache gesprochen hatte, rückte mit ihrer Wärme und Fürsorglichkeit immer näher, machte ihn verrückt.

»Sag, wie kommt es, daß du so gut rechnen kannst. Zumal ich gehört habe, daß sie dich gleich in die Zweite gesteckt haben.« Herr Albu ließ jedes Echo verklingen. Er hoffte, auf diese Art das Vertrauen des Jungen schneller zu gewinnen. Also wiederholte der Kaufmann die Worte seiner Frau, überzeugt, daß der Gast sie diesmal hören würde.

»Der ist nicht dumm, bloß verstockt«, sagte sich vielleicht der Hausherr, zufrieden, daß der Junge kapiert hatte, wo seine Rettung lag, und sofort in schneller Rede geantwortet hatte, offenbar um Zeit zu gewinnen.

Als er sich gefangen hatte, die Frau des Hauses in ihrem Kauderwelsch angemerkt hatte, wie *interessant* er vom

Großvater erzählt habe, über die Schreib- und Leseübungen ohne Bleistift und Papier, und als der Gast wieder zu Atem gekommen war, nutzte Herr Albu den günstigen Augenblick, stellte ihm den Teller unter die Nase und zeigte ihm, was er zu tun hatte.

»Nimm dies, man sagt, es schmeckt gut.«

Nun schloß der Junge die Augen nicht mehr, sah keine Eidechsen herumkriechen, deutete bloß mit dem Mundwinkel ein Lächeln an. Gerade genug, die Kumpanei des Schwiegervaters zu ermutigen. Herr Albu sah in diesem Augenblick den Kern des Abends. Höhepunkt des Besuches jedoch – doch dies konnte er nicht wissen – sollte eigentlich ein anderer werden.

Nachdem der Prämiierte genügend *Plunder* verschlungen hatte, schöpfte die Hausherrin wieder Mut.

»Nimm auch *Marzipan,* es schmeckt sehr gut.«

Wieder blickte der Fremde fassungslos auf den Teller, sah das Tier über die Weide hüpfen; der dicke Schwanz berührte mitunter wie ein drittes Bein den Boden. Noch hatte er nicht das Wort *Trüffel* gehört, Tiere, die sich mit ihrem samtigen Fell an den Baumrinden rieben, erschreckt die grasfeuchte Schnauze hoben, große, tränenfeuchte Augen hatten; noch war er nicht den *Rosinen* begegnet, Mücken sicherlich, eklige, faule, warme Mücken; noch hatte er die *Haselnüsse* nicht in den Zweigen zwitschern hören.

Selbstverständlich hielt Herr Albu den Atem an. Es sei ein Wunder gewesen, etwas *Himmlisches,* würde er später erzählen, denn der Junge hatte unbewußt gerade nach dem *Marzipan* gegriffen. Noch hielt er die Augen geschlossen, die Finger keuchend um den dicken Schwanz des Tieres geklammert, schlug die Augen auf, lächelte ihnen zu, bleich, komme, was da kommen wolle...

Die Auserwählte flatterte mit ihren schwarzen Lokken, der *Kandelaber* wurde eingeschaltet, und während Rozina das Köpfchen im hellen Licht drehte, schlug sie vor, das *Radio* einzuschalten. Der Gast hörte nur noch die Triller der Hausherrin: *»Begnadet, wie begnadet du bist, Rozina«.* Und das Mädchen näherte sich dem Kasten, schaltete ihn ein, daß die Bespannung vibrierte, als wären die Nager darin plötzlich aufgewacht. Das *Radio* wurde immer wärmer und wärmer, bis eine menschliche Stimme sich daraus befreien konnte.

»Die genaue Uhrzeit.«

Sie sahen dabei auf den runden, blauen Fisch, der auf dem Radio bebte. Der Stoff, das *Radio* und der *Wecker* zitterten gleichermaßen; bis der dreifache Gong sie traf und weckte.

»Achtzehn Uhr!«

Dünn stieg eine Melodie empor. Zwerge als Musikanten, von der Größe einer Nadel, mit noch winzigeren Instrumenten, bleistiftspitzengroß. Der erste Geiger blickte aufmerksam durch zwei stecknadelkopfgroße dicke Linsen. Das unsichtbare Orchester hatte sich in einer Ecke des Kastens versammelt, wo die geschrumpften Mäuse elektrisiert sich zum Walzer drehten. Der Zauber des in der Schachtel versteckten Orchesters dauerte etwa eine halbe Stunde; doch auch dies war nicht der Gipfelpunkt des Abends. Dann sagte die Frau zu Rozina: »Zünde doch besser mal die *Veilleuse* an.«

Der Junge erwartete, daß nun das tief ausgehöhlte Boot Feuer fangen würde, das am Ufer des trüben Flusses auf und nieder wippte; doch sie wußten das nicht, drückten einige Knöpfe … Auch das war nicht der größte Augenblick des Abends; auch der Anfang des Besuches war es nicht, als die Frau die Hände in den Nacken gelegt hatte, auch nicht, als die *Plunder,* die *Trüffel,* die *Rosinen* und *Haselnüsse* heranrasten und das *Marzipan* hüpfte.

Natürlich würde dies nicht leicht zu vergessen sein. Etwas anderes hatte sich jedoch für Jahre eingeprägt.

... Der Besuch verlief zweifellos zunehmend besser, selbstverständlicher; Herr Albu wußte, was an dem Jungen nicht hinzunehmen war. Schließlich hatte er seinen Kandidaten aufmerksam genug beobachtet. »Sympathisch, ja, kann schon sein, doch eigentlich gehört er woanders hin«, hätte der Dicke am liebsten gesagt.

Und weil er seine Betrachtungen abgeschlossen hatte, war ihm entgangen, wie der Gast sich verhalten hatte, als *die genaue Uhrzeit* angesagt wurde. Er hatte den verwunderten Blick nicht gesehen, der genau beobachtete, wie sie die Zifferblätter überprüften, an den kleinen, gerändelten Rädchen drehten, ohne daß einer sich dem *Wecker* genähert hätte, der sich offenbar selbst einstellte, sicher, der stand ja nun unmittelbar auf dem *Radio.* Selbst wenn er hätte vorhersehen können, wie viele Jahre das Kind diesen Unsinn noch mit sich herumschleppen würde – alle *Wecker,* die auf *Radios* stehen, stellen sich durch den einfachen Kontakt mit dem Deckel des Gehäuses selbsttätig ein und zeigen immer *die genaue Uhrzeit* an –, Herr Albu hätte vermutlich trotzdem seiner Schlußfolgerung über diese Bekanntschaft nichts hinzuzufügen gehabt: »In zehn Jahren möchte ich den sehen.«

...Er hätte ihn sehen können, wie er, in der Hauptstadt angelangt, gerade die kühle Halle des eleganten Wohnblocks zwischen der Batiştei und der Vasile Lascăr betrat. In der Zwischenzeit hatte er, dies war anzunehmen, den Mechanismus der genauen Uhrzeit und vielleicht auch einige andere Wunder entschlüsselt. In zehn Jahren bekommt man nach und nach einige Sicherheit im Umgang mit den Wörtern, die Zeit beginnt scheinbar im Sinne der Gewohnheiten zu verlaufen. Genauso wie für jene, die nicht weggeführt worden waren. Er grüßte den Pförtner, und der Pförtner antwortete, kannte ihn; er näherte sich dem Fahrstuhlschacht, drückte den Knopf.

Bestimmt hatte er sich eine gewisse Redeweise angewöhnt, erkannte die Gegenstände, Zustände und Funktionen an den Bezeichnungen. Obgleich sie für ihn eine entfernte Fremdheit beibehielten, die sie oftmals unbestimmt werden ließ, vage und widersprüchlich. So, als könnte er ihre Existenz jederzeit infragestellen, sie untereinander austauschen, ohne dadurch das Gleichgewicht zu stören, das Chaos, den Nebel, in dem sie irgendwie lebten. In dem auch er lebte: beinahe unwirklich. So, als könnten die Ereignisse in dem Augenblick, da sie ihn am heftigsten trafen, ihn auch genausogut verfehlen. Immer das gleiche Spiel: Er würde benommen in einer Leere aufwachen und sich nicht wiedererkennen, oder er würde überhaupt nicht mehr erwachen, was nichts ändern würde. Vielleicht war er gerade aus diesem Grund äußerst pünktlich geworden. Als der Fahrstuhl unten ankam, blickte er auf die Uhr. Drei Minuten vor acht. Herr Alfandari konnte ihn, das wußte er, aus diesem Grund nicht ausstehen. Ihn aber beruhigte Pünktlichkeit, sie verlieh ihm einige Sicherheit; Verblendung, als wäre er noch verschont gewesen, beschützt.

In letzter Zeit verbarg Herr Alfons Alfandari seinen Ärger nicht mehr. Die Überzeugung, daß Rita mit ihrem Kollegen zusammenlebte, war immer stärker geworden. Das Mädchen kam häufig zu spät, schlich nach Mitternacht auf Zehenspitzen rein. Manchmal hörte er sie überhaupt nicht, möglicherweise war sie die ganze Nacht über fortgeblieben. Mit Sicherheit störte ihn allein die getroffene Wahl. Schüchterne konnte er nicht ausstehen; diese höflich Schweigsamen, diese Pünktlichen verbargen vieles. Eigentlich befürchtete er, dieser Provinzling sei gar nicht höflich, schweigsam, schüchtern und pünktlich, sondern gerade das Gegenteil davon, was er jedoch verberge. Diese Kater, meinte er, gingen mit einer unvergleichlichen Beharrlichkeit zu Werke.

Doch seit etwa einem Monat war das Fräulein nicht mehr weggeblieben. Bis spät in die Nacht blieb sie bei eingeschaltetem Licht auf ihrem Zimmer. Im Morgengrauen tauchte sie dann auf; aufgewühlt, unaufmerksam. Sie saß dann reglos da und blickte stur auf das Telephon. Das Gesicht weiß, verzweifelt; bis sie endlich nach einer Reihe von Tagen die erhoffte Stimme vernahm. Diese widersinnigen Gespräche, bei denen sie überwiegend schwiegen.

Den Rücken ihm zugekehrt, wühlte sie in der Kommode, wie es ihre Gewohnheit war, wenn sie etwas vorhatte. Plötzlich kündigte sie Alfons das Fest an. Und er antwortete nicht. Schließlich hatte er sich an ihre Teegesellschaften bereits gewöhnt, als sie noch auf dem Lyzeum gewesen war; es kümmerte ihn nicht, daß sie sich nun mit allen möglichen Leuten umgab. Sie aber drehte sich bestimmt deshalb so schnell um, damit er sie ansehe. Sie sah schlecht aus, jener Schüchterne quälte sie.

»Wie du willst, Liebes. Ich bin nicht zu Hause, hab' Bridge bei Mitru.«

»Ich möchte aber, daß du hierbleibst«, entgegnete das Mädchen mit Bestimmtheit.

Alfons hätte es vorgezogen, sich nicht an das Jüngelchen erinnern zu müssen. Rita war immer schon recht extravagant gewesen; vielleicht gefielen ihr diese Verrücktheiten. Diese Kerle, die sich ihrer Wünsche nicht sicher waren; als juckte sie ständig eine innere Krätze.

Diese Pünktlichkeit konnte schließlich auch etwas anderes als bloß eine Geschmacklosigkeit sein.

Der Fahrstuhl war im vierten Stock angekommen, und der Gast schaute noch einmal auf die Uhr. Eine Minute vor acht. Natürlich hätte er noch einige Minuten vor der Tür warten müssen. Eine kleine Verspätung gehörte zum guten Ton. Dies forderte auch das silberne Türschildchen, der tief ins Metall eingravierte Name: Alf Alfandari.

Der vornehme Alfons erschien in der Tür, kalt, aber höflich, in einem hellen Anzug, der seine Silhouette unterstrich. Sein Bart war frisch geschnitten; er bewegte ihn zum Zeichen des Grußes.

»Tritt ein, mein Lieber, nur Mut, tritt ein.«

Die volle Stimme des Hausherrn wurde von der Wanduhr übertönt. Acht Uhr. »Beinahe gepflegt, gepflegt, der Junge«, sagte sich Alf Alfandari. Sauberer Anzug, marineblau, frisch vom Schneider gebügelt. Hätte Frau Alfandari noch gelebt, der Student hätte möglicherweise eine Verbündete gefunden. Zurückgezogen und genügsam, die Lasten des Haushalts schweigsam ertragend, hätte sie sich mit dem Schwiegersohn verstanden, dachte Alf, hätte an ihm wer weiß welche Vorzüge entdeckt.

Der Provinzler ordnete sich mit einer schnellen Handbewegung das hohe und wellige Haar und sah im Spiegel, wie hinter ihm Ritas Vater seine Schuhe inspizierte. Abgetreten, das ist richtig, aber überall gut eingecremt, mit dem Filz gerieben, lange gewichst, glänzten sie recht stark.

Rita erwartete ihn im kirschroten, weichen Rock, der sich eng an den Körper legte. Das schwarze, hochgesteckte Haar ließ den Hals frei, den warmen Nacken. Sie hob gemächlich die Hände in den Nacken, lehnte sich an ihren Studenten, kannte keinerlei Zurückhaltung. Sie war bleich; sah ihn lange an, erwartete Vergebung, den Schwur, einen Vorschlag, was auch immer. Seit fast einem Jahr ließ sie sich nun freudig von den Quälereien dieses Jüngelchens betäuben. Sie erschreckte Alf damit, das wußte sie. Er behauptete immer noch, sie würde sich einen Abenteurer aussuchen. Sie brauche einen Abenteurer ... es möge unglaubhaft scheinen, doch dies Bürschchen beweise es. Sie würde sich einen Abenteurer suchen, dies hatte Alf sich in den Kopf gesetzt.

Nach und nach kamen auch andere Kollegen. Alf betrachtete sie wie Hottentotten. Er lächelte. Mit diesem Volk also, die allerlei Ingenieure werden wollten, hatte Lady Rita sich eingelassen. Spät, wie vereinbart, erschien auch Lică. In Schistiefeln, wie er es mit seinem Freund, dem Verlobten, verabredet hatte. Schlotternd vor Kälte, in einer zerlumpten Jacke. Doch der Hausherr war schon zum Bridge gegangen.

Die Heiterkeit wuchs, sie betranken sich schnell. Teure Getränk, gerade ausreichend zum Probieren. Sie wankten immer benommener, waren zu jung für derlei Getränke. Schnell entflammte der Kopf, dünne, blaue Flämmchen, die an der Dunkelheit nagten: Die Blicke verloren sich. Sie glaubten plötzlich, ihre Gesichter nach weiteren zehn Jahren sehen zu können, wenn sie alle schon verstreut wären, jeder woandershin. Rita bei ihrem vornehmen Westminster oder Wilkinson, Lică noch weiter weg, in der Maramuresch oder in Madagaskar, wie er träumte. Vielleicht sind sie sich in der Zwischenzeit auch irgendwo begegnet, und Lică hat ihr erzählt, was an jenem Abend vorgefallen ist, wobei Lady Winston aus ganzem Herzen lachte, Tränen lachte. Ein unbekannter Gegenstand also, das *Bidet,* haha, haha, wie herrlich, verrückte Jugend, ein Land, das man immer mehr vergißt, fremd, haha, hahahaha, also die wußten nicht, wozu das gut ist, hahaha, Zeichen einer anderen Welt, hahaha, deshalb lief er also weg ... verschwand spurlos, jener ungeduldige, querköpfige Mondsüchtige ... jene Unruhe, haha ... nahm die Unruhe mit, ist gewiß der gleiche Halbstarke geblieben, ein zerbrechlicher Despot, treuherzig, unberechenbar, ha ... ha ... ha ..., bis Lady Wellington plötzlich verstummt sein würde. Weiß im Gesicht, der Blick in die Ferne.

Und so geschah es. Unerwartet und plötzlich hast du ein anderes Wesen vor dir, aus Himmel, aus Hölle, wahr, verblüffend; einen Augenblick lang. Und Lică hätte weggesehen, woandershin, hätte das Schweigen geachtet, die Wahrheit, welche die Frau nun entdeckt hatte. Was auch immer in der Zwischenzeit geschehen sein mag, ob er nach Mozambique oder nach Monaco geraten ist, Lică hat sein gutes Benehmen nicht verloren, sein außergewöhnlich gutes Benehmen, die Scham. Mag er auch ein verrückter Poltergeist sein, ein Raufbold, zu allem zu gebrauchen, einer, der Skandale geradezu anzog, was soll's, die Scham hat er nicht verloren, das ist sicher.

... Dann hatten sie gemeinsam das Badezimmer betreten, ein Badesaal wie ein Ballsaal. Etwas trinkfester, war es ihm gelungen, die Tür hinter sich zu schließen, sie mit dem Schlüssel abzuschließen. Dann fand er den Schalter neben der Tür. Lică war kräftig; es gelang ihm, den Schalter umzudrehen. Über dem Waschbecken leuchtete die Lampe auf. Der Salon kam auf sie zu, erschlug sie, sie wußten nicht, wohin. Das grüne Bad, in Stufen angelegt, weiße Schränke, das rosafarbene Waschbecken, vergoldete Dusche hinter einem blauen, undurchsichtigen Vorhang. Gläser, Bürsten, Flakons, der runde, gelbe Schwamm, der rote, würfelförmige Schwamm. Betäubt drehten sie sich im Ballsaal, erinnerten sich nicht, weshalb sie hergekommen waren. Sie fanden ihren Platz nicht; überall in diesem Haus war zuviel Platz.

Sie fanden sich vor den beiden weißen Porzellangefäßen wieder. Wenn auch eines davon ein wenig schmaler war und vergoldete Hähne hatte. Eine Inschrift hatte gefehlt, eine Erklärung, es mußte doch jemand darauf achten, schließlich waren noch genügend nicht damit Vertraute da.

So also bückten sie sich. Lică verstand, er merkte, daß der Verlobte nicht besoffen genug war. Er kannte seinen Cousin gut genug, den Schwerfälligen. So hielt er also inne, denn wo auch immer er hinkam, er blieb schamhaft, dessen war er sich sicher. Mit der rechten Hand knöpften sie sich auf, und jeder zögerte von Knopf zu Knopf. Beugten sich über die Gefäße, die gleich aussahen. Es blieb ihnen nichts weiter übrig, noch waren sie nicht schuldig geworden, wußten nicht, daß sie's schon waren. Beide waren sie schamhaft, und um sich nicht anzusehen, blickte jeder auf die Uhr am linken Handgelenk.

Das Radio schwieg. Drüben hatten sie den Kronleuchter ausgeschaltet, die Nachttischlampe; die Paare tanzten ohne Musik im Dunkeln. Um nicht zu hören, was zu hören war, damit einer den anderen nicht sehe, beugten sie sich immer tiefer über die rechte Hand, als wollten sie sich ganz verhüllen. Schüchterne, verschämte und vereinsamte Rebellen. Zornige Waisen, blindwütige Ungeheuer aus dem Dschungel ... – wenn es denn möglich gewesen wäre. Sie hatten jedoch nichts weiter zu tun, als geschäftig auf die Uhren zu schauen.

LEHRGELD

Er redete wenig. Manchmal runzelte er die Stirn, dann wurden seine sparsamen Gesten etwas lebhafter.

Alles wie in einem längst überholten Film aus Archivbeständen. Klitterungen, chiffriertes Gerümpel, Tricks für die Zukunft. Unruhig saß er auf seinem Stuhl, spielte mit dem Bleistiftstummel, drehte ihn nervös zwischen den Fingerkuppen; und zu alledem auch noch diese abgehackte, heisere Stimme:

»Warum wohl werden die Söhne von Lehrern selbst so selten Lehrer? – Damit niemand sagen kann, Gelehrsamkeit sei erblich.«

Täglich eine Tonne Weisheit! Seit Kriegsende kaum vier Jahre verstrichen, und dennoch: wieviel Stürme! Und wieviel Klischees! Spuren vorzeitiger Begeisterung, Dünger künftiger Fälschungen, des Vergessens.

Der Junge kannte nichts als Mißtrauen. Jäh in ein sonniges Paradies geschleudert; Häuser mit duftenden Räumen, dicke Omas, pathetische Opas. Seine Augen waren noch von den ausgestandenen Schrecken geweitet, noch unfähig zum Staunen. Die ersten Zärtlichkeiten, wie Seide und Vanille. Das Gezwitscher der Cousinen. Die Schlaraffenberge aus Pfannkuchen, das Wühlen in bunten Bändern und Perlen, die vollen Milchkannen, die weichen, glänzenden Schuhe, die lustigen eng bekritzelten und bekleckstenSchulbänke.

Er hatte sich gierig nach allen Seiten hin geöffnet, hatte alle Schulklassen nachgeholt, alle Lehrbücher verschlungen, unersättlich, in konzentrierter Aufmerksamkeit.

Die Blicke der Erwachsenen bedrängten ihn. Schon bei der zweiten Lektion hatte der lächerliche Alte sich zu der Erklärung verpflichtet gefühlt:

»Ihre Mutter hat mich ausgewählt. Sie meinte, daß ein gewöhnlicher Lehrer Sie irritieren würde. Daß ich also geeigneter sei. Da sehen Sie's: welche Umstände – bloß um den Sohn nicht zu verdrießen!«

Und dann setzte der Unerwünschte noch hinzu:

»Ich kann natürlich zurücktreten ... Aber dann käme irgendein anderer. Ich habe Ihren Großvater gekannt, kenne Ihre Mutter gut. Darum habe ich mich ja auch bereit erklärt.«

Er entsprach überhaupt nicht dem Bild, auf das der Junge eingestellt war. Er glich eher einem untergeordneten Schreiberling, einem farblosen Laien, einem Buchhalter, hatte etwas von einem Uhrmacher. Blasse, dunkel geäderte Hände, war fett und klein. Schwarzer Hut mit breiter Krempe, den er zur Verwunderung des Jungen an den Kleiderhaken hängte – erst bei genauerem Hinsehen war das Seidenkäppchen zu erkennen, das die gleiche Farbe hatte wie die Glatze und das der Strenggläubige immer unter seinem Hut trug. Man hätte ihn für einen Nachbarn halten können, der gerade mal herübergekommen war, um einem in einer mißlichen Lage beizuspringen. Oft wirkte er zerstreut, wie in Gedanken abwesend. Er wischte sich mit einem großen weißen Taschentuch die heiße, gerötete Stirn. Faltete das Tuch wieder sorgfältig zusammen, schob es zurück in die Brusttasche. Das andere, ebenfalls weiße, aber zerknüllte Taschentuch, das für seine Knollennase bestimmt war, hatte seinen Platz in einer Innentasche des Jacketts.

Sein Schüler war ein mürrischer Partner. Mit seinen schwarzen Augen konnte er den Lehrer minutenlang fixieren, ohne mit der Wimper zu zucken.

Die Mutter konnte nur hoffen und beten, daß der Junge ihn nicht eines Tages für immer vergraulte. Händeringend hatte sie den Lehrer beschworen, Geduld zu bewahren – und der hatte dabei das schlanke Mädchen wieder vor sich gesehen, dem vor vielen Jahren aller Augen nachgestarrt hatten, wie einer Erscheinung von einem anderen Stern. Die kleine, gekrümmte Gestalt der Frau mit dem ewig flackernden Blick sah viel älter aus, als sie tatsächlich war. In ihr steckten noch das Grauen und die Kälte der Räume, aus denen so wenige zurückgekehrt waren. »Wissen Sie, er ist so anders ... Seit einem Jahr schon habe ich den Eindruck, daß er uns haßt. Er geht einfach fort, kommt spätabends wieder, schleppt allerlei Bücher an, spricht kein Wort mehr mit uns. Ich glaube, er wäre glücklicher, wenn wir gar nicht existierten.«

An einem Montagnachmittag hatte der Lehrer seinen ersten Besuch gemacht, bei Regenwetter. Durchnäßt und durchgefroren war er unter den Dachtraufen die Häuserzeilen entlang gestapft, hatte ans Fenster geklopft. Der Junge war allein im Haus gewesen. Der Lehrer hatte Mantel und Hut, von denen das Regenwasser troff, an den Kleiderständer gehängt. Unter dem Jackett trug er eine Weste, unter der Weste mehrere Pullover, er war also gut gepolstert. Das Käppchen von hautfarbener Seide auf seiner Glatze war auf den ersten Blick gar nicht zu erkennen. Alles an ihm wirkte wie gestaucht. Seine weißen, von dicken, rauchgrauen Adern durchzogenen Hände, sein kleines, weiches Kinn, die unruhig umherschweifenden Blicke, seine geröteten, sauber rasierten Wangen, seine hohe, von vielen Falten durchfurchte Stirn. Und zweimal schon hatte er sich die fleischige Nase geschneuzt, als müßte er erst eine längere Pause vorschalten, ehe er die Konversation mit der kleinen Persönlichkeit eröffnete, die er da vor sich hatte.

»Sie dürfen ja nicht wie zu einem Kind mit ihm sprechen, aber gehen Sie bitte auch nicht auf all diese neuen Ideen ein ... « Die Mutter dürfte ihm wohl solche oder ähnliche Ratschläge erteilt haben, und der Alte dürfte sie, während er sich so schneuzte, rekapituliert haben.

»Demnächst, junger Mann, werden Sie 13, werden Sie also zu den Männern gehören. Darum bin ich herbestellt worden. Die Zeremonie ist einfach. In einer alten, schönen Sprache. In ihr ist das größte Buch geschrieben worden. Mit geometrischer Genauigkeit. Ich weiß, daß Ihnen die Mathematik liegt. Es wird Sie interessieren.«

Es interessierte ihn nicht im geringsten, und auch künftig würde der kampflustige Junge diesem ganzen Plunder nichts abgewinnen können. Gegen die Schlingen, die sie ihm da legten, war er übrigens nicht völlig wehrlos.

»Ich werde Sie lesen lehren. Die richtige Betonung, den Rhythmus der Sätze, die etwas komplizierten Zeiten«, fuhr der Besucher fort, wobei er sein Taschentuch sorgfältig zusammenfaltete und es in die Brusttasche schob.

Er erhob sich, ging zum Kleiderständer, bückte sich nach der großen, prallen, braunen, altersfleckigen Aktentasche, die er unter dem Mantel abgestellt hatte und die der Junge erst jetzt bemerkte.

Er stellte sie auf den Tisch, öffnete sie und entnahm ihr ein großes, dickes schwarzes Buch und ein zweites, kleineres, das wie eine Fibel aussah. Dann noch eine Hülle aus schwarzem Leinen, die er auf die Bücher legte.

»Unsere Männer legen für ihre Zugehörigkeit zwei Beweise ab. Der eine ist bleibend und von intimer Art –

und wird gleich nach der Geburt besorgt, was Sie vermutlich wissen. Der andere ist äußerlich und sichtbar.«

Aus der schwarzleinenen Hülle holte er zwei seltsame, aus ledernen Würfeln und Riemen bestehende Knäuel. Er entwirrte sie ohne Hast. Ja, zwei kleine Würfel aus schwarzem Leder, die auf etwas größeren, ebenfalls ledernen Plättchen befestigt waren, an welchen zwei dünne lange Riemchen hingen.

»Die wickelt man ..., das eine um den linken Arm, das andere um die Stirn ... Das Leder ist von einem reinen Tier, wie das Gesetz es vorschreibt. Zuerst wird der Arm umwickelt. Der Tat, der Praxis, gebührt der Vorrang. Als wir den Bund schlossen, haben wir das Gelöbnis abgelegt: Erst schaffen – dann verstehen. Erst in der Erfüllung der Gebote können wir ihren Sinn begreifen. Wie man mir sagte, haben Sie sich schon ein bißchen mit Philosophie befaßt. Vermutlich ist Ihnen der Begriff 'pragmatisch' nicht fremd ... Wir sind nichts als die Diener dessen, den wir bekennen und der uns auserwählt hat ...«

Nein, der Begriff 'pragmatisch' war dem jungen skeptischen Zuhörer fremd. Der Ton zu diesem Film paßte ihm nicht, hatte störende Obertöne – mochte der Alte nur immer quasseln! Daß er den Jungen siezte – keine Sorge, das würde weder dem Gesiezten selbst noch sonstwem imponieren.

»Nun ja, diese Dinge interessieren Sie nicht. Lassen wir also die Erläuterungen. Nehmen Sie's bloß so, als eine Kuriosität ... Danach also die Stirn. Die beiden Handlungen dürfen nicht voneinander abgesetzt werden, dazwischen darf es keine Pause geben. Die Idee darf nicht von der Tat getrennt werden, das Gefühl nicht von der Handlung, die aus ihm entspringt und es ausdrückt.«

So schnurrte die erste Filmrolle ab. Eine Lektion in Form eines Monologs über Gereimtes und Ungereimtes. Bevor er ging, schlug der Lehrer die ersten Seiten aus dem Lehrbuch auf, zeigte seinem Schüler die eigenartigen neuen Schriftzeichen und ermahnte ihn, sich bis zur nächsten Stunde mit ihnen vertraut zu machen.

Es ging gegen Abend, die Eltern waren noch nicht nach Hause gekommen. Der Fremde raffte seine Siebensachen zusammen, fuhr in seinen noch immer nassen Mantel, murmelte einen unverständlichen Gruß. Hinter den Fenstern rauchte schon der Abend. Die Eltern waren nicht da, niemand, vor dem er seiner Verachtung, seiner Empörung über all die in einer einzigen Stunde zusammengedrängten Lächerlichkeiten hätte Ausdruck geben können.

Klein, gebückt, mit hochgezogenen Schultern und trippelndem Schritt verlor sich der Alte mit seiner Tasche voll hochmütiger Weisheiten rasch in der Dämmerung.

»Den einen um den linken Arm in Höhe des Herzens, den anderen um die Stirn. Ein Gelöbnis. Unter allen habt Ihr allein mich erwählt. Habt gesagt: Er ist unser und ist der Einzige. Und darum gewähre ich euch meinerseits die Einzigartigkeit!«

Mann – aufgenommen in die Gemeinschaft der Männer! Aber doch nicht, um sich von Weihrauch und abgestandenen Sprüchen verdummen zu lassen. Von Geschichten über einen Urgroßvater, der als 13jähriger die 11jährige Urgroßmutter geheiratet hatte. Gebet, Riemen, Leder von koscheren Tieren. Das im Singsang heruntergeleierte Gebet, das einfach so von den Lippen zu fließen hatte, alt wie die Männer, zu denen nun auch er bald gehören sollte. Und zum Abschluß der Zeremonie eine kurze Rede. Danach einen Schnaps wie unter Männern, ein Stück Torte und dann all die abgestandenen Witze. Nach allen überstandenen Schrecken hatte er sie in ihrer ganzen kindischen Lächerlichkeit durchschaut. Als hätten sie durch Gallenbrechdurchfall in den Eingeweiden des Alltags ihr Gedächtnis verloren, als gäbe es für sie nur noch das klebrige, stinkende Gewimmel aus Tränen und Gelächter, aus Fressen und Tratsch.

Allenfalls kleine, zahme Projekte, Beruhigungspillen, Tricks, entwürdigende Therapie. Kindisch und besessen, so nannte er alle ihm so fremd Gewordenen, unter denen er lebte. Glaubte überhaupt einer an die Rituale, für die man ihn vorbereitete? Frönten sie nicht nur ihrem Bedürfnis nach Beweisen, daß alles in Ordnung war, wie eh und je. Diese Hast, mit der sie Bestätigungen sammelten! Die Verwandten, die Nachbarn, die einstigen Freunde, sie alle sollten sehen und bekräftigen, daß wieder alles stimmte, daß das Leben sie wieder angenommen, daß die Lage sich wieder normalisiert und stabilisiert hätte, daß alles wie früher, das alles beim alten geblieben sei. Erfüllung aller Bräuche in tiefster Ergebenheit: Das ganze Theater, für das sie einen so gelehrten und sanftmütigen Klugscheißer bemühten, war nichts als ein klägliches Fragment aus jener viel größeren Inszenierung, der sie sich voller Gier und Eifer unterwarfen, Stunde um Stunde, bei Tag und bei Nacht, bis zum höchsten und letzten Sieg: der eigenen Beerdigung.

War er nicht jetzt schon Mann? Er allein unter allen! Seine zorngeweiteten Augen – jeder echte Kämpfer würde ihn sofort erkennen, würde in ihm – ohne Zweifel! – einen zuverlässigen Mitstreiter sehen. Diese Erwachsenen, diese Selbstgefälligen; wie sie Sprüche klopften, wie sie sich aufplusterten, wie sie überschwappten vor Eigenlob, von sich selbst berauscht. Und wie verschlafen sie sind, vor sich hindösen, ohne Verstand die Weisheiten anderer nachplappern.

Nein, zu denen würde er nie gehören. Das zeigte sein feindseliger Blick deutlich. Er würde ein richtiger Mann sein, der die eigene Kraft kennt und sie beherrscht.

Unschlüssig stand er da, die Windjacke unter den Arm geklemmt. Wie auf einer Leinwand rollte der Streifen vor ihm ab, immer und immer wieder das gleiche Bild. Draußen war es schon dunkel; wenn er sich beeilte, würde er noch rechtzeitig in die Vorstellung kommen. Der Regen hatte aufgehört. Man konnte herumflanieren. Und spätabends nach Hause kommen. Wenn niemand mehr ihm dumme Fragen stellen würde.

So hielt er's auch. Auf dem Küchentisch wartete wie immer das Tablett mit dem Brot, der Butter, dem Milchkännchen. Er trank ein Glas, dann holte er vorsichtig das Büchlein aus seinem Versteck unter dem Büfett.

Die Eltern schliefen oder stellten sich schlafend. War auch egal. Sie hatten sich an die Extravaganzen des jungen Herrn gewöhnt, nervten ihn nicht mehr mit ihrem Gerede von Ordnung und Pünktlichkeit.

Er zog die Tischlampe heran, schlug die Broschüre auf. Der erste, der brandstifterische Satz stand immer noch da. Er hatte ihn schon oft vor sich hin gesagt, eine Kadenz von schwarzer Klarheit: *»Ein Gespenst geht um in Europa ...«* Ein Gespenst sucht Europa heim ... Das Dröhnen schwoll an: *»Alle Mächte des alten Europa haben sich zu einer heiligen Hetzjagd verbündet.«* Der ganze Film war nun ein einziges betäubendes Dröhnen, kein Bild mehr, nur noch ein donnernder Ansturm von Silben:

»Die Geschichte aller bisherigen Gesellschaft ist die Geschichte von Klassenkämpfen ... Die Bourgeoisie, wo sie zur

Herrschaft gekommen, hat alle feudalen, patriarchalischen, idyllischen Verhältnisse zerstört ... Sie hat kein anderes Band zwischen Mensch und Mensch übriggelassen als das nackte Interesse ... Sie hat die heiligen Schauer der frommen Schwärmerei, der ritterlichen Begeisterung, der spießbürgerlichen Wehmut in dem eiskalten Wasser egoistischer Berechnung ertränkt ... Sie hat, mit einem Wort, an die Stelle der mit religiösen und politischen Illusionen verhüllten Ausbeutung die offene, unverschämte, direkte, dürre Ausbeutung gesetzt ...«

Am Mittwoch erschien der Lehrer wieder, pünktlich, zugleich mit dem Regen. Diesmal kam er mit einem riesigen geflickten Regenschirm und in einem glänzenden schwarzen Regenmantel, zugeknöpft bis zum Hals. Ohne Umschweife kam er zur Sache, zum Alphabet, zu den ersten Wörtern.

Die Lektionen glichen einander, man ging zur Grammatik über, zu den Substantiven, den Pronomina, den Verben. Ein klares Pensum, wie in Erdkunde, Geschichte oder Algebra.

Ende September: Hausputz in Erwartung der heiligen Tage. Sie beschworen ihn nicht mehr, wie vor einem Jahr noch, mit ihnen unter der hohen, kalten Kuppel zu sitzen; sie hielten Wort, forderten das Unmögliche nicht mehr, erwarteten keinerlei Verbindung mehr zwischen dem, was man ihm montags, mittwochs und donnerstags eintrichterte, und dem, was er in Wirklichkeit hätte tun und denken müssen ... Folglich waren sie nicht mehr ernst zu nehmen. Glaubten selber nicht daran. Sie begnügten sich damit, ihre Müdigkeit, ihre Resignation durch die Tage zu schleppen, begnügten sich mit gekünstelter Feierlichkeit, dort, unter den anderen.

Der Donnerstag verläuft wie alle vorhergehenden, diesmal die Konjugation der unregelmäßigen Verben; wie sich erweist, sind fast alle Verben dieser doch so streng aufgebauten Sprache unregelmäßig. Die Stunde hört etwas früher auf als sonst. Der große Kenner von Lumpen und Ramsch schlägt das Buch zu. Schluß für heute. Und doch noch nicht Schluß. Den Kopf zwischen die Schultern gezogen, zusammengekauert, verharrt der Lehrer auf seinem Stuhl, ohne seinen Schüler anzublicken.

»Für uns ist das Verzeihen keine Äußerlichkeit, keine Formsache. Uns ist Verzeihung zuteil geworden, für uns war sie Tat. Nach vierzig Tage langen Gebeten sind uns anstelle der zerstörten Gesetzestafeln wieder neue gegeben worden.«

Er redete leise, heiser. Er zieht das große, zerknüllte Taschentuch hervor, unterläßt aber sein trompetendes Schneuzen, er drückt das Tuch in der Faust auf das rechte, an den Tischfuß gepreßte Knie.

»Bei uns geht die Reue dem Urteilsspruch nicht voraus, sondern folgt ihm. Denn der Spruch muß gerecht, muß unbeeinflußt sein. Für uns die Zeit des Gewissens ... dieser Begriff ist Ihnen ja vertraut ... Sie verwenden ihn vermutlich täglich ... Für uns ist die moralische Zeit nicht umkehrbar.«

Konzentriert starrt er vor sich hin, als würde er dies alles sich selbst zuflüstern. Dabei ist er sehr wohl auf seine Dompteurtricks bedacht, vermischt schlau das distanzierende Sie mit dem vereinnahmenden Wir ...

»Der Gläubige, oder sagen wir: der Gelehrte – das hören Sie wohl lieber – muß begreifen, daß die Sünde nicht zwangsläufig zur göttlichen Strafe führt. Die Zeit des Gewissens ermöglicht die Wiedergutmachung, ermöglicht also auch Verzeihung.«

Es ist Abend, und es ist so still, daß man ihn schwerlich unterbrechen kann. Seine Rede ist schleppend. Seine

Stimme wird dunkler. Seine Wörter brauchen anscheinend eine gewisse Vorwärme, um sich aufzuschwingen, so recht hörbar zu werden.

»Am Neujahrstag werden die Gerechten nach dem strengen Gesetz gerichtet. Denn nur die Gerechten verdienen Strenge. Am Tag des Verzeihens, am großen Fastentag, der dem Neujahrstag folgt, sind die Mittleren dran, die weder kalt noch warm, weder Fisch noch Fleisch sind, die gleicherweise mit guten und schlechten Taten Belasteten. Diese werden mit Nachsicht gerichtet. Den Sündigen bleibt die Buße. Auch sie können Verzeihung erlangen, wenn sie sich bessern. Sofern es sich um Sünden gegen Gott handelt. Sünde gegen die Menschen kann nur von Menschen selbst verziehen werden.«

Er verwechselte seine Taschentücher, griff nicht in die Innentasche, sondern zur Brusttasche, wo das sorgfältig zusammengefaltete saubere, große, weißseidene Taschentuch steckte, zerrte es mit heftiger Handbewegung heraus und schneuzte sich laut trompetend, ohne den Kopf zu heben, so daß im Film, der vor den Augen des Jungen flimmerte, nur das seidene Käppchen erschien.

In eurem Tun und Lassen seid ihr frei, also fehlbar, das Gesetz selbst ermöglicht uns die Verzeihung ... Die Reue geht dem Urteil nicht voraus, sondern folgt ihm. Der Urteilsspruch darf nicht beeinflußt werden. Muß gerecht sein. Doch kann echte Reue sich auf die Vergangenheit des Seelenlebens auswirken? Also auf das Schicksal? Dann würde doch die Zukunft nicht mehr von Taten bestimmt! Die moralische Periode ist nicht unumkehrbar, die Wege des Gewissens ... genauer: die Wege durchs Gewissen folgen den Urteilen über die Vergangenheit, also über unser Seelenleben. Das Gesetz ermöglicht die Verzeihung, wenn die Reue, die innere Einkehr echt sind ... Bei uns ...

Schwerfällig und langsam erhob er sich, so als müßte er das Gehen wieder einüben, sich mit dem Raum erneut vertraut machen, dann aber raffte er hastig Hut, Mantel und Aktentasche zusammen, nickte, murmelte etwas, ein gemurmeltes Nichts, zog die Tür hinter sich zu, durchschritt den Flur, fertig, weg war er.

Feststimmung im Haus. Etwas Strenges, Geheimnisvolles füllte den kühlen Raum zwischen den frischgetünchten Wänden. Die Eltern weit weg, in einer Welt, die der junge Rebell nie wieder betreten würde: Unter vergoldeten Kuppeln, im Licht der Kandelaber, eingezwängt in alte, enge Bänke, in der Gemeinschaft anderer Verirrter, umwickelt von langen Schals aus weißer Seide und sich demütig wiegend zum Kehrreim alter Gesänge, Gebete und Verheißungen, in ohnmächtiger Wut und in Todesängsten, in all den Ersatzhandlungen vertagter Hoffnung.

Einsamkeit und vollkommene Stille. Das Zimmer so groß, daß er sich nicht konzentrieren konnte, daß seine Gedanken haltlos umherschweiften.

Es sind unsere höchsten Feiertage. Die Verzeihung ist nicht Sache leerer Hoffnung. Sie hat sich durch Taten erwiesen. Nur der Gerechte verdient ein strenges Gericht. Die Sünde führt nicht zwangsläufig zur Strafe. Verzeihung ist möglich; bei Sünden gegen Gott. Sünde gegen Menschen kann nur von Menschen vergeben werden. Doch die Verzeihung löscht sie nicht. Die neuen Gesetzestafeln waren den Kindern derer gewidmet, die das goldene Kalb umtanzt hatten. Also den Nachkommen, die bereut und die Vergebung erlangt hatten. Die zweite Ausgabe war allerdings nicht mehr so großartig. *Die moralische Periode ist umkehrbar. Verzeihung ist möglich, das ist bewiesen. Aber die Verzeihung tilgt die Sünde nicht!*

Und neben dem neuen Gesetz, in einer Urne, bewahren wir die Scherben der ersten Gesetzestafeln.

Auf dem Tisch die samtene Decke, auf den verschlossenen Schränken kein Staubkörnchen. Die Fensterscheiben blank, die Gardinen blütenweiß. Er hätte sich so recht zu Hause, hätte sich wohl fühlen können, und doch schien ihm alles so zweideutig, so verschnörkelt, daß er sich – freilich ohne zu wissen, wie – am liebsten in nichts verwandelt hätte.

Er rannte hinaus, mischte sich in die Spiele der zerlumpten, wendigen und lauten Vorstadtkinder, kam spät nach Hause, schweißgebadet und erschöpft vom Raufen und Rennen. Es war noch Licht in der Wohnung. Die Kerzen in den Leuchtern brannten noch, weiß strahlte die Tischdecke. Starr und festlich gekleidet saßen die Eltern da, vermieden es, den Flegel, der dreckig und ungerührt auf der Türschwelle stand, mit einem Blick zu streifen.

Was heißt Neujahr, was soll das, ihr ehrbaren Gemeindemitglieder? Oktober ist's. Als ob ihr das nicht genau wüßtet! Das Jahr richtet sich nun mal nicht nach euren vernebelten Heiligenlegenden. Das Jahr beginnt nicht, es geht seinem Ende zu. Der Winter wird kommen. Jedoch nicht nach eurem Monatskalender, sonst müßten wir doch jetzt mit Ochse und Holzpflug auf die Äcker hinaus.

Aber der Unterricht lief weiter, die Kenntnisse der göttlichen Linguistik wurden vertieft, die Verben, Adverbien und Substantive vermehrten sich, und draußen, zwischen Himmel und Erde, taumelten dicht die Schneeflocken, wie in den neueren, ketzerischen Religionen.

Die Stunden verliefen nun nächterner. Weniger zudringlich. Die pathetischen Erörterungen theologischer Spitzfindigkeiten unterblieben, grammatikalische Regeln waren jetzt wichtiger, der Wortschatz, die Übersetzungen, der Aufsatz. Montags, mittwochs und donnerstags, wie gehabt, Konjugation, Deklination, Adjektive, Zahlwörter, Attribute, Prädikatsatz, Objektsatz, Wortschatz, Übersetzung, Aufsatz. Der gleiche Film: Auf dem Kleiderständer der schwarze Hut, darunter der schwarze Mantel, darunter die Aktentasche. Das zerknüllte Taschentuch für die Nase. Und für die Eitelkeit das pedantisch gefaltete in der Brusttasche. Das unscheinbare, rundliche Männchen, das ebensogut ins Finanzamt, in die Buchhaltung des Sägewerks oder ins städtische Orchester gepaßt hätte. Pingelig und ohne Mätzchen, immer genau nach Dienstvorschrift.

Gelegentlich kam es in der Küche noch zu einer ergänzenden Sequenz. Nach dem anspruchsvollen Lernprogramm nun auch ein auf den Verstand gewöhnlicher Sterblicher zugeschnittenes Adagio; deutlich hörte er durch die Tür, wie die heisere Stimme des Lehrers sich nun an die Hausfrau wendete, deutlich sah er in den Schatten des Abends die beiden vor sich.

»Eines Tages, als der von Berditschew sich gerade zum Gebet begab, begegnete ihm der Rebell des Städtchens. Um den frommen Mann vor aller Augen herauszufordern, zückte er vor dessen Augen seine Pfeife und zündete sie an. Der von Berditschew blieb vor dem Sünder stehen: 'Du hast wohl vergessen, daß heute Sabbat ist?' – 'Nein, habe ich überhaupt nicht vergessen', antwortete der Unverschämte. 'Dann weißt du wohl nicht, daß es verboten ist, am Sabbat zu rauchen?' – 'Irrtum! Ich kenne alle eure Gesetze!' antwortet der Hochmütige. Doch der von Berditschew läßt sich nicht provozieren. Er steht ruhig da, blickt auf und spricht zum Himmel hinauf. 'Hast Du's gehört? Er verletzt Deine Gesetze! Aber er lügt wenigstens nicht!' Ja, so einer war der von Berditschew, die Sanftmut in Person! Er sah in allem das Gute. Dann ging er weiter, wandte sich jedoch nach einigen Schritten wieder dem Ungehobelten zu, der verwirrt dastand. 'Warum benimmst du dich denn so?' – 'Weil ich Atheist bin', stotterte der Flegel. 'Atheist, sagst du? Soso!' wiederholte nachdenklich der von Berditschew. 'Ich verstehe, ich verstehe. Und welche Schule hast du besucht, wer war dein Lehrer?' – 'Wie, was?' stotterte der Befragte. 'Ja, was denn sonst! Du kannst doch gar nicht Atheist sein, bevor du die heiligen Bücher kennst. Wie solltest du sonst ...' Sehen Sie, so einer war der von Berditschew, die Weisheit in Person.«

Träge schnurrte der Streifen weiter, sickerte aus der Küche die einschläfernde Stimme des Anekdötchenverkäufers. »Eines Tags kommt ein junger Mann zu ihm: 'Ich bin seit Jahren verheiratet, wir haben noch immer keine Kinder, bin ganz unglücklich, auch meine Frau möchte gern Kinder haben.' – 'Schon gut', sagt der von Berditschew, 'geh schön nach Hause. Ihr werdet ein Kind bekommen.' Und richtig: Nach neun Monaten kommt der Mann überglücklich wieder; seine Frau hat ihm einen Sohn geboren. Bald darauf fand sich ein anderer Bittsteller ein. 'Ich möchte ein Kind haben. Bin seit fünf Jahren verheiratet, ich flehe dich an!' Der Mann bekommt die gleiche Antwort: 'Geh nach Hause, Ihr werdet ein Kind haben.' Es vergeht ein Monat, dann noch einer, dann noch einmal zwei, aber kein Anzeichen stellt sich ein.«

Im Flur ist das Lauschen so anstrengend. Die Dielen knarren, alles ist so eng, überall Kessel, Körbe, Taschen, Töpfe. Man muß schon den Gleichgewichtssinn eines Seiltänzers haben, um sich nicht zu bewegen, kein verräterisches Geräusch zu machen. Man muß geradezu den Atem anhalten.

»Zornig und verbittert kommt der Mann wieder: 'Hast mir doch dies und das versprochen – und nichts davon ist eingetroffen. Ich bin verzweifelt.' Der Alte zuckt bloß mit den Schultern. 'Was kann ich tun? Bei dir hat's eben nicht geklappt.' Aber der Unglückliche läßt sich nicht abwimmeln, schreit: 'Und warum nicht bei mir? Wieso bei dem anderen?' – 'Na, weil der andere, gleich nachdem er bei mir war, in den Laden gegangen ist und einen Kinderwagen gekauft hat. Was aber hast du getan?' – 'Weiß ich nicht, erinnere mich nicht', stotterte der Dummkopf. 'Na bitte, daran liegt's! Darum hat's nicht geklappt', antwortete seufzend der von Berditschew. So einer war er, die Frömmigkeit in Person.«

Montags, mittwochs, donnerstags. Deklination, Konjugation, Übersetzung, Aufsatz. »Der von Berditschew erzählte einmal, wie er gerade vorbeigekommen, als ein Dieb geschnappt wurde. 'Habe ihn murmeln hören: Ich werd's wieder tun – aber mich das nächste Mal nicht so dumm anstellen.' Und so habe ich von diesem Dieb gelernt, daß man immer wieder von neuem beginnen muß.'«

Woche um Woche, Montag, Mittwoch, Donnerstag, der Hut am Haken, die beiden Taschentücher, die Grammatik, der Wortschatz, die Übersetzung. »Der von Kotzk hingegen: 'In der Hölle sind die Gebete echter als im Paradies!' So einer war der von Kotzk, rief laut: 'Lieber einen ganzen Gotteslästerer als einen halben Frommen!' Und seine letzten Worte: 'Endlich werde ich vor ihm stehen. Von Mann zu Mann! Ihn zur Rede stellen!'«

Und wieder Verben, Adverbien, Präpositionen, Konjunktionen. »Jedes Volk kann man ebenso lesen wie seine Sprache und seine Grammatik. Sehen Sie zum Beispiel die Engländer: Würdig und demokratisch. Der König wie der Bettler schreiben 'ich' mit großem I. Bei uns hingegen, bei uns gibt es kein Sie. Wir reden jeden mit Namen an. Auch zu Gott steht jeder in direkter Verbindung, ohne Vermittler!...« Und wieder Mantel, Hut und Aktentasche, Hefte voller Zeichen und Regeln, das kurze Nachspiel in der Küche, der Kaffeeplausch mit der Hausfrau: »Der von Berditschew, der Sanftmütigste von allen, hat einmal am Tag des Gerichts plötzlich das Gebet unterbrochen. Hat zum Himmel hinaufgeblickt und laut gerufen: 'Sieh nur, wie heute alle so unterwürfig auf Dein Urteil warten. Ich aber sage Dir: Du wirst gerichtet werden! Von all denen, die leiden und sterben, bloß um Deinen Namen und Dein Gesetz zu heiligen, bloß um Deiner Verheißungen willen.' Ein anderes Mal murmelte er bloß: 'Ich will Dich ja gar nicht fragen, warum wir überall unter soviel Vorwänden verfolgt und massakriert werden. Aber ich möchte doch wenigstens wissen, ob wir wirklich um Deinetwillen so leiden.' Der von Kotzk hingegen hat mit der Faust auf den Tisch gehauen und gebrüllt: 'Ich fordere endlich Gerechtigkeit. Der allerhöchste Gesetzgeber soll sich gefälligst an seine eigenen Gesetze halten!'«

Die Eiszapfen an den Traufen begannen zu schmelzen, durch die Gassen spazierten wieder die Mädchen mit ihrem frühlingshaften Duft. Auf den Schuttplätzen tobten wieder die Fußballschlachten. Wie eine exotische Brise wehte von morgens bis abends ein feiner Schnapsdunst über die Dächer. Die Hähne, die Hofhunde, die Katzen waren außer Rand und Band. Der Montag, der Mittwoch, der Donnerstag brachten nur den Schimmelgeruch alter Pergamente und Schriftrollen; keine Rede vom Frühling, keine Rede vom internationalen Tag der Arbeit, den alle am nächsten Donnerstag feiern würden. Kein Wort über den Krieg oder die Schule, über die Fehlschläge, die kleinen Siege des Alltags.

Aber der Lehrer schien aufgegeben zu haben. Er rutschte nicht mehr auf seinem Stuhl hin und her. Seine Rede hatte keinen Schwung mehr. Monoton, wie aus einem Automaten, floß sein Vortrag. Er hatte sich abgefunden mit der Gleichgültigkeit seines Schülers. Aber er ächzte und schwitzte wie früher, seine große, empfindliche, blaugeäderte Nase machte ihm zu schaffen. Mit Hingebung trompetete er in sein riesiges Taschentuch, schob es in die Innentasche seines Sakkos, rückte seinen dicken Krawattenknoten zurecht.

Er hatte den Kampf verloren. Er hätte das doch längst begreifen müssen.

In der Schule war die Wahl eines würdigen Vertreters für das Sommerlager der Jungpioniere angekündigt worden – für das große Ferienereignis. Alle, selbst die Favoriten, glühten vor Spannung.

Ob Zufall, ob Absicht, wie dem auch sei: Gerade als alle bereits glaubten, der Lehrer hätte die Lust an seinen Belehrungen und am familiären Plausch nach Beendigung der Lektion verloren, überkam ihn wieder der Eifer.

»Statt Glauben können wir meinetwegen ja auch Gelehrsamkeit sagen. 'Oh, ihr Durstigen, die ihr zum Wasser eilt!' wie es bei uns heißt ...«

Und dann: »Es heißt auch: 'Selbst dann, wenn etwas zum einen Ohr herein und zum anderen gleich wieder hinausgegangen ist, bleibt etwas hängen.' Zu jung? Das ist ein vorübergehender Mangel. Er wird mit jedem Tag geringer.«

Er stülpte sich das schwarze Pfännchen auf die Glatze und fuhr fort:

»Im Grunde genommen gibt es in Fragen des Glaubens gar keine so großen Unterschiede. Wie ich sehe, haben ja auch Sie Ihre Heiligen. Wir hingegen haben keine! Heilige nicht – die haben wir nicht. Kein Mensch ist so gerecht, daß er immer nur Gutes tut, immer sündenfrei lebt. Wir haben keine Heiligen, aber wir haben Weise, versteht sich. Sprechen wir also lieber von Weisheit, wenn Ihnen das mehr zusagt.«

Da hatte man's wieder, reicht man dem Teufel den kleinen Finger, dann will er gleich die ganze Hand. Du hast ihn nicht rechtzeitig auf die Schnauze geschlagen – und nun ist es zu spät. Seine Hände waren gefesselt. Er konnte sich nicht wehren.

Die Eltern hatten von anderen Eltern oder einem geschwätzigen Lehrer von dem Ferienlager erfahren. Nun hatten sie ein gutes Druckmittel gegen ihn – und sie setzten es ohne Skrupel ein: Wenn er mitfahren, das heißt, wenn er ihre Zustimmung haben wollte, vorausgesetzt natürlich, daß man ihn vorschlagen würde, dann hatte er seinem Lehrer in Zukunft gefälligst freundlicher zu begegnen, hatte sich sein Geschwätz und Geschneuze anzuhören, kurz: hatte seinen heiseren Wohltäter jeden Montag, Mittwoch, Donnerstag auch weiterhin zu ertragen.

Und so hatte er wieder etwas gelernt: über die Möglichkeiten der Erpressung.

»Jeder Anfang ist ein Getaumel. Und das Glück, bei Gott, keine große Sache. Das Leid, allein das Leid, gibt der Zeit Gewicht. Schreiben Sie das ruhig auf. Sie können aufschreiben, was Sie wollen. Wie ich höre, sind Sie bei einer Ihrer Feiern bereits als Tribünenredner aufgetreten, halten also Ansprachen, deklamieren Gedichte, vielleicht schreiben Sie sogar welche. Diese neue rote Poesie. Schreiben Sie getrost alles auf, was ich Ihnen sage, mir machen Sie damit keine Angst ...«

Die Kamera surrte, der Film lief weiter. Sequenz um Sequenz, im Rhythmus der gelehrten Worte. Die Glatze, die Krawatte, die kleinen, feingliedrigen Hände.

»Als man noch auf Pergament schrieb, da war von Liebe, von Lohn und Strafe die Rede. Von Wahrheit also. Von Freiheit. Und kennen Sie etwa gewichtigere Ideale? Sie hingegen unterstellen jedem irgendeine Schuld, verdächtigen alle Menschen. Tun es pausenlos. Für die unsrigen jedoch ist das alles längst geklärt, man ist eben schon von Geburt an schuldig.«

Ein jäher Schwenk der Kamera. In der Linse jetzt das Fenster, die Bäume im Hof, darüber der Himmel.

»Einstimmigkeit? Jeder Mensch ist einzig und einmalig, nicht allein Gott. Im Altertum haben unsere Gerichte nur äußerst selten jemanden zum Tode verurteilt. Und nur für ganz außergewöhnliche Verbrechen. Doch selbst dann hat das Volk seine Richter nicht für ihren Spruch gelobt. Und dann gab es ja auch eine Regelung, die jedes Todesurteil automatisch annullierte: Wenn das Urteil einstimmig gefaßt wurde, war es ungültig. Das kommt Ihnen verdächtig vor, Genosse, nicht wahr ... Notieren Sie wieder? Interessiert es Sie? Wollen Sie mich der Inquisition ausliefern? Sie wären nicht der erste. Aber machen Sie sich nur ruhig Ihre Notizen, schreiben Sie getrost alles auf, meinetwegen auch dies: 'Der Weise im Pelz. Wer nicht friert, kann gut den Gescheiten spielen. Nur: Sie haben eben keine Weisen, Sie haben bloß Heilige. Aber Heilige im Pelz.«

An einem Sonntagmorgen, wenige Wochen vor den Ferien, überrumpelte der Junge seine Eltern mit seiner sensationellen Kunde: Man hat ihn zur Teilnahme am ersten internationalen Ferienlager für Gruppenleiter rumänischer und bulgarischer Jungpioniere vorgeschlagen.

Zündende Wirkung! Strahlende Blicke, Begeisterung, Küsse, als ob sie's nicht vorher schon gewußt hätten! Und wie perfekt sie Ehrlichkeit spielen! Der Herr Papa trabt augenblicklich los, um eine Flasche Wein aus der nächsten Kneipe zu holen, die Frau Mama klappert mit der Neuigkeit die ganze Nachbarschaft ab. Die Regie ist perfekt. Beinahe überzeugend. Niemand widersetzt sich der Abreise, niemand warnt davor, im Gegenteil, alle sind stolz auf ihn ... Da werde nun einer schlau daraus!

Dem ewig schwitzenden, ewig sich schneuzenden Schulmeisterlein gegenüber war nun doppelte Vorsicht geboten. Der Pädagoge war die Geheimwaffe der Eltern.

Und wieder der Lehrer in Bild und Ton. Der Film sichtlich schneller.

»Sie sagen, es sei eine Sünde, seine Mitmenschen zu betrügen. Unsere Alten hingegen: Es sei naiv, Gott zu betrügen. Leuchtet ja auch ein. Aber sich selber betrügen – wo man doch beides in sich hat: den Menschen und Gott. Ich rate Ihnen zur Vorsicht, zu äußerster Vorsicht!«

So ging das weiter, seine Erregung steigerte sich von Lektion zu Lektion. »Notieren Sie nur, notieren Sie alles!«

Auf den Lehrer hatten sie also ihre Hoffnungen gesetzt. Jedesmal, kurz bevor er zum Unterricht kam, verließen sie die Wohnung. Als fühlten sie sich zu gering in der Nähe des Erleuchteten. Oder als würden sie seine missionarische Wirkung durch ihre Gegenwart beeinträchtigen.

Dann fehlte er eine Woche lang. Krankheitsbedingt. So jedenfalls sagten sie.

Und benahmen sich so hilflos, so verzweifelt, als hätte ihr Leben seinen alles ordnenden Mittelpunkt verloren. Doch wie durch ein Wunder gab es auf einmal bizarren Ersatz für seine Abwesenheit: Gerüchte über eine Epidemie, eine rasch um sich greifende Kinderlähmung, man sprach bereits von ganzen Landkreisen, von einzelnen Internaten. Verstört, außerstande, ihre panische Angst zu verbergen, versorgten sich die Eltern täglich mit neuen Schreckensnachrichten, nannten Dörfer, sprachen von untrüglichen Symptomen. Jede Ansammlung von Menschen meiden! Unsichere sanitäre Maßnahmen! Krankheitsstatistiken aus den umliegenden Ortschaften. Besonders gefährdet vor allem Leute, die schon einmal Schweres durchgestanden hatten, deren Widerstandskraft von Terror und Unterernährung ausgehöhlt war. Dies besonders machte die Eltern ängstlich: die schlecht ernährten, mäkeligen, allzu sensiblen, allzu anfälligen Kinder, vor allem aber: die, die unter dem Krieg so sehr gelitten hatten! »Es heißt, daß auch das Töchterchen des Schneiders, der mit uns im Lager war...« Kinos, Freibäder, Ferienkolonien: Überall Gefahr! Vor allem in diesen Ferienkolonien, wo Krethi und Plethi zusammenkommen, aus allen vier Himmelsrichtungen. Und dann das Gedränge in den Zügen. Dazu noch bei so langen Strecken ...

Sie breiteten die Landkarte aus, studierten das Kursbuch, suchten Radna, den Bahnhof vor Arad, wo man vom Eilzug auf den Bus umsteigen mußte, der die jungen Gruppenleiter bis zum Schloß bringen würde. Kinder aus so vielen Städten, aus dem ganzen Land. Da mußte doch die Gefahr ins Unermeßliche steigen!

Mochte ihr Gejammer, mochten ihre Übertreibungen sonstwen beunruhigen. Mochten sie noch so lauernd auf die Wirkung ihrer Anspielungen und Ratschläge warten! Und was für tragische und heroische Geschichten sie auf einmal von seinem Lehrer erzählten! Fragwürdiges Manöver! Es konnte alles ebensogut stimmen wie erfunden sein. Um Eindruck zu schinden.

Dann kam sein Privatprediger wieder, begann von neuem mit seiner alten Leier.

Lustlos haspelte er seine Weisheiten herunter, gleichgültig, begnügte sich mit summarischen Hinweisen auf den Text und auf Einzelheiten des Rituals.

»Den einen um den linken Arm, in Höhe des Herzens, den anderen um die Stirn. Täglich, zum Morgengebet. Außer am Samstag und feiertags. Morgen für Morgen – wie gesagt: außer am Samstag und feiertags.«

Wenn er beim Fortgehen seinen großen schwarzen Hut aufsetzte, wirkte die Krempe wie ein riesiger, ihn überwölbender Schirm.

Als er zur letzten Lektion kam, zur Generalprobe sozusagen, blieb er während der ersten halben Stunde stumm. Er saß da, wie in den eigenen Kleidern gefangen. Wenn man sich nicht sehr vorsah, hätte man Mitleid mit ihm bekommen können. Seine doppelsinnigen, bitteren Bemerkungen, seine versteckten Scherze, alles in der Schwebe zwischen Glauben und Zweifel, nur an sich selbst schien er nicht zu zweifeln, so als sei er einer der letzten Erleuchteten – und wie ein Fossil sah er auch aus, nach wie vor im gleichen schwarzen Habit, jetzt, mitten im heißesten Sommer, als ließe ihn die ganze Welt unberührt.

Seine Erkältung, sein Schnupfen, sein Husten waren ihm treu geblieben, dagegen war er also nicht gefeit. Er röchelte, nieste, schneuzte sich, zerknüllte das sonst so sorgfältig gefaltete, in der Brusttasche steckende Taschentuch. Und statt sich endlich davonzumachen oder irgend etwas Vernünftiges zu sagen, hockte er da und starrte den Hauptdarsteller des bevorstehenden Spektakels an, den er so viele, mühevolle Monate lang präpariert hatte.

Dann endlich, welche Überraschung! löste sich seine Zunge. Flüsternd, seinen Zuhörer fixierend, begann er zu phantasieren. Tatsächlich zu phantasieren. Von Dingen, die mit dem ganzen Unterricht und mit dem eingeübten Ritual in keinerlei Zusammenhang standen. Hätte er nicht eben noch jenes tiefsinnige, unverständliche Geraune von sich gegeben, dann hätte sein Zuhörer vielleicht den Mut gefunden, ihm Fragen zu stellen und so den ganzen Nimbus in Luft aufzulösen, mit dem seine frommen Eltern diesen fremden Lehrer umgeben hatten. Sohn einer reichen und strenggläubigen Familie? Studien in Anvers? Ein in Fachkreisen hochgeschätzter Kenner der Volksdichtung aus dem Norden? Es hätte sich schon gelohnt, all diesen Dingen auf den Grund zu gehen! Aber was er jetzt von sich gab, hatte einfach mit allen vorangegangenen Lektionen nichts zu tun. Es war, als würde er plötzlich spinnen.

Und dann wieder, ganz unvermittelt, jene Sprüche:

»Das großartigste Werk, das wir, wir allein, in die Welt gesetzt haben, das ist der heilige, der anzubetende Tag, seine Herrlichkeit, der Sabbat! Wir sind die ersten, die den Ruhetag gehalten haben, zum Zeichen der Freiheit und der Wiedergeburt.«

Seine Stimme schwoll an, es war, als wollte er schreien, wenn nur seine Heiserkeit ihn nicht daran gehindert hätte.

»Und zum Zeichen der Würde, junger Mann! Als Symbol der Schöpfung der Welt in sechs Tagen. Der Schöpfer ruhte, so wie wir es tun. Wir haben der Welt diese Idee geschenkt. Das versichere ich Ihnen! Und das heilige Buch besteht aus ebensovielen Kapiteln, wie es heilige Ruhetage gibt! Welche Freuden fürs ganze Jahr, Genosse!«

Jäh fiel ihm ein, was die Eltern erzählt hatten – *... wieso haben Sie dann vor Jahren den Bauern von genossenschaftlicher Arbeit, von Organisation gesprochen, wieso haben Sie Atheisten* *und Rebellen verteidigt, wieso haben Sie sich mit Ihrem eigenen Großvater im Tempel gestritten? Und wieso – nach alledem – ihr Rückfall in abgestandene Traditionen, in all diese lächerlichen Bräuche, diese von irgendwelchen Vorvätern ererbten Lasten? Wären Sie nicht so armselig und unglaubwürdig ...*

Aber die Zeit reichte nicht mehr für diese Fragen: Hut, Mantel, Taschentücher waren verschwunden, der Alte war weg, hastig und wortlos hatte er sich davongemacht.

Tags darauf wurde der Film zum strahlenden Farbfilm. Im Lichterglanz der hohen Kandelaber. Kühler und stiller Raum, seltsamer Duft von alten, unbekannten Pflanzen. Kurzes Zögern vor der Berührung der Schriftrollen, allein vom Vater des Jungen bemerkt. Umwickelt der linke Arm des Jungen, umschnürt die Stirn vom ledernen Ring, in der Mitte der schwarze Würfel. Der Kandidat bleich und angespannt, wie verloren unter dem heiligen weißen Seidenschal, der ihn ganz umhüllte. Fehlerlos seine kurze Rede, klar die Diktion. Links neben dem Hauptdarsteller stand der Vater, ein Herr vom Scheitel bis zur Sohle, in Schale und strahlend, als wäre er plötzlich aus dem halbdunklen Hintergrund der Szene aufgetaucht. Die Mutter natürlich in Tränen aufgelöst, zusammen mit den anderen, für solcherlei Vollkommenheit und Feierlichkeit empfänglichen Zuschauern.

Der Lehrer und Regisseur war abwesend. Sein hastiger Abgang am Vorabend: Vielleicht war er wirklich krank, vielleicht hatte er einfach mit der ganzen Komödie Schluß machen wollen. Vermutlich hatte er diese Zeremonie längst satt, seine Aufgabe war schließlich erfüllt.

Das Nachspiel mit Glückwünschen, Schnaps und süßen Plätzchen dauerte nicht lange. Auf der Straße, in der brütenden Hitze des Sommertags, fand der nun zu den Männern Gehörende sich wieder. Der klebrige, von der

Hitze aufgeweichte Asphalt zog einem die Schuhe aus, hinderte den Schritt an der gebührenden Feierlichkeit.

An einem der nächsten Tage, frühmorgens, begann die Reise nach Lipova, quer durch das Land. In einem Sonderwagen mit Zickzackkurs, der unterwegs eine Menge junger Gruppenleiter aufzunehmen hatte.

Die Fahrt auf harten, unbequemen Holzbänken dauerte einen Tag und eine Nacht lang. In jeder kleinen Stadt stiegen neue Auserwählte zu. Erstes internationales Ferienlager. Gäste von Rang! Der zum Mann Geweihte erreichte erschöpft das Ziel. Er hatte sich unterwegs erbrochen, war aber standhaft geblieben. Wie es sich gehörte.

In einem offenen Lkw, dicht zusammengedrängt auf den Koffern hockend, wurden sie zum Bahnhof bis zum Wald weitertransportiert. Wolkenloser Himmel. Flugsamen von Löwenzahn, runde, stechende Sonne. Felder und Berge. Eine tolle Fahrt, alle zum Umfallen müde, dennoch in strahlender Laune, singend – stolze Repräsentanten des Landes.

Am Waldrand warteten bereits in Marschordnung etwa zwanzig Jungpioniere aus Bulgarien. In Uniform, mit dünnen, glänzenden Halstüchern. Und mit weißen, an Tropenhelme erinnernden Hütchen.

Der Film erstrahlte in sommerlichen Farben. Die Chaussee, der Wald, das Sommerlager im einstigen Jagdschloß des abgehalfterten gekrönten Affen. Wimpel, Fanfaren, Appelle, Geselligkeit, Spiele, Sitzungen. Morgens Gymnastik, abends Lagerfeuer und zündende Ansprachen. Eine Wahl steht bevor; es fällt auf, wie alles sich um einen kessen, bildhübschen Kerl dreht, einen Bukarester, wie die Kleinen sich zuflüstern.

Er hatte sich mit einem bulgarischen Jungpionier befreundet, sie hatten Briefmarken getauscht. Er hatte sich dem Freund anvertraut, hatte ihm manches erzählt aus seinem hundertjährigen Leben. Und bald wußten es alle. Er hatte wohlwollende Vorwürfe einzustecken, weil die Neuigkeit erst auf dem Umweg über einen Ausländer bekannt geworden war.

Selbstverständlich vergrößert das sein Ansehen. Geduldig und neidvoll fragen sie ihn aus.

Die Instrukteure machen sich gegenseitig auf ihn aufmerksam. Betrachten ihn mit Anteilnahme, wollen dies und das von ihm erfahren, nicken zustimmend, lächeln. Und nach dem nächsten Morgenappell winken sie ihm zu, wie einem Freund. Mit einigen schließt er auch Freundschaft.

Einer von ihnen ist Student, will Kameramann werden. Ein knabenhafter Typ, schmale Taille, breite Schultern, scharfes Profil, blaue Augen, vom Wind zerzaustes Haar. Und belesen! Stundenlang kann er über den *Antidühring* sprechen, über die *Verzauberten Seelen,* aber auch über Bücher, die der Jüngere nicht kennt. Dafür erzählt der Jüngere dem Studenten unter dem Schattendach eines Baumes manches aus seinem Leben. Wie die Leute aus dem Lager nach der Befreiung fast noch ein ganzes Jahr in jenem Landstrich geblieben, wie die Schule begonnen und er so für kurze Zeit zu den sowjetischen Jungpionieren gehört hatte. Seinen studierenden Freund beeindruckt das alles dermaßen, daß er es weitererzählt. Schon tags darauf erkundigen sich der Direktor des Schlosses und der Instrukteur nach genaueren Einzelheiten. Selbst die Köchin protegiert ihn. Der Direktor bedauert ganz offen, daß er das alles nicht schon vor der Wahl gewußt habe. Ein so populärer Held, eine solche Bildung!

Mitreißende Friedensgedichte am ersten Lagerfeuer...

Dauernd beschäftigt und überglücklich, ist er noch nicht dazu gekommen, seinen Koffer auszupacken. Und so entdeckt er erst nach Tagen, unter den Handtüchern versteckt, den Beutel aus roter Seide. Er schiebt ihn sofort wieder zurück – den darf niemand sehen! – und sperrt den Koffer wütend mit dem Schlüsselchen ab. Mit diesen Dingen hat er doch nichts mehr zu schaffen, die würde er nicht mehr anrühren, mit dieser Maskerade hat er doch Schluß gemacht! Er würde sie am liebsten wegwerfen, noch besser: sie verbrennen, diese alten, verhexten Riemen, wenn er nur den Mut dazu hätte. Nun, den würde er an einem der nächsten Tage schon aufbringen. Aber das geht nicht gut, er muß es aufschieben, er ist keinen Augenblick allein und kommt auch nicht dazu, seinen Eltern zu schreiben, sich für immer von ihnen loszusagen. Keine ruhige Minute, dabei gehen ihm die ganze Zeit scharfe, endgültige Formulierungen durch den Kopf. Weder im Schlafsaal noch im Schloßhof oder in der Kantine kann er allein sein. Überall würde man ihn finden. Den Seidenbeutel, dessen Inhalt – obwohl er ihn nicht geöffnet – ihm wohlbekannt war, hatte er gut versteckt. Eingewickelt in Handtücher und Strümpfe, zugedeckt mit Wäsche. Und immer wieder tasteten seine Finger nach dem Kofferschlüssel in der Hosentasche.

In der zweiten Woche wurde eine neue Filmtrommel eingelegt, steigerte sich das Tempo. Ein Gerenne und Gewimmel, eine neue Episode mit Eltern und Ärzten. Am Vorabend ihres Besuches werden die Bettdecken ausgewechselt, neue Laken ausgegeben, ja selbst die Spinde werden ersetzt. Und Betten werden in andere Zimmer geschoben, damit die Schlafräume nicht so überbelegt erscheinen. Die Fenster werden geputzt, die Dielen mit Petroleum eingerieben. Und der Zapfenstreich später als sonst. Ein Nocturne: Tannen und Mondschein, Schwenk über alle Schlafräume, in denen die Knirpse vor lauter Aufregung und Petroleumgestank nicht einschlafen können. Das Dunkel verschluckt die Bewegungen, aber immer noch hört man Stimmen, kommen Lkws gefahren, werden Kisten und Kasten mit Flaschen und anderem abgeladen. Erst im Morgengrauen verebbt der Lärm.

Man taumelt in den Morgen. Keine Zeit heute für Gymnastik. Im Hof eine Landschaft aus Türmen von Kisten und Kasten, voll mit Mineralwasserflaschen, Schachteln, Päckchen. Beim Appell wird wichtiger Besuch angekündigt, werden Verhaltensregeln mitgeteilt. Dabei haben sich doch alle auch ohne Mineralwasser recht wohl gefühlt, war das Leitungswasser denn nicht gut, nicht erfrischend genug? Und wieso die Schlafräume überbelegt? Es hat doch keiner gemurrt, im Gegenteil, das Gelächter, die Balgereien haben doch allen Spaß gemacht. Was wollten denn diese angekündigten Gäste, was brauchte man ihnen vorzuflunkern, war doch alles toll! Die Jungpionierleiter aus beiden Ländern glücklich und zufrieden.

Die Abordnung erschien zum Mittagessen: eine großartige Tafel! Aber das Mineralwasser schmeckte widerlich, zwickte die Zungen. Der über Nacht so populär gewordene Jungpionier saß zwischen einem Arzt und einer glukkenhaften Matrone, die ihn unablässig mit ihren Fragen bombardierte. Selbstsicher gab er ihr alle gewünschten Antworten. Die Bettwäsche wird alle zwei Tage gewechselt, sechsmal täglich werden die Hände gewaschen, acht Betten pro Schlafraum, das Essen und die Morgengymnastik, alles hat seine Ordnung. Die Delegierten sind zufrieden, beraten sich, unternehmen einen Spaziergang durch den Wald und reisen abends wieder ab. Nach dem Abendessen zieht der Instrukteur den jungen Gruppenleiter zur Seite, führt eine kurze Unterredung mit ihm: »Bravo, das hast du gut gemacht, hast mein Vertrauen gewonnen, könntest mir auch sonst zur Hand gehen.«

Schon tags darauf wird der neue Vertraute zu seinem Helfer. Nach dem Mittagessen schließen sie sich in einer vormaligen Dienstbotenkammer ein und arbeiten bis spät abends.

Am Wochenende trafen zwei mit schweren Apparaten bepackte Langhaarige ein, um einen Film zu drehen. Der Instrukteur hatte wieder für die richtige Auswahl gesorgt, und der Auserwählte machte keine Mätzchen. Gewissenhaft stellte er die Montage der Gedichte auf den allerhöchsten Führer her, auf den großen Josef Vissarionowitsch, das Licht aller Wissenschaften, den erleuchteten Feldherren, den meistgeliebten Sohn des großen Brudervolkes.

Im Visier der Kamera die Bergwiese, der Mond über dunklen, starren Tannen, dem jahrhundertealten Publikum. Es duftet nach Harz und Nacht. Die Flammen wirbeln hoch, Gesänge, Tänze, akrobatische Einlagen, mit langanhaltendem Applaus bedachte Gedichte, Erzählungen und Scherze, Gruppen und Grüppchen im Gras. Der Instrukteur legt den Arm um die Schultern seines Günstlings. Die Gesichter der beiden in Großaufnahme; dann ein gemeinsamer kleiner Spaziergang am Waldrand entlang.

»Lassen wir unser gestriges Gespräch. Du bist ein kluger, ehrlicher Kopf. Ich begreife nicht, wie du solche Sachen behaupten kannst, dazu noch einem Freund gegenüber. Ich wundere mich über deine Gedanken; das heißt ... natürlich, deine Erinnerungen prägen dich, das versteht sich von selbst. Aber wir haben doch überhaupt nichts zu tun mit ...«

»Eben. Das meinte auch ich. Keinerlei Zusammenhang ... Wozu also noch ... wo doch alle hier so glücklich sind, herrlich ist's hier. Warum also ...«

»Nun beginnst du schon wieder. Meinen Glückwunsch übrigens für deine Gedichte. Hast einen tollen Wortschatz! Wo hast du das alles nur aufgeschnappt? Wie nanntest du's nur ... das *Tellurische,* den *tellurischen Kalender* für alle. *Wir haben keine Heiligen, weder barfuß, noch in Pelzen ...* Sehr richtig, Genosse, so ist es. *Seine Majestät, das Licht.* Wunderschön! ... Und *Strenge gebührt nur den Aufrechten. Wir glauben an dich wie du an uns.* Junge, Junge, bist ja richtig gebildet. Aber nun Schluß damit, fertig, ich hab's kapiert. Übrigens, hier ein Brief für dich.«

Er überreicht ihm den Umschlag. Die zierliche, schöne Handschrift des Vaters. Der Junge betrachtet sie lange, zögert. Der Instrukteur kann sich ein Lachen nicht verkneifen.

»Teufel noch mal, ich habe ihn nicht geöffnet!«

Und er lachte weiter, konnte einfach nicht mehr aufhören, er ging ein paar Schritte voraus, lachte und lachte, ehrlich, aber recht unangenehm. Sein Günstling war stehengeblieben, erbleicht. Er hatte den Brief nicht geöffnet. Mit gerunzelter Stirn blickt er hinter seinem Gesinnungsgenossen her. 'Ich habe ihn nicht geöffnet' – das wäre ein Grund mehr zur Wiederaufnahme des Gesprächs! Doch hätten beide sich nur wiederholt. Keiner hätte den anderen überzeugt, geschweige verstanden, und der Große hätte dem Kleinen wieder herablassend auf die Schulter geklopft. Aber ein rechter Mann ärgert sich nicht, wenn er wie ein Kind behandelt wird, obgleich es ja so 'nen Mist unter Freunden nicht geben dürfte. Doch wenn Ernsthaftigkeit als Kindergeschwätz abgetan wird ... so jedenfalls hatte der Instrukteur sich ausgedrückt – was natürlich bloß ein Vorwand war, ein weiches, schleimiges Ausweichmanöver, das den Jungen befremdete; das hätte sein großer Freund doch bedenken müssen!

Der ungeöffnete Brief, das Gelächter, das genau den Punkt traf, an dem ihre Gespräche von gestern und vorgestern steckengeblieben waren, den Knoten, den der Freund und Vorgesetzte nicht lösen konnte, den zu überspringen er vorzog.

Es wäre dem jungen Grübler nicht gut bekommen, wenn der Instrukteur den Brief gelesen hätte. *»Ich hoffe, es wird Dich nicht allzusehr ärgern, was Du in Deinem Koffer gefunden hast. Ich weiß, daß Du's nicht benutzen wirst. Aber Mutter hat darauf bestanden. Bei uns sind nach wie vor Gerüchte über Kinderlähmung im Umlauf. Sie meinte, es sei zu Deinem Schutz.«*

Dieser betuliche, mahnende Stil wirkte keineswegs beschwichtigend auf seine Absicht, ihnen eine geharnischte Absage zu erteilen. Doch nach wie vor fand er nicht die Zeit zum Schreiben. Es gab einfach zuviel zu tun. Und nun kam auch noch dieser neue, weit stärkere Knebel dazu. Wenn sein großer Gönner den Umschlag tatsächlich nicht geöffnet hatte, obwohl das doch seine Pflicht gewesen wäre, dann durfte die Antwort nicht länger aufgeschoben werden. Das war er sich selber wie seinen Eltern schuldig. Es wäre ein leichtes gewesen, die Antwort in den Stapel Briefe hineinzuschmuggeln, den die beiden jeden Nachmittag durchsiebten.

Anfangs hatte er noch Einwände gemacht. Die Gerüchte über die Epidemie hatten manche Eltern zwar tatsächlich so aufgeschreckt, daß sie Protestschreiben verfaßten, einige sogar das Ferienlager besuchten, um sich selber zu überzeugen. Aber das sei – so jedenfalls fand er – kein hinlänglicher Grund. Die Neigung zu Übertreibungen, die Ammenmärchen von Kinderlähmung, mit denen die Eltern ihre Kinder schreckten. Und als Antwort dann eben kindische Briefe, voller Ungereimtheiten. Was wäre schon geschehen, wenn ...

Er hatte seine Einwände gemacht, aber dennoch mitgemacht. Und nun mußte er sich wohl oder übel selbst der Regel unterwerfen.

Die Meinungsverschiedenheit setzte sich also fort, wenn auch nur in Gedanken. *Ich habe doch wie er gehandelt, das bedeutet, daß ... wäre ich bei meinen Argumenten geblieben, dann hätte ich den Brief längst schreiben und ihn einfach zwischen die anderen Briefe stecken müssen, zur Kontrolle.*

Er fühlte sich nicht imstande, die seltsamen Gegenstände in seinem Koffer zu erwähnen. Er hätte sich selber bloßgestellt, hätte sich rechtfertigen, hätte dem Instrukteur wenigstens erklären müssen, wovon die Rede war.

Unversehens und trotz wütender Gegenwehr hatte er sich verstrickt, wurde nun täglich schuldig. Er litt darunter, hatte einfach keine Kraft mehr ... Er mied die Blicke der anderen, sprach nicht mehr mit ihnen. Wurde sich selber zum Ekel. Als klebten alle einbehaltenen, ihren Adressaten niemals erreichenden Briefe auf seiner Haut. Vielleicht hatte er sogar schon Fieber.

Besorgt, aber rücksichtsvoll erkundigte sich der Instrukteur nach seinem Zustand. Und bot ihm so von neuem Gelegenheit zur Ehrlichkeit. Sein Helfer zögerte kurz, dann gestand er: »Ich kann meinen Zimmergenossen nicht mehr in die Augen sehen, seit ich ihre Briefe kenne. Und manchmal auch den anderen nicht, zum Beispiel unserem Gruppenleiter nicht, dem hübschen Bukarester.

Kann nicht mehr unbefangen mit ihm reden, wie früher. Wo ich doch jetzt weiß, wie er seine Genossen verachtet und was er über das Essen und über die Duschen geschrieben hat.« Er schluckte, der Ton brach ab, stumm flimmerte der Streifen weiter. Der große Freund lächelte, streckte seine kräftige, große, sonnengebräunte Hand über den Tisch und drückte freundschaftlich die kleine, zitternde.

»Laß gut sein, hast ja recht. Sollst dich nicht länger quälen, war mein Fehler. Hätte dich da nicht reinziehen dürfen – nach allem, was du mir erzählt hast über die Not und die Schrecken, die ihr ausgestanden habt... Hätte mir selber Rechenschaft ablegen müssen. Nun gut. Ab morgen brauchst du nicht mehr zu kommen.«

Dennoch machte er weiter mit. Nachmittags zur gewohnten Stunde, im winzigen Zimmer mit den kahlen Wänden, dem Tischchen, den beiden Stühlen. Der Instrukteur schickte ihn nicht fort. Bewies ihm so seine Freundschaft, sein nachsichtiges Verständnis. Schweigend verrichteten sie ihre Arbeit, verließen gemeinsam den Raum, unterhielten sich auch wieder über Bücher, die sie gelesen hatten. Doch nachts, hinter den Fensterscheiben, funkelten ihn die Augen eines schlanken, unbekannten Vogels an.

Die Tage verstrichen im Flug, der schmerzliche Abschied vom Wald, der allein die Gedanken des Jungen kannte, rückte näher, das einstige Jagdschloß stand mitten im Wald, jeden Weg konnte man wählen, konnte – die Zeit vergessend – allein mit sich selbst durch Tannenrauschen und Vogelgezwitscher wandern, bis sich in der Ferne der Lichtschimmer zeigte, der den Rand des Waldes markierte und damit auch das Zeichen zum Umkehren setzte.

Wenige Tage vor der Heimfahrt gelang ihm endlich der Brief. Er befand sich auf der Krankenstation zur Beobachtung: Er hatte Kopfschmerzen vorgegeben, Übelkeit, Schlafstörungen, Schwäche in den Kniegelenken. Man reichte ihm Pillen und Pulver, obwohl er kein Fieber hatte. Er schlief wie ein Bär, man wunderte sich über seinen Appetit. Aber er war so blaß, so schweigsam, und seine Augen flackerten wie im Widerschein einer fremden Flamme.

»Ich verstehe, daß Ihr wegen der Kinderlähmung in Sorge seid. Dabei könnte man nach den unterlassenen Maßnahmen sehr wohl Grund zu Besorgnis haben. Die Bettwäsche ist bloß einmal, anläßlich einer Inspektion, gewechselt worden. Da gab es auch gutes Essen und zum Trinken Mineralwasser. Jetzt wieder Leitungswasser, meist unabgekochtes. Wir waschen uns selten. Aber in den Schlafräumen ist die Stimmung gut, obwohl alle überbelegt sind. Bei den Duschen gibt's immer großes Gedränge. Der Arzt hat sich vergangene Woche nicht sehen lassen. Die Krankenschwester ist ungeduldig, hat sich vor kurzem verlobt. Doch ich hoffe, daß ich alles gut überstehe.«

Er rechnete damit, daß diese Enthüllungen so recht einschlagen würden – im Elternhaus wie im Lesestübchen, und natürlich auch damit, daß sie ihn selber treffen würden. Alle Mißstände, alle Verrücktheiten führte er an ... Dann bat er die Krankenschwester, den Brief in den Briefkasten neben der Schloßdirektion zu werfen. Vom Fenster her beobachtete er neugierig die Blonde, als sie zur Kantine ging. Und tatsächlich: Sie ging an den Blumenbeeten vorbei und warf seinen Brief ein.

Am Abend wurde er entlassen, kehrte in seinen Schlafraum zurück. Zog den Koffer unter dem Bett hervor. Staub lag darauf, also hatte niemand ihn angerührt. Er schloß ihn auf, lüpfte den Deckel, fuhr mit suchender Hand hinein. Alles war an seinem Platz.

Am Nachmittag des vorletzten Tages kam er nicht mehr mit seinem Lektürepartner zusammen. Und der

Abend brachte eine angenehme Überraschung. Die beiden sportlichen Jungs, die vor zwei Wochen jenen Film gedreht hatten, fanden sich wieder ein. Sie brachten den Streifen voller Öde und Pathos mit, der in irgendeinem Archiv landen würde, damit dereinst herausgeschnipselt werden könnte, was sich für künftige Trickaufnahmen eignete.

Vollversammlung in der Kantine. Der Film läuft. Die Morgengymnastik, der Appell, die Flugzeugmodelle und die Volkstänze, das Lagerfeuer, das Laienspiel, das Essen in der Kantine, der Ausflug, die Schlafräume, die Duschen, der Volleyballplatz. In den Hauptrollen der hübsche Leiter aus Bukarest und der Gesprächspartner des Instrukteurs. Ganze zwei Minuten für die Großaufnahmen mit diesen beiden. Mit der Trompete, im Waschraum, beim Deklamieren, mit der Fahne, unter der Fahne, neben dem Bulgaren.

Als die Lampen wieder angingen: donnernder Applaus. Der Instrukteur, der ganz vorne saß, winkte ihm, kam aber nicht auf ihn zu.

Und am nächsten Morgen Schließung des Sommerlagers und feierliches Abschiedszeremoniell. Am Nachmittag brachte man die einzelnen Gruppen ihren Reiserouten entsprechend zum Bahnhof.

Die Heimfahrt erschien ihm doppelt so lang. Sommerglut, Gedränge. Immer wieder erbrach er sich, und die Reihe der Bahnhöfe wollte nicht enden. Er hatte nicht einmal die Kraft zu einem Händedruck, wenn die anderen sich nach und nach von ihm verabschiedeten. Er döste vor sich hin, schreckte wieder hoch, schweißgebadet, keilte sich angstvoll durchs Gedränge, verschwand im WC, übergab sich. Der rotseidene Beutel steckte noch immer im Koffer. Noch immer Mitreisende im Abteil. Wenige Stunden vor Ankunft schlief er endlich ein. Über das schwarze Fenster geisterte die spitze Silberschnauze eines phosphoreszierenden Hais.

Er erwachte bei der Einfahrt, erblickte durch das Fenster die beiden aufgeregt und ungeduldig auf dem Bahnsteig Wartenden. Nun war er allein im Abteil. Er hatte gerade noch Zeit, den Koffer zu öffnen und das seidene Päckchen herauszuzerren. Spürte noch einmal die Würfel, die ledernen Riemen, den feinen Schal unter den Fingerkuppen. Zitternd schwebte seine Hand über der Bombe, die er so lange versteckt hatte. Ein kurzes Zögern, wie vor letzter Gefahr, dann packte er zu und schleuderte das Päckchen wütend unter die Bank.

Erleichtert und wieder völlig gesund, sprang er auf den Bahnsteig, begann zu schwärmen, alles sei toll gewesen, märchenhaft. Sie nickten, fragten aber nicht nach Einzelheiten. Den Brief – der angekommen oder nicht angekommen war – erwähnte keiner. Er erzählte von seinem bulgarischen Freund, mit dem er in Briefwechsel treten und Briefmarken austauschen wolle. Wieder nickten sie bloß und schwiegen. Der Koffer wurde ausgepackt, es gab keinen Zwischenfall, sie taten, als hätten sie nichts bemerkt. Sie schienen sich zu freuen, daß die Ferien so schön gewesen waren. Aber sie schienen auch eingeschüchtert, gehemmt zu sein. Um sie aufzuheitern, berichtete er vom bevorstehenden Kinoereignis, von den Filmszenen, die ihn in Großaufnahme zeigten. Das freute sie sehr, rührte sie geradezu.

Aber die angekündigte Wochenschau ließ auf sich warten. Der Herbst kam mit nächtlichen Stürmen, der Regen löschte die Farben, weichte die Wege auf. Viel Zeit, Zeit zum Altwerden; drinnen in der Stube nur graue Schatten, und draußen Himmel und Erde in grauer Öde miteinander verschmelzend. Pein des Alleinseins. Allein zwischen Büchern. Empfindlichkeit jedem Wort, jeder Geste gegenüber, im Kopf lauter philosophische Gedanken und Weiberröcke – und in den Nächten unruhiger Schlaf. Alles so recht zu einem Mann passend. Und zwischen den dickbauchigen Wolken über den Bergen sausten in der Abenddämmerung schlanke, unbekannte Vögel.

Träge wiegte sich die Stadt in Tratschsucht und schläfriger Wohlanständigkeit. Abends, bei klarem Wetter, war der ganze Berg von flammenden Lilien entzündet, tanzten lodernde Katzen und Ziegenböcke auf den Dächern. Der nun zu den Männern Gehörende spazierte regelmäßig unter der Rathausuhr auf und ab, betrachtete den Sternenhimmel. Stolz, hochmütig, von allen Illusionen geheilt, als sei er im Alleinbesitz der Einsamkeit. Schritte im Rhythmus uralter, weiser Sprüche ... *Gott betrügen – welche Naivität! Aber den Nächsten betrügen, welche Sünde!* Irrtum nach oben, Irrtum nach unten.

Kühl und auf Distanz bedacht wie jeder Anfänger, markierte er mit jedem Schritt neue Weisheiten. In selbstgefälligem Schweigen hätschelte er seine Blässe und seine Geheimnisse, mied die Leute, mied belebte Straßen und Plätze, blieb öffentlichen Veranstaltungen und Vergnügungen fern. Trug stoisch seine Wunden, seine Grandezza, seine Altersweisheit zur Schau, die er – wer hätte das gedacht! – in nur zwei Monaten gewonnen hatte und die seinen Gang, seine Stimme, sein Lächeln, seine Dioptrien verändert hatten. Bis nach Mitternacht legte er eine Schallplatte nach der anderen auf, bis der Schlaf ihn umspann. Und aus den wohltönenden Quellen der Morgendämmerung stieg metallisches Flügelschwirren.

In tiefster Melancholie und fast schon vergreist, sollte er schließlich doch noch jenen kindischen Dokumentarfilm über das internationale Sommerlager zu Gesicht bekommen. Eine Menge von Gaffern drängelte zum Kino, um den fotogenen Mitbürger zu bewundern, der – wie man sich zuraunte – eine glänzende Karriere vor sich hatte.

Er würde sich für einen Mittwoch entscheiden, würde kurz vor 10 Uhr morgens den Kinosaal betreten, würde auf den ersten Blick zufrieden feststellen, daß er den günstigsten Zeitpunkt gewählt hatte – zu dieser Stunde arbeitete oder lernte die ganze Stadt. Und würde sich möglichst weit entfernt vom nächsten Nachbarn hinsetzen.

Lächerlich kurzer Streifen von etwa zehn Minuten, über ein Schloß, einen Wald, über ein Rudel allerliebster Schuljungen! Hoher Torbogen, Fahnengeflatter, Volleyball, Ausflüge, Lagerfeuer, Appellplatz, Schwimmbecken. Alles perfekt arrangiert und stilisiert, das Krankenrevier wird natürlich ausgeblendet sein, ebenso die Waschräume, die kleine Zelle für Lektüre und Meinungsverschiedenheiten, die schönen, heimlichen Verstecke rund um die Waldwiese. Dafür vermutlich einige Male, in banalen Einstellungen, aber Großaufnahme, der Held des Städtchens, mit seinem strahlend doofen Lachen, fürs Herz der rührseligen Mitbürger.

Aber noch ist es nicht so weit, noch läuft der andere Film unter den geschlossenen Lidern wie Bilder von Wolken und Häusern. Alles ganz unerwartet: Eine aufgeweichte Straße, ein altes, spitzgiebeliges Haus, ein Stübchen, ein Tisch, ein leerer Stuhl, ein zweiter, auf dem ein Schuljunge hockt, über Bücher und Hefte gebeugt, mit Bleistift und Radiergummi beschäftigt: zwischen Zeichnungen, Wörtern, Sätzen. Vor sich hinmurmelnd, schneller und immer schneller zeichnend, und dann plötzlich mit abwesendem Blick innehaltend. Eine andere Sequenz: das Bild eines Greises, eines Vogelgesichts mit Tigerschnauze, rollende Räder, Stacheldrahtzaun. Und eine dritte: der Instrukteur mit seiner im Wind flatternden Mähne und den funkelnden Brillengläsern, die Mutter mit Pergamentrollen, ein spindelförmiger Adler, der Lehrer mit dem schwarzen Hut, das Schloß, ein Schmetterlingsflügel, die Fahnen, die Fanfare, der Vogel ... Er murmelt vor sich hin und schreibt zugleich alles auf. Bleiche Knabenstirn, große Augen unter gerunzelten Brauen. Und wieder Gemurmel: Ihr seid hier drin, wo wollt ihr denn hinfliegen? Vergeblich, ihr bleibt gefangen, endgültig, ihr Ahnungslosen! Und er murmelt und schreibt und zeichnet und schreibt. Was beschäftigt ihn so, was murmelt er, wozu drängt es ihn so? Er wirft einen Blick auf seine Armbanduhr, ist mit zwei Schritten am Schrank, angelt sich die Mütze, den Mantel, die Aktentasche, verläßt das Haus, schließt die Tür ab. Nasser Herbst, dreckige, glitschige Gehsteige. Endlich steht er vor der schmalen Fassade. Tritt in die Vorhalle. Löst eine Karte. Betritt den Saal, in dem nur wenige Leute sitzen. Setzt sich in eine der letzten Bankreihen, gleich neben den Ausgang.

Der Film beginnt. Grüne Hügel, Sommer, ein Schloß. Lkws mit Schülern und Fahnen. Der Appellplatz, die Volleyballspieler, die Flugzeugmodellbauer, das Lagerfeuer. Und wieder der Appellplatz, dazu ein bißchen Wald, auch das Krankenzimmer, die Trompetensignale, die Spiele. Neben der Fahne, unter der Fahne ... deklamierend, im flackernden Feuerschein inmitten der Waldlichtung ... ein schüchternes, sehr fotogenes Lächeln.

Der gelangweilte Zuschauer erhebt sich, verläßt den Raum ebenso schnell, wie er ihn betreten. Tritt ans Büfett, kauft sich einen Schokoladenriegel, trinkt einen Saft. Klemmt die Aktentasche unter den Arm, schlägt den Mantelkragen hoch, zum Schutz gegen den kalten Regen, begibt sich auf den Weg zum Gymnasium. Ein Mann. Gedankenvoll, mit sicherem Schritt, ohne nach links oder rechts zu blicken. In Uniform, mit Schülermütze. Und unsichtbar im grauen Dunst der Spindelvogel, die Flammen. Er betastet seine Schläfen, seine Stirn, sucht die Narbe vom spitzen Silberschnabel. Aber der Mann kommt nicht weit. Schon nach wenigen Schritten springen ihn die heiseren Worte eines Unbekannten an:

»Hallo, junger Mann, was spazieren Sie um diese Zeit durch die Stadt?«

Verwirrt und finster blickt er auf, sieht einen mittelgroßen Mann vor sich stehen, in schwarzem Mantel, mit schwarzem Hut. Darunter ein rundliches, schlaffes Gesicht mit Ringen unter den Augen und zerzaustem weißen Bart.

»Wie, Sie erkennen mich nicht?« fragt der Fremde.

So schneidend, daß der Angesprochene erschrickt. Sie stehen unter einem Dachvorsprung, vor einer kleinen Schlosserei; der Herbstwind fegt kupferrotes Laub die Straße hinunter.

»Doch, könnte sein, daß ich Sie kenne ... Haben wir uns nicht im vergangenen Sommer so angeregt über die Widersprüche eines Herrn Dühring und über einen Roman von Romain Rolland unterhalten? Wenn ich mich nicht irre, haben wir uns sogar gegenseitig bei einer bestimmten Lektüre unterstützt. Wissen Sie, ich war so frei, mir, ohne Ihnen das auf die Nase zu binden, einige von den Briefen anzueignen, die uns nicht in den Kram paßten. Ab und zu, vor dem Einschlafen, lese ich darin, bezaubernde Zeugnisse kindlicher Phantasie und Gerissenheit ...«

Der Alte starrt ihn mit weitaufgerissenen Augen an, steht einen Pulsschlag lang sprachlos da, wie in plötzlicher Lähmung. Dann aber lächelt er nachsichtig.

»Nicht doch, mein Herr, Sie täuschen sich. Wir haben uns das letzte Mal im Haus ehrbarer Leute gesehen, im Haus Ihrer Eltern. Ich war so frei gewesen, Ihnen über den Ruhetag zu sprechen, über unseren höchsten Feiertag. Zum Gedenken an ausschließlich göttliche Taten. An den Ruhetag, den der Schöpfer sich gönnte. Alle anderen Feiertage gelten von Menschen vollbrachten Taten, freilich ebenfalls nur mit seiner Hilfe vollbrachten ...«

Flüssig und nuancenreich hält der Herr seinen Vortrag. Offensichtlich ein gebildeter Mann, trotz der Unverschämtheit, mit der er Passanten belästigt. Doch er täuscht sich, wenn er hofft, der Angesprochene werde ihn zum Weiterreden ermuntern. Trotzdem spricht er unbeirrt weiter, als könne ihm nichts und niemand den Spaß an der Unterhaltung verderben. Nach etlichen Sätzen kam er wieder auf seine Macke zurück:

»Ich hatte gehofft, Sie würden verstehen, daß ich allein schuld bin, daß meine Tochter am Samstag nicht schreiben wollte. Ich hab' ihr das in den Kopf gesetzt. Und alles, was man lernt, verwandelt sich allmählich in Glauben. Da kann man nichts machen ... Ich will offenlassen, ob ausgerechnet Sie auf ihrem Schul-Rausschmiß bestehen mußten. Die Beamten des Staates waren nachsichtiger, wären bereit gewesen, ein Auge zuzudrücken. Nun ja, genau besehen, war's für keine der beiden Seiten ein großer Verlust. Obwohl das Kind die Gesellschaft gleichaltriger Mädchen sehr wohl nötig gehabt hätte. Sie ist doch noch ein Kind. Und bei uns werden nur die Jungen mit 13 volljährig. Wischnitzer mein Name. Wischnitzer. Das ist auch der Name meiner Tochter.«

In der Werkstatt, unter deren Vordach die beiden sich gegenüberstanden, gab es irgendein Teufelsding, das, sobald es in Bewegung gesetzt wurde, einen Höllenlärm verursachte, der jeden normalen Menschen sofort verscheucht hätte, aber die Erinnerungen – an die Kindheit, die Kindheit im vorigen Jahrhundert ...

»Vielleicht hätte ich Ihnen das alles schon vor der ersten Lektion sagen sollen. Aber das ging nicht. Ich bin gebeten worden ... – und ich bin gekommen. Ihre Eltern wußten übrigens von der Sache. Dennoch haben sie mich gedrängt. Ich war mit Ihrem Großvater befreundet.«

Nein, er täuscht sich, dieser Trauerkloß, wenn er sich einbildet, daß er zu weiteren Ausführungen ermuntert wird. Er täuscht sich gehörig ...

»Denken Sie nicht, daß ich Sie verurteile. Das steht mir nicht zu. Ich hätte Sie übrigens nicht angehalten. Ich meinte aber, daß ich mich auch von Ihnen verabschieden müßte. Wissen Sie, wir verlassen das Land ...«

Und weg war der Alte, verschwunden, selbstverständlich ohne Händedruck. Und wie viele waren schon davongeschwebt. Großväter, Vettern, Cousinen, Nachbarn, Tanten, Instrukteure, Eltern. Einer nach dem anderen. Verschwommene Filmstreifen, Wunden, Risse. Und alle Spulen nur Anfänge, immer wieder Anfänge, bestens geeignet für Fälschungen und zum Vergessen. So viele Seelen, so viel Schrecken, so viele Anstrengungen, so viel Blut, so viele feierliche Vermächtnisse, Fragen, Feuer. Und war er nicht sich selbst entschwebt, hatte sich das streitlustige, fotogene, gebildete Bübchen nicht längst verflüchtigt? Nun also zog auch dieser alte und grundehrliche Träumer für immer von dannen. Bald werden alle fort sein, alle ...

Irrtum! Dazu war's zu spät. Er hatte sie in sich. Sie mußten ihm gehorchen ... Er brauchte gerade die, die er am wenigsten ertrug. Und die rauchige Spindel, da, über ihm, wie ein junger Tiger, sprungbereit, fauchend, kreisendes Licht, Horizonte, der Pfeil, der blutige Schnabel des ungesehenen Vogels.

Der hochmütige Schlafwandler begann zu stottern, unfähig, den Blick zu heben ... »Ihr seid hier...«, murmelte er undeutlich, die Drehbank heulte, er lächelte irr, wie ein hilfloser Kranker, unsicher und hochnäsig zugleich, als suchte er verzweifelt einen Schatz vor unbefugten Augen zu verbergen, einen Schatz, den ohnehin niemand begehrte. Und dennoch: welch traumhafter Fund, nicht wahr ...? Er verzog sein Gesicht zu einem idiotischen Grinsen. Als er endlich aufblickte, fand er sich allein auf der Straße, er hatte ins Leere geredet. Es gab niemanden mehr, der ihm zuhören würde.

Eine Weile noch stand er, der Mann, wie erstarrt vor dem Eingang zur Werkstatt. Ungewöhnlicher Irrweg, nicht wahr... Gut zum Schutz vor Kälte und Einsamkeit – wenn es einmal keine Erinnerung mehr gibt... So dachte der Hochmütige. Und die Wolke senkte sich auf ihn, umfing ihn, wohltuend. Aber diese verdammte kreischende Drehbank in den Ohren, unmöglich, sich auf die Leute ringsum zu konzentrieren, nein, nein, völlig unmöglich, alle wichtigen Gedanken entwischten ihm.

Wie gehetzt strebte er der Schule zu. Gekrümmt, mit hängendem Kopf. Als wolle er sich wie eine Spindel in den Nebel hineinbohren. Er fieberte, fühlte sich belagert. Sein schmaler Schatten wuchs, wurde breiter, bedeckte die ganze Leinwand.

WENDEPUNKT

Durch das Fenster des Wartezimmers sieht man den Park. Es saß niemand mehr da. Gleich wird die Tür aufgehen. Es war zwölf Uhr mittags, und es ist Frühling.

Es ist zwölf Uhr mittags, und es war Frühling. Etwa um die gleiche Tageszeit habe ich es zum erstenmal gesehen ... Mittags, an einem Herbsttag, nasser Wind. Plötzlich spürte ich, wie mir etwas geschenkt wurde, das mir niemand wegnehmen konnte. Damals also ... Unbekanntes, aber längst Erwartetes, das mir eigen war, vor dem ich mich fürchtete.

Zum ersten Mal gesehen. Bei kaltem windigen Wetter. Ich verstummte, gerade als ich aufspringen, schreien wollte. Der Wind pfiff aus allen vier Himmelsrichtungen. Es war Mittag, damals also zum ersten Mal gesehen.

Das Meer.

Etwa um die gleiche Tageszeit. Stand benommen da, wie bei einer ungeahnten Befreiung. Als begriff ich nicht, daß die Fesseln gefallen waren.

Etwas Unbekanntes, längst Erwartetes, vor dem ich mich fürchtete. Stand da. Im Geschenk, das niemand würde entreißen können. Im Unbekannten, mir eigen.

Und seither, Tag, Nacht, durchströmte mich angenehm ein schneller Puls, feinere Empfindsamkeit. Geheimnisvolles Etwas erweiterte den Horizont.

Der Horizont mein Geheimnis, Puls bis zum Horizont. Die See ... die innere Spannung. Ungeahnte Befreiung. Wiedersehen mit der eigenen Ohnmacht. Kräfte sammeln.

Wiedersehen – immer andere Alter …

Nicht alle Wiederbegegnungen waren sensationell.

Fenster des Wartezimmers, der Park. Niemand mehr da. Zwölf Uhr und Frühling.

Zum erstenmal gesehen … Herbsttag mit nassem Wind.

Wenige Monate zuvor hatte ich das Gymnasium verlassen. Hatte alles verloren, die Stadt, das Haus, die Kollegen, die Familie. War nun ganz auf die Begegnung mit Hohem, Großartigem eingestellt. Zwei, drei Wochen nach Beginn der Hochschulkurse zum freiwilligen Arbeitseinsatz auf eine Großbaustelle. Wohnten in Baracken, schliefen auf Pritschen. Stiefel und wattierte Jacken. Wir gruben, karrten, stapelten. Schlamm so dick, daß man steckenblieb.

Sonntags Ausflug mit dem Zug. Bei kaltem, stürmischen Wetter. Am Zielbahnhof der Wind stärker, das Wetter naßkalt. Ich war zum erstenmal in der malerischen Stadt an der Schwarzmeerküste. Gingen durch Straßen, durchs Zentrum. Alles naß und kalt. Der Stadtrand nahe. So hielten wir – am Ende der engen Gasse an.

Damals also … Wußte noch nicht, was mir fehlte, was mit mir werden sollte. Stumme Weigerung, trotziges Versagen – Flucht in den Traum … Und plötzlich … ein Geschenk, das – und wäre es noch so arm und unglücklich – niemand entreißen konnte. Ich war 18. Die Spannung finde ich nie wieder. Wurde still, kurz vor dem Aufspringen, Schreien, vor emphatischen Gesten und Wörtern. Stand verwirrt. Eine ungeahnte Befreiung. Die Fesseln gefallen? Unbekanntes, längst Erwartetes, das mir gehörte, Angst machte.

In den nächsten Wochen hätte ich die Stadt am Meer wieder besuchen können. Ich tat es nicht. In Tagstunden, auch im Schlaf ein schneller Puls, feinere Empfindung, ein Geheimnis innen und weiter Horizont.

Die eigene Ohnmacht, zum Kräfte Sammeln ... Nicht jede Überraschung verbindet Träume und Zukunft.

Ich hatte den Hochschulabschluß hinter mir. Wenige Monate nachdem die Frau gestorben war, deren unerwartetes Vertrauen mich so sehr verwirrt hatte. Es war Sommer, ich war seit etwa zwei Jahren mit ihrer ältesten Tochter verheiratet. Ferienreise von zwei Wochen. Meine junge Schwägerin, Schülerin kurz vor dem Abitur, war dabei.

Ich wohnte nicht in meiner eigenen Haut. Eine einzige Silbe hatte sie wie eine dünne Membrane zum Platzen gebracht. Meine Frau hatte den Selbstmord der Mutter, den Schock, noch nicht überwunden. Sie hatte sie nicht geliebt und nicht verstanden. Noch immer war sie verstört von den Überraschungen, die die Aufsässige zu Lebzeiten nicht nur ihren nächsten Angehörigen, sondern auch allen Unbekannten bereitet hatte, die unter ihrer Herrschaft standen.

Drei junge Menschen am Kai. Abendstille, Brise. Die elegante Studentin zuckte zusammen, als habe sie Gift geschluckt. Sie zischte: Was läufst du immer hinter uns her? Das schüchterne, kurzsichtige Mädchen zu ihrer Linken bleibt verwirrt stehen, findet keine Antwort ... Die Schwester selbst hatte sie doch in die Ferien mitgenommen, um sie vom Tod der Mutter abzulenken. Und hatte sie auch jeden Abend zum gemeinsamen Spaziergang aufgefordert. Und nun diese Brutalität! Aber auch mit den stummen Krisen und unterdrückten Warnungen des Schwagers kam sie nicht zurecht. Sich beherrschend stand er da, verkampft vor Wut; musterte die beiden Unbekannten, zwischen die er geraten war. Ging davon. Erschrocken setzt seine Frau ihm nach, die üblichen Szenen, Vorhaltungen, die den Unbekannten, der ich noch war, in seiner Abwesenheit bestärkten und ihm neue Verstecke zeigten. Nicht allein unsere Jugend wehrte sich gegen Einschnürung, da war noch etwas anderes, das ich aber nicht hätte benennen können.

Die Lava in uns drängte zum Ausbruch. Wie im Fieber verbissen wir uns in den festen Vorsatz, nicht aufzugeben, bevor wir einander völlig begriffen. Benommen, wie hypnotisiert, kreuzten wir unsere Flügel, unsere Klauen, verbissen uns ineinander, trennten uns für immer und fanden uns, entsetzt, nach wenigen Stunden wieder.

Die Geliebte hatte sich plötzlich verflüchtigt. Wie aufgesogen vom wäßrigen Blau des Himmels. Wir schlenderten durch die orientalische Hölle, die klebrige, süße. An jeder Straßenecke glasiertes Obst, Halwa, Kuchenwürfel in Sirup. Süßigkeiten schläferten unsere Qual ein, die Süßigkeiten und das Gedudel der Flöten, aus dem schwarze Verwünschungen rieselten. Kerle mit locker sitzendem Dolch, abstoßende Paradiesvögel, plumpe, dösende Schädel, heisere Sirenen, glitzernde Drachen – über allem ein naiver Himmel.

Und da sah ich sie wieder, auf einer Bank im Park. Sonnenblumenkerne knabbernd! Die kraushaarige Zigeunerin, Tränen anbietend und schnelle Lust. Wartend saß sie da, die Knie ans Kinn gezogen, eine gierige Hexe, und leckte gelangweilt, mit langer roter Gazellenzunge, ihre duftenden, bloßen Schenkel.

Abends schwollen ihre Brüste, strahlende indische Prinzessin, bei deren Anblick die Musikkapellen in den Bars verstummten. Das blutigrote Parkett pulste im

Rhythmus der metallenen Absätze. Gelächterkaskaden, weißbleckende Zähne ... Inmitten der Stirn, im von Leid gezeichneten, zugleich aber von Hingebung an den Tanz und die Musik glühenden Gesicht strahlte phosphoreszierend ein Punkt von grüner Schminke. Im Morgengrauen, Herr Doktor, wurde sie zur Scheherazade, erzählte sie mit Katzenstimme ihre Geschichten. Aus dem Leben, natürlich ... Ich hätte saftige Happen verschlingen können von dem, was man so Glück nennt, doch mir lag nichts am plumpen, direkten Zugriff, mich befriedigte allein der Blitz, der die in engster Falle gefangene Seele spaltet. Aber ich bekam nur schmalbrüstige Freuden, verfing mich alle paar Schritte in den Schlingen ihrer List. Tag und Nacht rauschte die Brandung mir ins Ohr, Drohungen und Verheißungen. Unersättlich, fand ich die Kraft, mehr zu begehren als das Mögliche. Illusionen: perverse Chancen. Exakt durchprogrammiertes Fegefeuer, aufgeschoben die Träume aller Lebensalter, Zukunft auf Bezugsschein in genau aufgeteilten Portionen. Wollten wir von den Lockungen der Ferne sprechen und von der krampfhaften Suche nach Ersatz, so bekämen wir rasch ein ganzes Wörterbuch von zweideutigen und verdächtigen Begriffen.

Während meines ungewollten Aufenthalts hatte das Wartezimmer seinen eigentlichen Charakter verloren. Unverhofft fand ich mich in einer Verhörzelle; nicht aus eigenem Antrieb war ich so lange geblieben; das Verhör war mir aufgezwungen worden; die Antworten, die ich doch hatte verweigern wollen.

Ja, ja, Großmeister des Verhörs, es waren tatsächlich andere Jahre. Ich war längst ein Mann. Ausgeträumt die nebulösen Träume von Meeren und Stürmen und blutig klaffenden Früchten. Es entstand eine Beziehung, sagen wir einfach: die Notwendigkeit, den Atem zu regulieren ... man mag das auch Krankheit nennen ... du schaffst es, schön zusammenhängend über den sonderbaren Fall eines durchaus normalen Individuums zu reden, das durchaus normale, konstante und vielschichtige Beziehungen nicht zu einem anderen Menschen oder einem Auto oder einem irischen oder spanischen oder norwegischen Setter, sondern zu einem Baum oder, warum nicht, zum Meer hat. Ja, das war's. Und alle starren dich an wie einen Wahnsinnigen! ... Sollte diese wohltuende Unrast eine Krankheit sein, so sei eben diese Krankheit auch dein einziger Besitz, mag sein: eine befremdliche Liebe – die dir aber niemand streitig machen dürfe ... Man klopft dir herablassend auf die Schulter, empfiehlt dir mehr Schlaf, empfiehlt Spaziergänge oder überrumpelt dich mit buntem Geschwätz und mit schlüpfrigen Witzen, auf irgendeiner vorgestrigen Vereinstagung von irgendwelchen Kollegen gehört.

Es ist keineswegs suspekt, wie Sie behaupten, daß ich die Abweichung als eine Befreiung betrachte. Ich gebe ja zu, daß ich allzuviel von Freiheit geredet habe. Unsere Begegnungen bedeuteten Vergessen, Gleichgültigkeit allem Vergangenen gegenüber. Und erzeugten tatsächlich ein unbändiges Freiheitsbedürfnis. Sie waren verworrene Voraussetzung, gegenstandslose, kindliche Sehnsucht ..., nicht selten gerade flüchtiges Freiheitsgefühl, zugleich ein läppisches, da alle um die Flüchtigkeit wußten, und dennoch: ein rundes und gesegnetes Gefühl.

Gewiß, wir haben mit Gleichgesinnten nächtelang exaltiert gestritten. Einige wenige anständige, empfindsame Mitbürger bildeten ein geheimes Kollegium zur abstrakten Rehabilitierung menschlicher Würde – es ging uns allein um die Wiedererlangung der Denkfähigkeit. Wir waren wenige und brauchten keine Proselyten, unser

Skeptizismus genügte uns. Wir suchten einen erträglichen Modus, uns mit unserer eigenen Ohnmacht abzufinden, in dezenter Selbstmystifizierung, in Grazie und Witz, alles in bescheidenem Ausmaß und mit allen Seufzern, so wie es sich für einigermaßen nüchterne Erwachsene ziemt.

Da gab es doch die Behauptung, daß die schädlichen Auswirkungen solch harmloser nächtlicher Dispute im Dorf unserer Ferien und Besinnung allein auf das unglückliche Verschwinden der jungen Ehefrau zurückzuführen seien. Es fanden sich Zeugen, bereit zur Aussage, daß die Geflohene eine rätselhafte Person gewesen sei, die den unauflöslich tragischen Charakter jener Beweisführungen allzu ernst genommen habe.

Wenn jemand erklärt, daß er zum anderen, mehrere Kilometer entfernten Ufer hinüberschwimmen werde, so wird man das für Wahnsinn halten und von Selbstmord oder von Rekordsucht sprechen. Es ist klar, daß Fanatiker des Argwohns so etwas für eine auslegungsträchtige Metapher halten. Das einzig Korrekte dagegen wäre: alles immer wörtlich und buchstäblich nehmen. In diesem Fall also: entweder, daß du nach einer bestimmten Strecke umkehren oder eben, wer weiß, das Ziel erreichen wirst. Niemand kann Unfälle voraussehen: den Sturm, das Herz, den Hai. Niemand weiß, was er nicht gesehen.

Wir waren zusammen – und in den Ferien. Ich hätte keine bessere Gelegenheit finden können, meine Partnerin kennenzulernen. Im Widerspruch zu ihrer Zartheit und Reizbarkeit war sie eine ausgezeichnete Sportlerin, eine Schwimmerin von Klasse. Niemand hätte verläßlich voraussehen können, was sie in Wut versetzen oder was ihr Freude machen würde. Wie ratsam es angesichts solcher Unsicherheiten auch war, sie keinerlei Aufregungen auszusetzen, man wird doch zugeben müssen, daß –

auch wenn es nicht um banalen Unfug, sondern einen Akt echter Verzweiflung ging, die Ursachen dafür in ihr selbst lagen.

Bei all den periodischen Anfällen von Wahnzuständen, Verspieltheit, Träumerei hatte ich möglicherweise unvorsichtig reagiert, hatte manches gesagt, was nicht einmal gedacht werden darf; oder hatte ich alles auf meine Kappe genommen oder dem Wahnsinn Sinn zu geben versucht?

Nur sommers gönnte ich mir Weite und sorglose Ferien – bei klarem Bewußtsein. Diese kurzen und illusorischen Brücken verbanden mich eben, ich bestreite es ja nicht, mit den Resten jener Unendlichkeiten, auf die ich einst meine Hoffnungen gesetzt hatte.

Ein Herbstabend. Es ist kalt, regnet in Strömen. Als sei der Jüngste Tag und wüßten's nur Eingeweihte.

Sie brauchen sich bloß in einer Kneipe in der Calea Rahovei niederzulassen, zwischen Polizeirevier und Apotheke ...

Erkundigen Sie sich nach der Verkaufsleiterin – und Sie werden mehr erfahren als durch diese meine zurechtfrisierten Bekenntnisse. Aber betrachten Sie die würdige Matrone mit Nachsicht. Und erzählen Sie ihr, dieser unwirklichen Erscheinung, vom Selbstmord der finsteren Kämpferin, die ihre Mutter gewesen war, und von dem tragischen Verschwinden ihrer Schwester.

Sie werden zu hören bekommen, daß jene erprobte Kämpferin sich ebenso rasch und einfach aus der Welt begeben hat, wie sie alle ihre Entscheidungen traf. Wenn Sie Glück haben, wird Sie Ihnen auch allerlei Geschichten aus der Zeit vor ihrer Geburt erzählen. Etwa im Zusammenhang mit dem Tod des ersten Kindes ihrer noch jungen

Mutter – sie hatte es, in übertriebener Angst vor verspätetem Erscheinen auf einer Versammlung, bei der man sie erwartete, vorübergehend in den Kühlschrank geschoben. Die Sache soll tatsächlich wahr sein.

Die erbarmungswürdige, kurzsichtige, fette Dame (denn das war sie inzwischen geworden) dürfte Ihnen erzählen, daß meine Schwiegermutter mich auf den ersten Blick in ihr Herz geschlossen hatte, als Gesprächspartner und möglichen Anhänger der tragischen Utopie, die für ein anderes Leben des Menschen und einen anderen Sinn des Lebens eintrat, in Abkehr von den dürftigen Kompromissen des Alltags. Aber dazu sollte es nicht mehr kommen; die große Frau mußte allzubald andere an die Schalthebel lassen.

Lange, verwinkelte Korridore. Abgebrühte Alltagsfiguren. Bis zur Vollkommenheit verfeinerte Distanzierungstechnik. Heiter, heuchlerisch, trällernd vegetierten wir dahin. Pausen für ein Mittagessen, für einen Koitus. Komplizenhaft mit übelriechenden Typen, Hyänen, Maulwürfen, Tausendfüßlern, Quallen, Ratten.

Fragen Sie doch diese gefräßige Sanftmütige, wie sehr ihre Mutter mich faszinierte, als der einzige Mensch, mit dem man sich heiß reden konnte. Aber die Schülerin, die sie vor 25 Jahren gewesen, hat keine Ahnung mehr von den Ereignissen jenes fließenden Alters, ist längst geronnen, könnte nicht verstehen, warum ich den tranigen Angestellten, der aus mir geworden ist, noch weit mehr hasse. Ein Meer von Feindschaft zwischen uns.

Start in den Nebel, als ich begriff, wie provisorisch, armselig, begrenzt alles war.

Sehen Sie sich diesen aufgedunsenen Pfannkuchen von Weib doch genau an – und Sie werden verstehen, was es bedeutet, das Ufer zu erreichen, nachdem alle Verheißungen abgesoffen sind, begreifen, warum ich am meisten diese Matrone hasse; Moder und Dreck und ein trüber Blick, das ist geblieben. Immer weiter hat das Meer sich zurückgezogen, es erträgt unsere Niederlagen, unsere Selbsterniedrigungen längst nicht mehr ... und was wir sonst noch totschweigen.

Das ganze Jahr Diener – ausgewachsen und planmäßig!

Aber schwarze Rückstände, täglich und nächtlich, der Gestank der Vergangenheit, der doch kaum vergangenen, die neuen Fallen, die frischen Gifte. Wie eine märchenhafte Landenge das schmale Band der Zeit vor mir, in einem großen, schwankenden Spiegel, verlockend, wie kein Mensch mich je zu verlocken vermochte. Alle Hoffnungen von einst überfluteten mich, schlugen über mir zusammen, verschlangen mich, und über mir, als große Strafende, die alles versengende Sommersonne. Gelegentliche Rückfälle in kindisches Benehmen, nichts als kurzlebige Entspannung, die ich als Auferstehung empfand, die aber nur neue Enttäuschung brachte und niemandem Gefahr, lediglich dem Schuldigen, zu dem ich – wie Sie meinen – jederzeit hätte werden können. Aber das einzige Vergehen, das ich in der absteigenden Spirale meines Lebens stur konservierte, das war mein Zweifel an der Menschenfreundlichkeit der Maßstäbe, nach denen ich ohne Recht auf Berufung angeklagt wurde. Mit der ganzen Energie, die mir noch geblieben ist, verteidige ich diesen Zweifel an dem Recht von wem auch immer, zu bestimmen, was schädlich und was nützlich ist für mich. Übrigens nehme ich nicht an, daß mein Befrager meine ärmlichen Begabungen – wie Sie meinen – in Schutz nehmen würde. Das Gute als Dienstauftrag kann mich nicht begeistern. Ich weigere mich, zu glauben, daß ich je das

Böse wählen würde oder daß sonstwer mich davor behüten müßte, falls ich an meinen Zweifeln festhielte oder gar die Absicht hätte, so schnell und gründlich wie nur irgend möglich mich selbst zu zerstören.

Wenn man's recht bedenkt, ist alles nur morsche Tünche, hängen wir alle an einem Karussell aus Floskeln; einst Worte – längst verschüttete Worte, die ich wiederzufinden hoffte, wieder freilegen wollte, die ich in meinem romantischen Größenwahn mit meinen Tränen begossen hatte. So hatten wir in jenem Sommer dagestanden, nackt und frei, wieder ganz Kinder, aufgewühlt von hochfliegenden Vorstellungen.

Ansonsten funktioniere ich gleichmäßig und nach der Norm, mit einem gewissen Stolz auf den Fleiß und die Gedankenlosigkeit, mit denen ich für mein tägliches Brot aufkomme. Die Genossen der Lohnzahltage und Fünfjahrespläne betrachten mich als ihresgleichen, mit dem man herumalbern und sich kabbeln kann. Schlimmer war es jedoch, als sich die Worte von einst tatsächlich gegen mich wendeten ... ich hatte sie ja verloren, und sie hätten mir auch nicht mehr genützt, längst paßten sie nicht mehr zu den Höhepunkten der Zeit. Was hinter uns lag, war nur noch auf den Niedergang ausgerichtet. Dennoch habe ich noch einige Ausbruchsversuche unternommen, in heftiger Ausgelassenheit, wie Sie sich erinnern werden ...

Mein Befrager war intelligent und listig. Ich fürchtete ihn, ich hatte so meine Erfahrungen ... Ich spürte seinen durchdringenden Blick, sah deutlich seine dunklen Augen vor mir, seine hohe Stirn, den Rockaufschlag seines eleganten Anzugs.

Sie haben mich etwas vernachlässigt in letzter Zeit. Ich erinnere mich noch, wie Sie mich nach jener kühlen und doch leidenschaftlichen Rednerin fragten, die für kurze

Zeit meine Schwiegermutter werden sollte. Sie scheint übrigens so manches über Eure so perfekt gestanzten, festen Hierarchien, so exakt entsprechenden Gesichter gewußt zu haben. Ihre Sprache, das war's, die eigentümliche Ausstrahlung ihrer Wörter hatte uns verbunden. Aber sie war auch das, was uns unwiderruflich trennte. Mit Ihnen hätte ich niemals vom Meer gesprochen, wie sehr Sie mich auch im Verhör nach meinen Schlupfwinkeln in die Enge getrieben hätten. Aber mit ihr konnte ich das ... und eben dieser Umstand stiftete auch unsere kurzfristige schlimme Verwandtschaft. Als hätte sie begriffen, was ich ihr anvertraute, und als wäre ihre krampfhaft-kämpferische Aufsässigkeit nichts anderes als die Kehrseite dieses gegenseitigen Verhältnisses aus Fremdheit und Verwandtschaft zugleich.

Das Wörterverdrehen – wie Sie es praktizieren – kann immerhin zu einem recht einträglichen Ritual werden. Wörter waren es ja auch, die mich in diese enge Verhörzelle brachten. Und nun soll ich berichten, wie und warum sich im Feuer aller seither verstrichenen Jahre die Schwächen und Sehnsüchte dermaßen verfärbt und verfinstert und alle guten Vorsätze Lügen gestraft haben.

Ich entsinne mich noch genau, wie oft wir das Leben gepriesen hatten. Allein das Leben sei heilig – ich finde, daß das auch für das Leben gelten sollte, das mir gegeben war.

Und nun sieht sich der so sehr an seinem Leben hängende arme Sünder verpflichtet, seine weisen Zuhörer – Pfaffe, Richter, Pädagoge, Kinderarzt oder wer immer Sie sein mögen – zu überzeugen, daß das mächtige Brausen, das jene bewegten Sommernächte bis zu den Sternen hinaus ausfüllte, sich mit den Jahren zu einem sanften Lockruf des Todes gewandelt hatte. Leichtfertige Ferienfreuden! Irgendwann wurde mir schmerzlich bewußt, daß ich mich ganz dem Wunsch hingegeben hatte, von allen und allem verlassen und aufgegeben zu werden. Der fließende Horizont war längst nicht mehr mein Komplize, war bloß noch Hohn, Zersetzung, Fremdheit. Und was jetzt noch in mir brauste, kalt und trüb, meine Verurteilung.

Alt und mir selber fremd, hatte ich die Orte meiner einstigen Sehnsucht wieder besucht, doch ohne Auge und ohne Seele, alles war Ende und Versteinerung.

Dennoch wäre ich niemals in diese enge, mit Ikonen, Mikrophonen und Medikamenten bestückte Zelle gelangt, wenn ich mir nicht ein winziges Körnchen von jenem lächerlichen Geheimnis bewahrt hätte: Hoffnung.

Immerhin: Ich habe gekämpft. Meine Ehrlichkeit verpflichtet mich zu dieser eitlen Erklärung. Ich habe mir den Kopf eingerannt und Federn gelassen, habe den Trott ertragen, die vielen bleiernen Stunden fürs tägliche Brot, habe stumm geschuftet, habe mich ferngehalten vom Jubelgebrüll, mit dem so viele ihre Cliqueninteressen und ihre Niederlagen überschreien; alle Tapferkeit war zwar vergeblich, hat nichts Nennenswertes gebracht, zu viele Köpfe hatte der Drache, zu tief drangen seine Klauen wieder und wieder ein, so daß auch ich schließlich den Rhythmus des Tamtams gefunden hatte, den Fortschritt unserer Zivilisation.

Meine Schuld ist nicht dieser Verfall, sondern daß ich mich – recht unklug – weigere, ihn hinzunehmen. Ich halte nicht demütig still unter der Steinplatte, die der Himmel so heimtückisch zwischen mich und die Welt geschoben hat. Ich finde mich nicht ab mit dieser Aussperrung – das also ist mein Vergehen. Ich suche noch immer meinen Platz in der Zeit. Ich erkenne mich nicht wieder in dem Toten, der vergeblich die Küste entlangwandert.

Kein Raum mehr für Elegisches? Im vergangenen Sommer habe ich schon geahnt, etwas Nichtwiedergutzumachendes würde geschehen. Das Gewebe wurde immer dünner, Knoten lösten sich. Rost breitete sich aus. Ich redete wenig und zähneknirschend. In den Augen der Dame, von der ich mich begleiten ließ, spiegelte sich mein von bösen Vorahnungen verzerrtes Gesicht, die Ungeheuer in mir kämpften um eine unsichtbare, abstrakte Beute, die schon längst hinter dem Horizont verschwunden war – oder noch immer im Nachklang unserer nachmittäglichen Umarmungen schlief. Alles war unerträglich, jede Stunde eine Drohung. Die oberflächliche Versöhnlichkeit aus dem vorangegangenen Sommer, dem vergangenen Jahrzehnt, aus vergangenen Jahrhunderten kam nicht mehr.

Allzu schnell die Bilanz, zu spät meine Erklärungen, keine Berufung! Noch war ich nicht völlig verwirrt, zum vollkommenen Schweinehund hatte ich noch nicht die erforderliche Energie, der Kampf war noch nicht aus – das hätte ich ihr gerne gesagt, aber noch wand ich mich in den klebrigen Tentakeln des Augenblicks.

Doch die Erklärung war fällig, und das setzte ein ahnungsloses Metronom in Gang, noch versuchte ich, mich zu drücken, zuckte die Schultern, wollte es abstreifen. Ich lächelte den Himmel an und die Geliebte, spielte mich auf als Herr des Sommers und Herr aller Qualen, mit denen ich sie beehrte, kämmte mich sorgfältig, putzte mir regelmäßig die Zähne, hörte aber schon deutlich den Zapfenstreich, den Gongschlag, die den Vertragsbruch, die Strafe ankündigten.

Ende August. Brandung schwemmt tote Fische, Holzkohle, Plastikbüchsen, gefiedertes Aas, Pech- und Gummiflocken, morsche Äste, löcherige Blechfetzen an die Küste. Widerliches, zerstörerisches Meer.

Seit zwei Wochen trug das Paar seine Runden in demselben Ring aus, in nächster Nähe des Wassers. Zwei hellblaue Badetücher, immer an selber Stelle nebeneinander gebreitet. Von außen ein widersprüchliches Bild: Nana Mouskouri ...

Müll schleppte die Brandung heran, Ölflecke, fauliges Strandgut, stinkende Abfälle, Lumpen, Konservenbüchsen.

Gegen elf besteigen die Neugierigen den Hügel und spähen über das Wasser. Da soll einmal einer von der Strömung mitgerissen worden sein. Ein junger Katastrophenerläuterer doziert über einen kaum 100 Meter von der Küste entfernten Wirbel, der dich einfach in die Tiefe saugt und erst weit draußen wieder ausspeit, von wo es keine Wiederkehr gibt.

Gute Gelegenheit für das Paar, sich anzuschließen. Mal raus aus dem Abseits!

Der Mann scheint in Gedanken meist sonstwo zu sein, weit zurück hinter dem Augenblick. Wenn er ab und zu seine schwarzen Locken hochwirft, von seiner Zeitung, seinem Buch aufblickt, dann ist es, als wollte er sich von den Fesseln einer rebellischen Vitalität losreißen, die ihre Wildheit in der gestrigen, der vorgestrigen Nacht nicht ausleben konnte. Die Frau bleibt ruhig, strahlt verschwenderisch melancholische Übereinstimmung mit ihrem Nichtstun aus. Ein harmonisches Paar, könnte man meinen, verkörperte die Solidarität in Trägheit.

Die Brandung rollt heran. Schaumkronen lecken über den schmalen Strand, benetzen das blaue Badetuch des Archäologen Arztes Ingenieurs Architekten oder was sonst er sein mag. Die elegante Dame wirft mit jugendlichem Schwung ihr Haar in den Nacken, so wie sie es beim Singen für ihr Fernsehpublikum tut, setzt sich die Sonnenbrille mit dem riesigen Gestell auf die Nase, rückt sie mit dem Zeigefinger zurecht, seine vornehme Nana Mouskouri. Berührt schließlich mit ihren süßen zarten Fingern die Schulter des Partners.

Sie verstehen sich sofort. Er springt hoch. Nana rückt schon wieder mit dem rechten Zeigefinger ihre Brille zurecht, wie in den Kunstpausen für ihr Fernsehpublikum. Sie beugt sich vor, hebt die Badetücher an zwei Zipfeln hoch, schüttelt sie aus. Ihr superschlanker Page greift sich den Korb, die rote Strandtasche, die Handtücher. Sie übersiedeln zehn, zwölf Schritte weit landeinwärts, suchen sich einen neuen Platz. Die Dame rollt das nasse Badetuch ein, nun rücken sie beide auf dem trocken gebliebenen zusammen. Und daneben der gleiche Haufen wie zuvor: der Rutenkorb, die Strandtasche, ihre roten Sandalen, seine weißen, die Zeitschriften, die Handtücher, ihr schwarzer Hut, ihr weißes Seidentuch, die weißen Bademäntel. Allein das Luftkissen lag wieder auf dem Laken, unter dem zarten Nacken der Göttin. Ihr Partner, auf einen Ellbogen gestützt, hatte wieder die Nase im Buch.

Ende August, Samstag mittag, kurz nach 13 Uhr; beißende Sonnenglut, stinkendes Meer, wütender Seegang.

»Ich geh noch mal ins Wasser.«

»Hat keinen Sinn, komm, laß uns gehen!«

Der Träumer zögerte noch einen, noch einige Augenblicke. 13.45 Uhr. Im Wasser, nahe am Ufer, zwei Oberschülerinnen, die größere von makelloser Nacktheit, vollkommen wie alles Stupide.

Der Mann betrachtet die Mädchen, nähert sich, wirft sich – in geziemendem Abstand vom albernen Gekicher der beiden süß miteinander balgenden Mädchen – in die Brandung. Nana liest die Badetücher auf. Sie hatten ausgemacht, um 14 Uhr den Strand zu verlassen.

Wellen rauschen, der Säumige läßt sich schaukeln. Der Himmel unbarmherzige Glut, rundum Wogen. Der Kopf im sengenden Licht, Leib und Glieder umspült von hohen, dreckig stinkenden Wellen, Hals und Schultern beleckt von klebrig-öliger Kühle.

Ein Wellental kündigt sich an, der Sog wird stärker, dann, wie von Riesenhand, ein gewaltiger, klatschender Schlag, eine Bombe, in nassen, seidigen Bändern explodierend. Der Atem weit bis zum Horizont, der donnernd zusammenfällt. Schläfen brennen, nasse Bänder umschlingen dich, du gibst dich ihnen hin, bist erlöst.

Wieder entlassen. Und schon der nächste Brecher zischend heran, kracht herab, der Wirbel glättet sich, verläuft sich im Sand, und wieder rollt es heran, steigt, tost, explodiert schäumend, Sonne und feuchter Wind an Schläfen und Schultern, und wieder besänftigende Glätte.

Noch einen Schritt weiter, Haar und Nacken in den Krallen der Sonne, die Arme bereits im Wasser, fröhliche Hingebung. Und noch einen Schritt. Der Fuß in der Schwebe. Der Boden weggeschnellt. Er wirft sich herum, den Fehltritt wettzumachen. Ein Schritt daneben, ein Schritt nur. Er streckt die Arme aus: das Ufer fangen. Aufbäumen, himmelragend, Widder, Woge bricht rollend nieder, Donnerschlag. Vom Wirbel erfaßt, vom Anprall geblendet, rasender Kreisel, vergehende Sinne, Händeflattern, Flehen. Ruckartig zieht die Woge die Taue straff, reißt die benommene Beute ins Weite. Füße strecken sich bodenwärts, suchen Grund. Unter den Sohlen ein endlos tiefer, weicher Teppich. Über ihm Sturmbrausen. Er schlägt um sich, wehrt sich mit Händen und Füßen. Macht kehrt, zum Ufer hin, stemmt sich gegen das mächtige Saugen, weggesogen, hinausgezerrt, hinunter ... – tief, Tiefe, hinab in die Tiefe, das Grab, das tiefe Grab, begraben, Wasser, Öl, Himmel, Milch, Lava. Lavahimmel. Sieden, brodeln, der Himmel brodelt, Pech und Schwefel, Kessel, Glut. Glühender Riesenkessel, Sonne, Lava, Glut. Flut, das Grab, das nasse. Das nasse Wasser, uaaa, Wasser... obenauf ... der Mund, im Mund, Lava, das Brodeln, der Himmel, obenauf Wasser ... Pech und Schwefel ... Öl Tinte Milch Teer... Sehnsucht, das Ufer, die Hände, fern, fern, alles verloren, verloren, weiche Kissen drüber, flüssige Kissen, Ende, aus, Ersticken, Vergebung, Vergessen, das Ende –

ein Stoß, er wird hochgewuchtet, in den Trichtermund gestoßen, die Glieder verrenkt, lose, und höher noch, hinauf auf den schaumigen Wellenkamm, er sieht, wird gesehen. Man hat ihn gesehen! Neuer Schwall deckt ihn, staucht ihn hinab, von allen Seiten stürzt der verflüssigte Himmel auf ihn nieder, Sintflut, das Nichts. Panischer Schrecken, er krümmt sich, sinkt ab, kommt wieder hoch, ein Schlag, Pech und Schwefel, reißender Strom, er schafft's nicht, nie wieder, das Wasser über ihm riesig, Wasser obenauf. Er spannt all seine Kräfte, hoch, noch höher, vorwärts, hoch, die Hand, den Kopf, ein Sprung. Er hechtet, Ufer, alles, sieht das Ufer, so fern, immer weiter: die Frau, Hin- und Herrennen, Geschrei, die Frau, das Ufer. Vorbei, aus und vorbei, heut' abend wird sie allein sein, lebendig, allein, vorbei. Ein Krampf, Sehnsucht, aaach, Sehnsucht nach ihr, er schafft's nicht, Kopf heben, Kissen auf dem Kopf, diese weichen Kissen, Ersticken, aus, Ende. Kriegt den Kopf nicht raus, sinken, warum nur, sinken, Hände, Beine, Kopf anspannen, stoßen, hechten, er sieht, ja, sieht, hat gesehen, klar, sie rennen, alle, alles so fern, so fern, der Himmel schüttet ihn zu, Teer, Tinte, das ist das Ende, das Sterben, aus. Er röchelt, noch, kämpft, Hände Beine Augen Hals Mund Schultern erdrückt, zerdrückt, so lange, sieben, acht, acht, Stunden, Sekunden, eine Ewigkeit – huh, noch aber, noch.

Arm ausstrecken, Arm zurückreißen, noch, noch, aufwärts, Arm, Schultern, Beine, Hals, die Arme, den Kopf, hoch, hinauf, der Himmel oben, oben, noch, Schultern bewegen, abschütteln die Last, das Meer, Himmel, Lava, Angst und Grauen, oben, das Feuerauge, hinauf, Krampf, Sehnsucht, das Ufer, das Land, weit, verloren, alles sehr weit, das Riesenauge, das da oben brennt, oben, am Himmel, aufwärts, die schweren Wassermassen obendrauf, schrr, schrr, schreien, das Wasser, Entsetzen, die Welle, wieder, die Welle, Strafe, Sintflut, der Himmel, die Sintflut, Schlu, Schluß, aus, das Grab, das riesige Wassermaul, der Abgrund, Schluß, Ende. Die Arme, der Kopf, der Abgrund, das Nichts, der Himmel oben, das Feuerauge, oben, das Meer, die Lava, die Hölle, Wasser Öl Milch Teer, tief, in die Tiefe, der tiefe Himmel, ein Ruck, oben, Rettung, noch, noch –

ein Ruck, noch Leben, aaah, Öl, Mund Ohren Hals Finger, Öl, ein Ruck, hinauf, wer, als ob irgendwer, huh, die Welle, Ruck, ein Retter, aaah, der Dok, der Doktor der Adler der Kavalier, ein Arm, noch, eine Armlänge, die Welle, wieder, wieder die Welle, noch, Finger, Finger, endlich! die Hand, jetzt, ergreifen, so, nicht loslassen, ja, so, nicht, nicht festkrallen, die Hand, nur die Hand –

er packt sie, röchelt, aufgedunsen vom Wasser, gewürgt, gedrosselt, tonnenschwerer Druck auf Nase und Mund, und am Ufer auf und ab die Frau, das blaue Kleid, alles kreist in Spiralen, das Kleid, der rote Horizont, die Schreie, noch drei weitere Retter, ziehen eine Luftmatratze hinter sich her, schieben sie keuchend unter den Ertrinkenden, ein Wellenstoß kippt ihn wieder ins Wasser, weiß brandet die Milch hoch, steigende Flut, Augen, Mund, Nase, vom Dreck gepeitscht, Pech und Schwefel, Gestank, der Himmel voll schwarzer Tinte, bodenlos, die Adlerklaue, er kann nicht mehr, krallt sich fest, die Matratze ein Spielball, ein Fetzen, ein Leichentuch, hierher, vier sind gekommen, fünf, eine Hand, die andere, festhalten, die Matratze hüpft auf dem Wasser, kippt um, nicht zu bändigen, das Kind rutscht aus der Wiege, Schlaglöcher, Totengräber, Leichenzug, auf die Plätze, links, rechts, hochstemmen, festhalten, rudern, der Doktor umklammert die Linke des Toten, läßt ihn nicht los, »ruhig, es geht schon, gleich sind wir da ...« Ein dünner Streifen, das Festland, die Frau so weit weg, ein stechender Schmerz, Krampf! die Hand, nur soviel, die Hand, festhalten, ein Ruck, die Matratze, der schwarze brodelnde Himmel, die Lavafluten, oben –

jetzt, nahe am Ufer, das Ende! Die Männer entkräftet, können nicht mehr. Werden aufgeben, die Nußschale fahrenlassen, die Wiege, das Kind dem gefräßigen Meer überlassen, die eigne Haut retten. Das war's, nichts zu machen ...

Ein paar Stöße, und noch mal! Die Arena dröhnt, den Schaulustigen am Ufer bleiben die Zurufe im Hals stecken, der Kampf droht dicht vor dem Sieg noch zu scheitern.

Noch eine Woge, letzter Prankenhieb, dann haben die Akrobaten Fuß gefaßt, stehen fest, betten ihre wie eine Salzgurke aufgeweichte Trophäe in den Sand.

Triefend stehen die Helden. Bewußtlos, schlaff, wie gerädert, liegt der dem Meer Entrissene auf seinem Gummibett.

Umdrängt von Zuschauern, ihrer Verwirrung, ihrem Gemurmel, ihren bewundernden Ausrufen. Und da öffnet sich eine Gasse im Gedränge, es naht das Gespenst, diese Nana Mouskouri, wie ein weichgekochtes Gemüse in den Armen zweier barmherziger Vestalinnen hängend. Erschüttert verfolgen die Gaffer die Starsängerin, die sich plötzlich wie eine Dilettantin aufführt, völlig verzehrt vom Anfall trockenen Schluchzens.

Der Gerettete bringt keine Silbe über die Lippen, hebt matt die Hand zum vagen Gruß, versucht zu lächeln. Die Athleten tragen ihn zu seinem Stammplatz, legen ihn bäuchlings hin, heben hoch, halten ihn fest, bis er, von Krämpfen geschüttelt, das ganze Meer erbricht.

Dann Nescafé, Schmerztablette – die Neugierigen ziehen sich wieder in ihre Reservate zurück, sehen flüsternd von weitem zu.

Ende August, Samstag, 15.15 Uhr, endlich findet der Versehrte die Kraft, auf die behutsamen Zärtlichkeiten der noch immer vom Schrecken gezeichneten, sich wie eine attische Witwe gebärdenden Dame zu reagieren.

Er war tatsächlich gestorben, nur ein Wunder hat ihn wieder zurückgeholt, aber die Wasser sind noch immer hinter ihm her, lecken nach ihm, werfen ihre Schlingen, wollen ihn zurücksaugen in die Tiefe, er bäumt sich auf, schlägt um sich, aber dann spürt er die sanfte Hand, hört, wie das Meer sich wütend zurückzieht. Noch hat er die Faust des Wassers im Nacken, das Würgen im Hals, den Druck im Magen, den zerrissenen Atem, noch knistert in all seinen Zellen das Salz, aber jetzt spürt er doch auch das weiche Kissen, hebt plötzlich die Hände vor seine Augen.

Wie ein ferner Trommelwirbel schlägt das Meer noch abends an sein Ohr. Und wie ein Kranker steht der Vollmond ganz nahe am schmalen Fenster.

Erschöpft sind beide vom Schreck und fest entschlossen, morgen in aller Frühe abzureisen. Überfüllt fährt der Schnellzug ein, nur Stehplätze. Eingezwängt zwischen schwatzlustigen, dunkeläugigen Orientalen fahren sie ab.

Morgen, Montag, der September hat begonnen ... die Stadt atmet im milden Licht des Herbstes. Die Straßen noch nicht ganz aus den Ferien zurück, der sichere Schritt sonnengebräunter Frauen.

Er müßte den Doktor besuchen, ihm danken. Nana hat nicht vergessen, seine Telefonnummer und seinen Namen zu notieren, sie wußte auch, daß er ebenfalls aus dem Urlaub zurückgekehrt war. Er müßte ihn anrufen. Das ist üblich so. Doch dazu bringt er die Kraft noch nicht auf, und die Unbefangenheit nicht.

Dienstag, kurz vor Mittag, bricht er auf dem Gehsteig vor einem Schaufenster zusammen, wie unter einem Tonnengewicht aus heiterem Himmel, in einem durch alle Körperzellen rasenden Schmerz. Ein Taxi. Der Fahrer schleift ihn zum Aufzug, aus dem Aufzug zur Wohnungstür, von der Tür zum Bett.

Nachmittags wird der Arzt angerufen, Doktor Chelba, sein Retter. Er erkennt die unverwechselbare, samtene Stimme der Starsängerin sofort, selbstverständlich wird er seine Mission zu Ende führen.

Eine Woche dauert das Fieber. Der Kranke kann sich nicht rühren, die kleinste Bewegung verursacht Schmerzen – in Brust, Rücken, Bauch. Der Schmerz wird behandelt, die Muskelverspannungen, die Magenverstimmung. »Da hat man's! In was für einen Zustand die Küste geraten ist! Im vergangenen Jahr habe ich ganze Inseln aus Scheiße schwimmen sehen, entschuldigen Sie den Ausdruck, meine Dame, die ganze Küste entlang. Ein einziges Mal habe ich baden können ... Und an unserem unglückseligen Samstag gab's auch noch Sturm, da können Sie sich wohl vorstellen, was für eine Brühe sie geschluckt haben!«

Und mehrere Wochen die Genesung.

»Ich bin tatsächlich dem Tod im letzten Augenblick entwischt. Versteht sich: Nur ein Aufschub. Ob ich mir nun mehr zutraue? Härter geworden bin, mehr Distanz zu mir selbst gewonnen habe? Gegebenenfalls leichter verzichten könnte? Als ich zuvor aus dem Haus ging, hatte ich den Eindruck, als würde ich von einem auffallend korrekt gekleideten Herrn beschattet. Wie schon des öfteren in letzter Zeit. Von einem athletischen, blonden Kerl. Würde er beispielsweise auf mich zutreten und mir mitteilen, daß höheren Orts meine Umsiedlung beschlossen worden sei, dann würde ich mich vermutlich fügen, ohne irgendwelche Erklärungen von ihm zu verlangen. Allenfalls würde ich um Ausreiseerlaubnis nachsuchen, weder in ein Wohlstandsparadies noch in die Welt sämtlicher Freiheiten, noch in ein gelobtes Land, sondern, sagen wir mal, nach Dahomey ... und mich da um die Kassiererstelle beim Botanischen Garten bewerben. Unter Menschen, mit denen ich kein Wort zu wechseln brauche. Abwesend und freundlich dahinvegetieren, namenlos und durchglüht von der tropischen Hitze. Ich würde sofort abhauen, und alle meine unterbrochenen Projekte, meine Erinnerungen, meine Gefühle zurücklassen. Mich mit der Sonne, mit den Tieren des Dschungels, mit billigen Weibern, mit dem eigenen Schweiß zufriedengeben. In unserem Alter sind ohnehin keine großen Veränderungen mehr zu erwarten. Und die vergangenen Fieberwochen – ich würde sie schnellstens vergessen.«

»Oh, Sie haben sich aber ganz toll gewehrt, Mann, wirklich ein seltener Fall, daß ein Nichtschwimmer sich so lange über Wasser hält. Das läßt auf einen enormen

Lebenswillen schließen. Und so ein klares Bewußtsein! Als ich Sie aufforderte, bloß meine Hand zu ergreifen und sich nicht an mich zu klammern – ich hätte sie sonst losgelassen, und dann wäre keine Hilfe mehr möglich gewesen. Sie haben einen nüchternen Kopf, das Elegische liegt Ihnen nicht, dazu sind Sie zu kühl und zäh.«

Schon wieder. Klarheit, Zähigkeit, weiß der Teufel, was sonst noch. Wie gut die Wasser, die über ihm getost hatten. Und es vielleicht bald wieder tun würden. Erlösend. Dann noch einmal den Arm aus den Fluten werfen, aber nicht mehr als Hilfeschrei, sondern zum Abschied.

Elegisch? Mag sein. Aber das sind nicht die Schwachen, sondern die Klaren, die Zähen, die die Kraft zur Einsicht besitzen, daß es keine Auswege gibt, nirgends und nie. Und sich nicht damit abfinden, aber es in dieser Weigerung bestenfalls zu einem Ruf ins Leere, zu einem Appell an ein Niemandsland bringen, wie Betende oder wie Kranke und Schlafwandler im Delirium, verirrte Worte aus Schlaf, Verzückung, Liebe …

Niemand hätte vermutet, daß er sich bloß auf Abruf der Wirklichkeit zurückgegeben fühlte: zu einer längeren und langsamen Strafe.

Immerhin: Der Arzt war ein angenehmer Gesprächspartner, kultiviert, hielt was von Distanz bewahrender Freundschaft unter Männern.

Allmählich wird der Alltag wieder Gewohnheit. Der regelmäßig seinen Dienst Versehende findet sich wieder in den alten Trott, Nachbarschaften. Sein scheinbar apathischer Blick erfaßt jedoch mehr, hat sich gewandelt. Deutlich sieht er die vor Langeweile farblos gewordenen Tage und Nächte in den Gesichtern der Leute, in ihren genormten Gesten, in ihren kleinen ängstlichen Scherzen.

Er verbringt seine Nachmittage mit dem Studium gedruckter Normen, Anweisungen, Ausführungsbestimmungen mit detaillierter Schilderung sämtlicher Konsequenzen im Unterlassungsfall: Wann du Urlaub machen sollst, wie du den Strom und das Klosett zu benutzen hast, welche Bedürfnisse von einem Durchschnittslohn gedeckt werden, wie eine Pflaumenmuskonserve zu öffnen und aufzubewahren ist, warum du nicht trinken, nicht rauchen, nicht Alarm schlagen und dies nicht und das nicht und jenes nicht und was die Pflichten jener sind und was die Einkünfte der anderen und das Eigentum und kinderreiche Mütter und die Unfruchtbarkeitssteuer und die Pflichtabgabe für die Grünanlagen. Wenn er genug davon hat, schlendert er durch Straßen, betrachtet Gesichter. Besonders die Gesichter von Betrunkenen, von Hausfrauen, Chauffeure interessieren ihn, auch die der Kinder, der Taubstummen, der Spitzbuben, Agenten, Köche, Künstler, Großväter, Schullehrer. Er lauert auf Abweichungen, auf erschreckende Explosionen, in denen das Banale detoniert und zum Delikt wird: sich von der Frau trennen, den Ort wechseln, die Fabrik verlassen, den Verein, das Theater, die Kaserne.

Das Schlangestehen nimmt er wieder in Kauf, um Äpfel und Käse, Zeitung; immer die gleichen Gesichter in den Käuferschlangen. Und benutzt wieder die von schweißtriefenden Leibern berstenden Autobusse, betritt einen Laden, in dem es nichts als Reißzwecken gibt. Und eines trüben Morgens spürt er auch wieder das Gewicht der Einkaufstasche in seiner Hand, schwer von Flaschen. Popelige Etiketten mit falschen Namen für den Wein aus Sägemehl, den er doch nie wieder zu trinken geschworen hatte. Und wie früher grüßt er seinen Vorgesetzten wieder, erzählt ihm den neuesten Witz zum neuesten Ereignis. Findet auch nichts dabei, wenn jemand ihn allzu auffällig mustert oder ihn wegen irgendeiner zweideutigen Bemerkung schärfstens tadelt, und unterläßt es, wie vorher, auf die winzigen, versteckten Änderungen beim Warenangebot, den Preisen, bei der offiziellen Presseterminologie zu achten. Und eines Abends schaltet er sogar wieder den Fernseher ein, lehnt sich erschöpft in den Sessel. Starrt in die Glotze, überläßt sich stumpf der Öde. Nur seine Müdigkeit leistet Widerstand, seine Kraft reicht nicht einmal aus, den Fernseher abzustellen. Finsternis breitet sich aus in der Seele des Fernsehkonsumenten, zu dem er wieder geworden ist. Entsetzt findet er sich wieder in der alten, alle Bewegung, alles Denken zerschmelzenden Trägheit. Als jämmerlichen, verächtlichen, tatenlosen Zeitgenossen. Und wie rasch er rückfällig geworden war: unwiderlegbarer und peinlichster Beweis seiner Auferstehung! Wieder ganz zu den anderen, einst so stolz von ihm Abgelehnten zu gehören. Und so würde das nun auch bleiben. Der Stumpfsinn bringt die alte Migräne wieder, erstickt jeden Schrei, jede Träne, und gegen die täglichen Niederlagen helfen kindische Grimassen nicht.

In den Heizungsrohren beginnt es zu knacken, man kauft wieder warme Decken und Pullover. Die Kirchen und Fotoateliers haben Hochsaison, Vorstädte überrollen das Zentrum, rauschende Hochzeiten, Taufen mit tagelangen Freßgelagen, Geburtstage, Totenmessen. Schon frühabends sammelt die Stadt ihre Lichter ein, die Nacht schickt ihre buckligen, verdächtigen Schatten durch die Straßen. Laienkunst triumphiert, Schieber und Schwarzhändler genießen die Gunst der Akademiker, Telefone und die Radios summen den ganzen Tag: feierlich vorgetragener Unsinn in den Nachrichten, Folklore. Die Macht der Hausmeister entfaltet sich – und mit ihr die Unterwürfigkeit der Mieter. Die Nachfrage nach Zahnprothesen und Kassettenrecordern nimmt rapid zu, man trägt wieder buschige Schnauzbärte und Wikingermähnen. Die Studentinnen schwören dem BH ab. Kunst am Bau, Operette, die Philatelie stehen in Blüte. Die Schachfreunde werden mehr, und immer mehr Deckchen gehäkelt. Der Gemüsehandel empfiehlt Paprikakonserven, von neuem werden alte Märsche gespielt, Eia-popeia-Pädagogik ist wieder in. Die Halbstarken, Parasiten und Ästheten werden bekämpft, die Dialekte besiegen jede Dialektik. Der Chorgesang, der Kaugummikonsum, die Volksweisheiten, die gesunde Ernährung werden gefördert, Bridge und andere Sportarten erfreuen sich wachsender Beliebtheit, und die Kneipen und Kinos schließen um acht.

Eines Abends im Dezember, auf nassem Asphalt, in nassen Schuhen, verharrt er auf der Schwelle einer Gastwirtschaft, welch ein toller Abend!

Und was hat es schon zu bedeuten, wenn sie mich rausgefischt haben. Damit ich, wie ihr, ein Leben lang blöde vor mich hinstiere? Ich werd' es ja doch wieder versuchen. Und keine Wachen und keine Warnungen sollen mich dann abhalten. Sachte das nächste Mal, und ganz ohne Geschrei.

Die letzten Worte waren nur geflüstert, waren streng geheim.

Was tun, wie fang ich's nur an, wie ein Mahlwerk die Frage, eingeklemmt zwischen den Ausdünstungen der Fahrgäste, im Schwung der Kurven nach links geschleudert, nach rechts, was tu ich nur, der Bus fährt und hält an und fährt weiter, aber warum sich nicht abfinden, fügt er sich nicht wieder brav ein, Pflichterfüllung und Zahltag und das Vertrauen der Vorgesetzten; hat er sich nicht wieder brav eingegliedert in die Gesellschaft, ist er nicht wieder alltagstauglich, erträgt er den Mief am Arbeitsplatz nicht wieder bestens, und Tratsch, und Schlangestehen um Salatöl und Knöpfe, und die Witze und die Panik und was sonst zum Obolus fürs tägliche Überlegen gehört? Manchmal nur, abends, schmerzendes Anderswosein, Sehnsucht: streckt er mit geschlossenen Augen die Arme nach der Frau aus ... ist ihre warme Stimme im Raum, und manchmal traut er sich dann sogar, sein Spiegelbild in den großen Gläsern ihrer Nana-Mouskouri-Brille zu mustern, die sein bärtiges Gesicht schmaler, jugendlicher erscheinen lassen, seinem alten, meckernden Lachen Stil verleihen.

Kurz, er bewegt sich wieder in den eingeschliffenen Schneckenspuren seines ungefähren Alters, flieht alles Tragische, zerpflückt sich zynisch, teilt die Zeit genau ein, seltene Ruhepausen reißen bloß riesige Löcher aus Sinnlosigkeit, in denen sich der Verspätete taumelnd und blöde bewegt.

Er kehrt zu den alten Eßgewohnheiten zurück, zu seiner Lektüre. Die Pastillen und die Pyjamas sind wieder die gleichen, er erkennt die Straßen, die Dienststelle ist ihm wieder vertraut, die Stimmen seiner Bekannten, die Gesten der Frau, die in letzter Zeit an seiner Seite gelebt hat.

Nichts mehr erinnert an den schrecklichen, vergessenen Vorfall oder an neue Vorahnungen. Niemand erwähnt mehr die Geschichte. Im nächsten Sommer wird er, ohne Rücksicht auf seine Partnerin, einen anderen Ferienort wählen, ein Gebirgsdorf, einen neutralen Urlaub also, ohne private Geschichte, was ja für viele schon eine Voraussetzung zum Glücklichsein ist.

Abenddämmerung. Längst hat sich alles verwischt, die Erinnerung an jenen Morgen, die Wellen, die ihn in die Mangel genommen hatten, an die brüllenden Wirbel. Er liegt auf dem Sofa, mit geschlossenen Augen – wieder ein Tag vorbei – und hebt plötzlich die Hände, als wollte er Schatten verscheuchen, die über seinem Kopf kreisen, nach ihm schnappen. Wehrt sich mit zitternden Händen, hebt schützend die Unterarme vors Gesicht, um den spitzen schwarzen Schnabel abzuwehren, der auf ihn einhackt ... Sekunden dauert es nur. Er kommt wieder zu sich, wischt sich den Schweiß von der Stirn, vom Hals. Nur im dünnen, aber beharrlichen Sausen der Trommelfelle wirkt der Anfall noch nach.

Nicht der erste. Auch beim Treppensteigen traf es ihn manchmal, und unlängst beim Konzert des Gewerkschaftschors, und einmal beim Anblick eines rülpsenden Betrunkenen, der laut auf Gott und die Welt schimpfte, ein anderes Mal an der Straßenbahnhaltestelle, als plötzlich ein paar Kerle neben ihm wild zu tanzen anfingen ... Aber auch bei Tag, im Dienst, über die glatte Platte seines Schreibtisches gebeugt, oder morgens im Bad, wenn er gerade die Zahnbürste zum Mund führen wollte, und manchmal auch im Traum traf ihn die Welle so jäh, daß er keine Zeit mehr hatte, sich am Tischrand, an der Türklinke oder an der Bettleiste festzuklammern, und es riß ihn fort, wie eine Nußschale unter dem Hohngebrüll des Orkans.

Die Anfälle, nach denen er sich immer erbrach und die in einen lange anhaltenden apathischen Zustand übergingen, wurden jedoch mit der Zeit seltener.

Paradoxerweise entschloß er sich, den Spieß umzudrehen. Er tat es heiter und mit Bestimmtheit. Er rief seinen Retter an. Ohne Umschweife und ohne Höflichkeitsfloskeln. Er wußte, daß der Arzt Mitglied eines Schwimmclubs war und wöchentlich zweimal zum Schwimmen ging, und bat ihn um genauere Auskünfte. Das Wasser im Schwimmbecken immer klar, wenige Leute, Schwimmlehrer gab es auch ... wunderbar!

Mühelos schlüpfte der Patient in die neue Rolle des späten Schülers; zwischen den sich im Wasser balgenden 16jährigen und den paar geschwätzig-munteren Rentnern nahm er sich recht lächerlich aus, doch es gelang ihm, diese Gesellschaft zu ignorieren. Als er zum erstenmal zwei Runden durch das Becken geschafft hatte, bescheinigte er sich selber den erfolgreichen Abschluß. Die Gespräche mit seinem Arzt führten zu einer anregenden Freundschaft. Sie verabredeten sich zu Konzerten, trafen sich im Schallplattenladen, der Doktor war ein anspruchsvoller und leidenschaftlicher Musikkenner.

Es gab also, wie der Patient erkannte, auch diese Möglichkeit zur Flucht: heitere Betriebsamkeit, Musik, Sport, friedliche, strahlende Panzer, hinter denen sich das eigene Sonstwosein gut verstecken ließ. Doch das erforderte Disziplin, Humor und einen gewissen Egoismus. Zwar zweifelte er, ob er diese tonische Art der Selbstentfremdung auf die Dauer ertragen würde, ja, er fragte sich auch, ob dieses ganze Theater aus Aufschiebungen und Selbsttäuschungen nicht eines Tages zu einer Explosion führen würde, weit schlimmer als die Folgen jenes Unfalls, dennoch spielte er recht zufriedenstellend die ganze »Ungleichung« mit – so nannte es der Doktor, eine Kur, die doch nichts Wesentliches verdrängte, sondern nur neue Chancen aufdeckte.

Eine Zeitlang erwiesen sich diese schillernden Schutzwälle denn auch als recht wirksam gegen das Unbehagen an diesen dem Nichts geopferten Tagen. Irgendwann, plötzlich, beschloß er dann doch, seinen Urlaub wieder in jenem abgelegenen Dorf an der Küste zu verbringen. Er hatte sich vorbereitet, gelassen trat er die Reise an. Mit dem Nachmittagszug traf er ein und bezog auch gleich Quartier bei einer Alten, die nur ein Zimmer zu vermieten hatte, was ihm recht war. Er hatte nichts für Nachbarn übrig. Erst als die Nacht ihr vollkommenes Dunkel über das Dorf breitete, verließ er sein Quartier. Die Dorfgasse voller Schlaglöcher und Steine behinderte jeden Schritt. Eher tappend als gehend hielt er sich an die Richtung, aus der er das leise, schläfrige Raunen des Meeres zu hören meinte. Er irrte sich nicht, die Brandung rauschte zunehmend deutlicher. Dennoch ging er nicht weiter, lauschte dem Nocturno von ferne. Dann kehrte er in sein sauberes Stübchen zurück, zu den Fotos und Ikonen, die alle vier Wände bedeckten. Rasch schlief er ein. Ausgeruht und gut gelaunt erwachte er am nächsten Morgen. Auf dem steinigen, schmalen Badestrand hatten sich, wie auch sonst, nur wenige kleine Grüppchen niedergelassen. Er breitete sein Badetuch aus. Ein leichter Dunstschleier dämpfte die Sonnenglut. Das Meer war ruhig und klar. Der Doktor sollte erst zur Mitte der Saison eintreffen. Beruhigendes Refugium. Wie vordem. Wie in einer unschuldigen Verschwörung strahlten die nackten Körper ihre bescheidene Freude am Sieg über die gewohnten Konventionen aus. Frauen und Männer, alle Hüllen vergessend, diskretes Amüsement, ein bißchen Freiheit auf Abruf, Therapie der Neutralität, alles war wieder da, stimmte ihn freundlich.

An den ersten Tagen mied er das Meer. Er betrachtete es bloß mit einem nachsichtigen, fast kindlichen Lächeln.

Selbst flüchtigen Gesprächen wich er aus. Allein saß er da zwischen seinen Zeitungen, blickte ab und zu auf, betrachtete kurz das Meer, das ruhig auf ihn wartete.

Gegen Mittag bewölkte sich der Himmel. Da entschloß sich der Zauderer, erhob sich, ging auf die Brandung zu, setzte die ersten Schritte ins Wasser, ging weiter, schon umspülten die Wellen kühl und frisch seine Schultern, noch ein Schritt, dann verloren seine Füße den Grund. Das Wasser packte ihn, schwenkte ihn herum, eine Woge türmte sich vor ihm auf, überrollte ihn. Er strampelte, schlug mit den Händen um sich, tauchte wieder auf. Niemand schien ihm zuzusehen. Er tauchte noch einmal unter, kam wieder zum Vorschein, prustete ausgelassen, schlug klatschend die Wellen, ließ sich herumwirbeln, hinabsinken, kam wieder hoch, meinte nun doch, auch besorgte Blicke vom Strand her zu bemerken, ließ sich wieder wie ein Toter von einer Welle verschlingen, erschien für einen Augenblick wieder im Licht, sah schon die Retter heranlaufen, tauchte wieder hinab, hielt den Atem an, solange er nur konnte, und tauchte wieder aus der Flut. Triumphierend, als Sieger.

An den nächsten Tagen wiederholte er die Parodie. Die Zuschauer gewöhnten sich aber schnell an diese kindische Wasserakrobatik, obwohl er sich von Mal zu Mal weiter vom Strand entfernte und es immer ausgelassener trieb, er hätte tatsächlich ertrinken können, denn der tolle Schwimmer, als der er erscheinen wollte, war er noch lange nicht. Der Unfall wäre nicht zu verhindern gewesen. Das Publikum, längst an seine Scherze gewöhnt, hätte alles für Spiel gehalten. Eines Abends warf ihm der schmale, halbblinde Spiegel ein Schreckbild entgegen. Er stand da, als hätte ihn jemand verbrüht oder geschunden, nach dem Vorbild einer modernen Plastik. Er betrachtete seine

Hände, die waren in Ordnung, aber auch auf der Stirn, am Hals, an den Wangen entdeckte er dieses Weiße, asymmetrische, längliche Flecke. Tags darauf blieb er zu Hause, dann noch einen Tag, aber die Flecke blieben. Verstört packte er seinen Koffer, mit dem Abendzug fuhr er ab. Spät nachts kam er an. Schlief tief und lange, wachte erst gegen Mittag auf. Er musterte seine Haut. Die Verfärbung schien zurückzugehen. Der Nachmittag bestätigte die Vermutung: Die Flecken waren fast verschwunden, das Weiße hatte wieder Farbe bekommen. Nach wenigen Tagen waren die Schattierungen zwischen Flecken und gesunder Haut nicht mehr zu erkennen.

Telefonisch schilderte er Doktor Chelba den Vorfall. Nein, das Wasser war klar gewesen, eine Allergie konnte es nicht sein. Trotzdem: Auch wenn die Symptome verschwunden sind, rätseln wir noch über die längst nicht mehr vorhandenen Ursachen. Jedenfalls: Es war wieder das Wasser gewesen. »Aber wenn Sie Lust haben, dann kommen Sie noch einmal ans Meer, kommen Sie mit uns, in zwei Tagen fahren wir. So ließe sich wenigstens prüfen, ob die Sauerei noch immer im Meer steckt; könnten ja Schiffe irgendwelche Gifte verklappt haben, und dann diese Strömung ...«

Und da sein Urlaub noch nicht zu Ende war, fuhr er mit. Im Abteil bildeten der Adler, sein Täubchen, die Brut der Kinder ein erheiterndes Team. Wie im Flug verstrich die Fahrt. Und am Nachmittag hatte er wieder sein Zimmer bei der Lipowenerin, die ihn nicht mit Fragen belästigte, sie hatte nicht einmal von ihrer Gartenarbeit aufgeblickt, sondern nur mit ausgestrecktem Arm auf die Tür gedeutet, als hätte sie seine Abwesenheit überhaupt nicht bemerkt. Am Morgen holten der Doktor und seine Familie ihn ab. Da, wo der Strand sich verjüngte, suchte er sich sein Plätzchen. Der Doktor und seine Familie hatten alte Bekannte getroffen, Pärchen und Rudel kamen und gingen vorbei, niemand beachtete ihn, ungestört lag er auf seinem blauen Badetuch, den Kopf auf ein kleines gelbes Gummikissen gebettet. Der Himmel dunstig, verhangen.

»Gehen Sie denn nicht ins Wasser?« fragte der Arzt, dann auch seine Frau, schließlich sogar der Sohn, der Pianist werden wollte.

»Ich habe ja noch genug Zeit«, antwortete er, etwas verwirrt, und streckte sich wieder aus.

Gegen Mittag verdunkelte sich die See. Vom Horizont wehten kühle Schauer herüber, ein leises, seufzendes Brausen, noch glühte die Sonne, aber die milchigen Schleier in der Luft waren dichter geworden.

Er ging nicht ins Wasser. Er zog sich früher als die anderen zurück, schlenderte langsam ins Dorf. Zu Hause, in dem nach Strohblumen und Lavendel duftenden Stübchen, unterzog er seine Haut einer sorgfältigen Untersuchung, und wirklich: Schon wieder schienen sich auf Armen, Hals, Schultern die Flecken anzudeuten. Als sei jemand im Begriff, ihm das Fell in kleinen Fasern vom Leib zu ziehen. Auch am folgenden Tag ließ er das Schwimmen. Das Wetter blieb freundlich. Diesmal blieb er bis gegen Sonnenuntergang und verließ zugleich mit den anderen den Strand. Zu Hause stellte er eine deutliche Vergrößerung der bleichen Stellen fest. Abends unternahm er mit der so harmonischen Familie des Doktors einen Spaziergang. Plaudernd kam man vom Hundertsten ins Tausendste, saß bis tief in die Dunkelheit wie die Bauern auf der Gassenbank neben dem Tor. Er erwachte vor Sonnenaufgang, trat in den Hof, in die frische Morgenluft, die würzigen Düfte, die aus dem Garten herüberwehten ... Er wusch seinen ganzen Körper, der nun überall gescheckt war. Dann hockte er, niedergeschlagen, lange auf der Bettkante. Streichelte abwesend die flockige Wolldecke, unter der er geschlafen hatte, und stopfte schließlich seine Siebensachen in den Koffer, legte das Quartiergeld für die Wirtin auf den Tisch und ging.

Ein Jahr darauf kam er für eine Woche. Prompt stellten sich die Flecken ein, er reiste sofort ab und kehrte zu Beginn des Herbstes wieder zurück. Die Tage waren heiter, die Sonne wärmte noch. Von den Stammgästen waren nur noch wenige da, die Urlaubszeit war vorbei. Beruhigend leere Landschaft für Nachzügler. Schon am ersten Tag waren die Flecken wieder da. Eine Woche lang dauerte die allmähliche Verfärbung der Haut. Asymmetrische Flecken, reiskornkleine und hufgroße, längliche und breite, wahllos über den ganzen Körper verstreut. An der linken Schläfe ein Fleck wie ein alter Poststempel, vom rechten Nasenflügel zur Wange ein weißlicher Streifen. Die rechte Hand schien in einem weißen, bis zum Ellbogen reichenden Handschuh voller großer und kleiner Löcher zu stecken, und die Verfärbung am Hals sah aus wie ein Würgemal. Von den Hüften bis hinab zu den Knien, aber auch an Wade und Schienbein, überall saßen die eiförmigen, lanzenförmigen, rautenförmigen Flecken. Als stecke er in einem phantastischen, von den Flammen eines Scheiterhaufens beleuchteten Kostüm, im Kostüm eines Asketen, der sich für die Dauer einer Saison einem dumpfen und stinkenden orientalischen Kabarett verdingt hat.

Sorglos probierte er von neuem seine Schwimmkünste aus, balgte sich mit der Brandung, tauchte, ließ sich von den Wellen herumwirbeln. Erschöpft und gelöst ließ er sich weit hinaustreiben oder suhlte sich wie ein altes kraftloses Weib in einem der vielen Tümpel. Und täglich diese verrückten, leichtsinnigen Eskapaden. Immer in der Schwebe zwischen Verspottung und Herausforderung der Gefahr. Das Meer war tückisch, lauernd und unberechenbar. Wer sich ihm um diese Zeit anvertraute, lieferte sich ihm wehrlos aus.

Doch bald hatte er seinen Mutwillen satt. Am letzten Tag saß er nur noch am Strand, reglos in die Betrachtung des Horizontes versunken. Geheilt verließ er das Dorf oder innerlich gebrochen. Vielleicht auch voll neuer Kraft. Er wußte es selber nicht. Allenfalls hielt er die Gelassenheit, in die er hineingewachsen war, für einen Beweis schwer erkämpfter, wirklichkeitsnaher Männlichkeit, für Einklang mit der Welt, wonach er so lange gestrebt hatte. Er kam nicht wieder.

Seine pubertäre, oberflächliche Neigung zu Mystifizierungen hatte er für immer abgelegt. Das trügerische Meer verblaßte in seiner Erinnerung, allmählich vergaß er die leidenschaftlichen Dispute, den Glückstaumel, die chaotische Unruhe von einst. Wieder versank er gänzlich in der Monotonie des Alltags, akzeptierte ihn mürrisch und gleichgültig. Puls und Blutdruck normal. Schritt für Schritt arbeitete er sich hoch, wurde gelobt, wurde befördert. Richtete sich ein im altbewährten Kreislauf von Fleiß und Belohnung. Von seinen Freunden und Verwandten wunderte sich niemand über die plötzlichen Veränderungen in seinem Lebensrhythmus. Im Kreis seiner Kollegen schien überhaupt keiner etwas davon bemerkt zu haben. Endlich war er sich selber so sehr zur Gewohnheit geworden, daß nichts Vergangenes ihn mehr verwirren konnte, es sei denn die Frage, ob er nicht doch zu vieles versäumt hatte. Daß einige seiner Freunde sich Sorgen um ihn machten, bemerkte er nicht, er stellte nur fest, daß er kaum noch mit jemandem zusammenkam. Auch die Beziehungen zu seinen wenigen Verwandten hatte er nach einigen erfolglosen Wiederbelebungsversuchen erneut abgebrochen. Nur zufällig und selten traf er sich noch mit dem einen oder anderen von ihnen. Aber diese flüchtigen, sich in ein paar Höflichkeitsfloskeln erschöpfenden Begegnungen veranlaßten ihn, seine Kollegen mit erhöhter Aufmerksamkeit zu beobachten, und tatsächlich stellte er bei jedem kleine Veränderungen fest, andere als bei sich selbst, und doch auch wieder trübe, schmerzende Übereinstimmungen. Es war, als würde jeder nach Temperament und Chancen nur noch auf ungewisse Bedrohungen reagieren, die wie Smog in der Luft hingen. Anfangs merkst du gar nicht, wie verpestet sie schon ist, erst nach einer gewissen Inkubationszeit kriegst du Migräne, asthmatische Anfälle, versinkst in Lethargie, du siehst die Ursachen nicht, spürst nur ihre Aggressivität und Feindseligkeit, und wenn die Krankheit endlich ausbricht, dann ist es zu spät. Auch wenn man die ersten Anzeichen dunkel gespürt hat ... Doch wenn das Latente einmal offenbar geworden ist, wenn es die Schwelle zum Chronischen erreicht hat, ist nichts mehr wiedergutzumachen. Vielleicht liegt es am Altern, an der unvermeidlichen Abnutzung ... Aber wie unterschiedlich die Leute altern! Gibt es nicht Leute, die bis ins Greisenalter ungebrochen vital bleiben, die niemals in diese schändliche Lethargie versinken, ihre Energie bewahren, optimistisch, als stünden sie eben erst am Start.

Der Sachverhalt war leicht zu durchschauen: Seine Verwandten und Bekannten hatten nur darum kein Interesse mehr an ihm, weil sie längst ihr Interesse an allem und jedem verloren hatten, und nun trat eben auch er in ihre Fußstapfen. Sie waren ihm fremd geworden, weil er sich selber fremd geworden war. Vom Ganzen, das sie einmal gewesen, waren sie nur noch Krümel, und dennoch steckte auch in den Krümeln noch etwas vom Ganzen. Viele, wenn nicht alle, sind dieser Reduktion unterworfen. Er war bloß Teil einer Masse, in der zwar jeder individuell auf allgemeine Reize reagierte; so betrachtet aber war auch alles Individuelle banal. Verkümmerungen, mein lieber Doktor, einen Bruchteil nur setzen wir ein von unseren angeborenen Fähigkeiten, der Rest: Kompromisse, feiges Warten. Mißlungene Ohnmacht, fragwürdiges Wachsein. Und wie ich doch geschuftet, produziert, Karriere gemacht habe, täglich die träge sich dahinschleppenden Stunden bis zum Mittagstisch, dann weiter so bis zum Abend, ab und zu Sonntag, ab und zu Lohntag, jährlich der Urlaub, dann die Rente, das Verstummen, der endgültige Frieden. Das ist das Elegische! Der zwangsläufige Verfall des Gesangs, der weder Marschlied noch Totenklage sein will, keine List führt aus diesem Labyrinth, und schließlich verliert man alle vitalen Instinkte, so zermahlt uns die Zeit, nur noch mit Gejammer beweisen wir unsere Existenz. Das alles, Doktor, habe ich in Punkten und Linien graphisch dargestellt ... Der LKW-Fahrer Gica, der seine Kabine mit allen Herzen, die er je gebrochen, tapeziert hat, ist von heute auf morgen Vegetarier geworden, schaut kein Flittchen mehr an, ich habe die Nase voll, Chef, sagt er, mich schafft schon der Dienst, Geld hab' ich auch nicht, schlafen will ich nur noch, nichts als schlafen. Orezeanu hat zu trinken aufgehört, Fota hat das Fotografieren aufgegeben, und Vasilica, das fröhliche Ferkel, tratscht nicht mehr, ist abgestanden, versauert ... Ich habe Alter und Lebensumstände aller mir bekannten Leute in Kurven dargestellt, zu einer repräsentativen, kumulativen Synthese gebracht.

Und natürlich auch mich selber darin entdeckt. Und jede Kurve hat den gleichen Wendepunkt, wo der Gesang in Gejammer umschlägt. Was danach noch erträglich ist: Geschrammel… Oder der Punkt, wo sich die Richtung der Kurve erneut ändert.

Aus der Konditorei haben sie eine Kneipe gemacht, aus der Kneipe wieder eine Konditorei … Beim Eintritt des eleganten Herrn unterbrachen die Verkäuferinnen ihren Schwatz. Auch die dralle Geschäftsführerin kam hinzu, strich sich glättend mit der Hand über ihr leuchtend schwarzes Haar.

»Erkennen Sie mich?« fragte der noble Herr zwei Stunden später, nachdem die Dralle schon zwei Gläschen Likör mit ihm geleert hatte.

Sorgfältig gekämmtes Bärtchen, Manieren von anno dazumal, korrekt sitzender Anzug … So einem Herren kann man nichts abschlagen. Eingeschüchtert zupfte sie sich die Jacke zurecht.

»Doch, natürlich erinnere ich mich, vor Jahren waren Sie öfter mit Doktor Chelba bei uns«, zwitscherte aufgeregt die Verkaufsleiterin.

»Genau. Bis hierher pflegten wir auf unseren Spaziergängen zu kommen … Der Doktor hat sie mir sozusagen verschrieben, hat mir dabei immer so viele Fragen gestellt. Vielleicht ist er sogar Doktor der Pädagogik, Spitzel, wer weiß. Aber ich kenne Sie seit viel längerer Zeit! Sie hatten gerade mit dem Jurastudium begonnen, Tanja …«

Die Dralle zeigte ihre gelben Zähne, kriegte die Lippen nicht mehr zusammen, bleckte ihn an, kramte fahrig in ihrem Täschchen nach ihrer Brille.

»Ach ja, die Rechtswissenschaften, ging mir alles nicht in den Kopf, war einfach zu schwer für mich. Ich und Richterin! Dabei hatte ich keine schlechte Personalakte, obwohl meine Mutter, die ärmste ...«

»Ist schon recht, ich verstehe ...«, beschwichtigte sie der Unbekannte.

»Ich habe immer alles falsch gesehen, so unlogisch, hatte auch immer zuviel Mitleid. Recht oder Unrecht waren für mich immer eine Angelegenheit der Seele ...«

»Stimmt genau, schon in Ihrer Jugend hatten Sie diese Schwäche ...«

Der Herr schenkte zum dritten Mal ein.

»Und nun sind Sie hier gelandet. Gefällt's Ihnen, fühlen Sie sich wohl?«

»Schwer zu sagen ... Es war schon eine Strapaze, bis mir jemand diesen Job verschafft hat. Die Verkäuferinnen: Goldmädel ... wie Schwestern. Ich kann auch in die Kirche gehen, niemand nimmt mir das krumm. Und dann habe ich immer schon leidenschaftlich gerne gebacken.«

»Und wie! Ihr Pfannkuchen, Ihr Blätterteig, Ihr Apfelstrudel und erst Ihre berühmte Käsesahnetorte!«

Diese letzte Bemerkung hatte eine verheerende Wirkung. Die Frau erbleichte und rieb sich mit der Hand die Schläfe. Ja, sie bekreuzigte sich sogar und murmelte etwas Unverständliches. »Gott, wie konnte ich das alles bloß vergessen, Sie nicht wiedererkennen!« und kippte sich das Gläschen mit dem vietnamesischen Likör zwischen die Lippen. Tränen liefen aus ihren großen, erschrockenen Augen.

»Entschuldigen Sie, diese schreckliche Erinnerung ... Ich meine nicht meine arme Schwester, die hat ja ihren Frieden gefunden, sondern das süße kleine Baby, das meine verrückte Mutter in den Kühlschrank geschoben haben soll ... Ach, ich dummes Weib, verzeihen Sie ... womit ich Ihnen da auch komme ... Wie sehr Sie sich verändert haben, Ihr Bart, Ihr Anzug, mein Gott, wo hatte ich nur meinen Verstand?«

Sie tranken sich noch einmal zu. Und noch einmal. Lächelten. Die grünliche, tückische Flüssigkeit löste alle Hemmungen. Genossin Tanja war drauf und dran, loszurennen, alles haarklein zu erzählen, hört nur, Mädchen, hört nur, wie aufregend ... Sie wischte sich die verschwitzten Hände an ihrem schwarzglänzenden Haar trocken.

»Und Sie, was haben Sie seither so gemacht ... wie sich zurechtgefunden, wie man sieht, recht gut, freut mich, meinen Glückwunsch ...«

»Ja, ja, das Unsichtbare zählt nicht, liebe Tanja, da haben Sie recht. Nur das rein Epische. Die Rubriken für die Personalakte. Ihre großartige Mutter hat ja auch mich schön fallenlassen, als sie sich dafür entschied, alles fallenzulassen. Unruhige Jahre, verworrene Jahre. Es ist mir nicht schlimmer ergangen als den meisten. Ich bin sparsam, habe einen guten Schneider, respektiere die Verkehrsregeln, versehe meinen Dienst, magere ab, verstecke mich vor den anderen. Habe so manche verführerische Gelegenheit verpaßt ... Wir hätten, wie alle anderen Spaßvögel und Pessimisten, ein geruhsames Leben führen können ... Hol's der Teufel ... ich meine die schönen Aufbrüche .. alles zerkrümelt, verrostet. Das Feld liegt brach, verödet, das Natürlichste finden wir nicht mehr wieder: unseren Atem. Machen Sie Ihren Urlaub übrigens immer noch am Meer? Erinnern Sie sich, wie Sie ...«

»Herrgott, auch das habe ich vergessen. Aber was sollte ich Ärmste da auch tun? Sie sagen doch selbst ... jaja, das Feld liegt brach, ist verödet, wie recht Sie haben«, wiederholte sie unterwürfig, hingerissen von den tiefsinnigen Betrachtungen des Herrn, der die Flasche beinahe geleert und sich inzwischen, obwohl es recht kühlt war, den Mantel aufgeknöpft hatte.

»Auch ich war nicht mehr am Meer, bin gewarnt worden. Aber was kann man schon mehr als ertrinken. Daß ich nicht mehr da gewesen bin, beweist wohl, daß ich dort nichts mehr zu suchen habe. Bin bloß noch eine eindrucksvolle Kakophonie, tja, es hat mich nicht angenommen, hat mich bloß verschluckt und wieder ausgekotzt!«

Der Herr schrie plötzlich, schrie ins Leere, verlor gänzlich die Fassung. Nichts Vornehmes war mehr an ihm. Wollte eine Zigarette anzünden, schaffte es nicht. Tantchen Tanja hockte da wie eine Heilige, jammerte, konnte es nicht fassen, preßte die Hand auf den Mund, um nichts Unpassendes zu sagen, wer Kummer hat, den soll man mit Ärger verschonen.

»Zu sehen, daß man keinerlei Chancen hat, und trotzdem nicht aufzugeben ... Affentheater, Selbstbetrug, Gerangel ... Alles hab' ich versucht, verehrter Herr Doktor!«

Das hatte er dem Arzt übrigens schon wortwörtlich gesagt, als er ihm unlängst vor einer Bierstube in der Calea Rahovei begegnet war, dem Freund und Retter, vielleicht Verräter, den er seit so langem nicht mehr gesehen.

Es war ein schöner Abend gewesen, leer und kühl. Man konnte offen miteinander sprechen, was sie auch taten – auf der Terrasse einer ärmlichen Konditorei am Rand eines Neubauviertels.

Die Träume, das wolkige Fernweh, die bunten, listigen Fußangeln abstrakter Spekulation, wo war das alles geblieben?

An der kolonisierten Küste des Meeres regierte der Standard, die gezähmte Phantasie. Keine Spur mehr von den leidenschaftlichen Debatten der Jugendjahre, und auch von den alten, den skeptischen, weisen Dialektikern von dazumal gab's keinen mehr. Alle waren mir fremd, und ich selbst hatte längst den Frager in mir verloren, der mir zu Neugier, zu neuem Schwung hätte verhelfen können.

»Wie Sie ja wissen: Es war mein letzter Versuch. Die Ausweglosigkeit, die Grimasse, die Parodie. Danach nur noch Trägheit. Fließbandexistenz ... Hätte mich wohl kaum an die Luftschlösser erinnert, für die ich so vieles eingesetzt habe, wenn ich Ihnen heute, an diesem vertrackten Abend, nicht über den Weg gestolpert wäre, dem Mann, der so leichtfertig war, sich in der Rolle meines Retters zu gefallen. Pathetische, längst verjährte Pantomime, aus der Zeit, da ich noch an rasche und gerechte Strafen glaubte. – Ein schöner Abend, Doktor, als stünden wir ohne Vorwarnung vorm jüngsten Gericht. Den Himmel, die Sterne betrachten, Ihr schönes weißes Haar. Ihre imposante Hakennase, mit der Sie uns an den Alltag gefesselte, mit Witzchen abzuspeisende Winzlinge immer so sehr herausgefordert haben.«

Selbstsicher, ohne Verlegenheit, hatte er sich vom Doktor verabschiedet, hatte den erstbesten Trolleybus genommen, war an der Uni umgestiegen, war zum Bahnhof gefahren und hatte sich da nach dem ersten Zug an die Küste erkundigt. Sieben Stunden mußte er warten, die Hochsaison war vorbei, erst morgen früh fuhr der nächste Zug. Gelangweilt trieb er sich auf dem Bahnhof herum, er wollte bei seinem Vorsatz bleiben, schließlich verspürte er das Bedürfnis, mit jemandem zu sprechen. Unschlüssig, wie verwaist, zögerte er minutenlang vor einer Telefonzelle. Er glaubte, ihre Nummer behalten zu haben ... Sehr langsam, in höchster Spannung, wählte er die Ziffern.

Die Schöne, die ihm in jener Periode der allmählichen Rückkehr ins Leben beigestanden hatte, Rückkehr zum Warten und Grübeln. So viele Jahre, soviel Entsetzen, Selbstbetrug, Unterwerfung, Terror, Sucht, Selbstmord und wieder Entsetzen, endlose Telefongespräche, Fragen, Dispute, Erinnerungen, Erschöpfung, Langeweile und Schlaflosigkeit, und wieder Selbstmord, und alles so jäh und heftig und unberechenbar, daß man sich weder wehren noch was verstehen konnte ... Ich habe dir das alles ja erzählt, Nana, aber du hast es mir einfach nicht geglaubt, hast mir die Stirn gestreichelt, wie einem kranken Kind, hast mir verheißen, daß du mich an die Hand nehmen und mich in die heiße und schöne Mitte der Wirklichkeit führen wirst. Das sagtest du, während meine Hände noch ganz schlaff und kraftlos waren. Aber ich hatte mich wenigstens wie ein Seelöwe geschlagen, hab' mich gewehrt, die See hat mich nicht besiegt, ich hab's überstanden, hast selber gesehen, wie ich mit den schrecklichen Brechern über meinem Kopf fertig geworden bin. Und danach wieder der Alltag, der liebe Frieden, die Anpassung. Zerknautschte Reife, ohne Hoffnungen, ohne Hochflüge, ohne Tragödien, Konventionen, Gesetze, Medikamente, Tarife, Engpässe, Knallfrösche. Schurken und Lümmel haben uns beigebracht, wie das Herz der hinterhältigen, banalen Wirklichkeit schlägt, so herrlich warm, so schön, so stinkend, zwei, vier, acht, mit jedem Schlag sich verdoppelnd, zwei, vier, acht, so haben sie sich vermehrt, die Kanaillen, die Spitzbuben ... Ertrunken, geschunden, von der Cholera befallen.

Er hängte ein, der Groschen fiel in die Geldrückgabe. Er wählte die Nummer von neuem, mit größter Sorgfalt ... Ja, Nana, ich will dir alles erzählen. Als du gegangen warst oder als ich dich weggeschickt hatte ... danach haben nur noch Halunken, Hochstapler mit großer Klappe, Vettern und Schwäger, Tagediebe und Nutten meine Welt bevölkert, ein Gedränge und ein Gewimmel, Schaumschläger, Schwatzkünstler, Gesundbeter. Eins, zwei, vier, acht, eine schöne Frau wird antworten, mit warmer Stimme, die ich einst liebkost habe, eine Künstlerin, die ich mit dem Spitznamen Nana Mouskouri beehrt habe, eine zerbrechliche Schönheit. Mit der großen Brille einer Malerin ... Nur die Normen, Manana, haben sich vermehrt, die Strafbestimmungen, die Märsche, die Denunzianten, aber du bist die gleiche geblieben, Nana, irgendwo zwischen Sternen, wie sollte dir da ein armer Fernsehkonsument wie ich das Wasser reichen!? Er hört das Klingelzeichen, lang, beharrlich. Es wird wohl längst keine Sultana, Manana, Sorana mehr geben, wie hatte sie nur geheißen, jene zärtliche, zähe Frau, die sich für ihn geopfert und alle eigenen strahlend farbigen Bilder in der Tiefe ihres Herzens versenkt hatte, verführerische Zärtlichkeit, warme, nachtdunkle Stimme, wie aus Nebeln löst sie sich aus dem Rahmen eines längst vergessenen, längst gestorbenen Porträts, zögert noch, erschrocken, umhüllt noch vom langen schützenden Schlaf des Vergessens, weit jenseits der schwarzen Wogen, die auf mich zurollen, mich überrollen.

Und wirklich: Jemand hebt den Hörer ab. Sie ist es, zögernd kommt ihre Stimme. Vielleicht ist sie's wirklich. Die Nacht dämpfte ihre Worte, ließ sie flüstern. Überraschung, Verwunderung.

Das Gespräch stockte bald, Pausen, Zurückhaltung. Es gelang dem nächtlichen Minnesänger nicht, sie von der Wichtigkeit einer sofortigen Reise ans Meer zu überzeugen. Es dauerte, bis er endlich begriff, daß sie müde war, verlegen, gestört durch die Anwesenheit eines anderen. Ja, so schien es ihm, als sei noch jemand bei ihr. Nun ja, nach soviel Jahren, niemand kann ewig warten, und schon gar nicht diese Künstler, diese überkandidelten Typen, diese maßlosen …

Sie tauschten bloß ein paar Sätze, aber streiften nicht die Erinnerung an seinen Unfall und ihre zärtliche Sorge um ihn, an alles, was nachher gewesen war, an die Erkrankung seiner Haut und seiner Seele. Ein halbherziges, zurückhaltendes Gerede, als würden sie sich nicht mehr aneinander erinnern oder als hätte er eine Unbekannte wachgeklingelt, die zu rücksichtsvoll war, den so kindlich, so ängstlich stammelnden Anrufer einfach abzuhängen.

Beiläufig erzählte die Frau von einem erholsamen Film, den sie am Abend in einem der Kinos im Stadtzentrum gesehen hatte: einfach super! Mit einem verständnisvollen Unterton, in dem sich vielleicht die eigentliche Antwort auf jenen unerwarteten, ihre Nachtruhe störenden Anruf versteckte. Erholsam! War das möglich, diese frivole Ausdrucksweise! Super! Von Nana … von ihr, die doch nie …

Endlich gab der unschlüssige Anrufer auf. Immerhin hatte er die Zusage von ihr bekommen, sich am nächsten Abend zusammen mit ihm den Film noch einmal anzusehen.

Was ihn so leicht auf die Fortsetzung der Unterhaltung verzichten ließ und und auch seinen Verdruß darüber zerstreute, daß er sich nun doch nicht zu der so wichtigen Reise ans Meer aufgerafft hatte, das war eine Art unerwarteter Heiterkeit. Das Wort Kino war wieder an sein Ohr gedrungen. Er hatte es längst vergessen, dieses Wort. Wann hatte er zum letztenmal einen Film gesehen?! Es gab also noch Kinos, es gab noch Warteschlangen vor den Kartenschaltern, Leute, die sich brav in die Stuhlreihen zwängten, um sich irgendeine Geschichte anzusehen. Diese Gewißheit beruhigte ihn sofort, bannte wie eine Beschwörungsformel das ganze innere Brodeln, das ihn so sehr und so lange gepeinigt hatte.

Tags darauf schwänzte er den Dienst, präparierte sich auf das Sorgfältigste für die Wiederbegegnung.

Doch Nana erschien nicht zur verabredeten Stunde vor dem Kino. Und so ging er allein hinein, der Film hatte schon angefangen, er setzte sich. Rasch zog ihn die Handlung in ihren Bann, ließ ihn lachen, laut auflachen, seit Jahren hatte er nicht mehr gelacht, er hatte weder die Kraft noch die Zeit, sich zu widersetzen, er lachte Tränen, war zu nichts anderem mehr imstande, als zu einem sein Zwerchfell erschütternden Gewieher, vergebens wendeten die Zuschauer irritiert den Kopf, er konnte sich nicht mehr bremsen ...

Eine halbe Stunde vor Ende des Films machte er sich davon. Aufatmend stand er wieder draußen. Gelassener betrachtete er jetzt die Straße. Lächelnd, in Gedanken an die vielen urkomischen Szenen. Aber der Schmerz hielt an. Zugleich spürte er einen schwarzen Ekel, tief in der Brust schnürte ihn etwas ein, die Kralle hatte sich wieder in ihn gebohrt. Sein Atem ging hechelnd. Er rang nach Luft. Er krümmte sich unter dem gewaltigen Schlag des Brechers, lehnte sich an das schmiedeeiserne Tor des Bezirksgerichtes, zog den Kopf tief zwischen die Schultern, es wurde ihm schwarz vor den Augen. Sein Herz flatterte, er brach zusammen.

Von da an kamen die Anfälle in regelmäßigen Abständen, gruben sich in ihn wie lange gekurvte Nadeln. Die Krankheit tickte wie ein Metronom. Und dieser Pulsschlag markierte hinfort seine Stunden und Tage. Dieser schwache, aber beharrliche Pulsschlag.

DAS PORTRÄT DES GELBEN APRIKOSENBAUMES

Die Pause hatte vor ewigen Zeiten begonnen, die Zeit rollte ohne Maß. Die Herren öffneten die Hefte, blätterten sie durch, rückten lautlos ihre Hintern in den Bänken zurecht, putzten die Federn ihrer Füller. Kaum ein Rascheln. Träge floß das Licht. Als wäre es erstarrt und verwandelte sich nun in einen gleichmäßigen grauen Nebel.

Es schienen die bekannten Bewegungen von einst; nur die Angst hatte scheinbar an Stärke verloren, war unterwürfiger geworden, verkleinerte ihre Gesten.

Alle trugen sie die gleichen schwarzen, glänzenden Anzüge. Frische, weiße Hemden mit steifem Kragen, die vom spitzen Dreieck der Krawatten zusammengehalten wurden. Einige hatten Glatzen, Bäuche. Etliche Auszeichnungen glitzerten, an den Fingern die Eheringe, ein blonder Bart.

Das eine oder andere hatten sie beibehalten ... das Grinsen mit geblähten Wangen ... die Art, wie sie sich herumdrückten, den Gruß ... denn sie grüßten mich, hatten mich gesehen, machten mir freundschaftliche Zeichen, froh, mich wiedergefunden zu haben.

Bis in das alte Klassenzimmer hatte die Schläfrigkeit mich hinabgezogen. Lange schon hatte ich sie mir angesehen: Ihre Gesichter, die Hände, die Anzüge. Ich wagte nicht, meine Hände mit ihren zu vergleichen, ob sie so groß geworden waren wie ihre. Meinen Anzug abzutasten, die Krawatte, ob sie so waren wie die der anderen.

Auch war dafür keine Zeit. Es war, glaube ich, vor der Klausur, und auch sie mußten verzweifelt sein wie früher. Vielleicht waren sie's auch ... einige machten sich kleine Spickzettel, rollten sie zusammen, steckten sie in die Schuhe. Einer, ich beobachtete es, steckte ihn in eine Bankritze. Rednik vielleicht, der hinter den dicken Brillengläsern nicht wiederzuerkennen gewesen wäre, hätte er nicht wie üblich Hände und nun sogar die Hose mit Tinte beschmiert.

Die meisten hatten die Jacketts aufgeknöpft, unglaublich, Hosenträger sahen hervor! Die Aufgeregtesten öffneten die Hemdkragen und lösten die Krawatten. Einer drehte ständig nervös seinen Ring am Finger. Der Koloß neben dem Kleiderhaken öffnete und schloß fortwährend ein schmales, vergoldetes Zigarettenetui; der konnte Grigore sein, maßlos dick geworden, mußte er immer noch krank sein, denn unter dem Anzug trug er das gleiche dicke Wolleibchen. So also konnte man sie wieder treffen. Erschlagen zwar von Speck und Erschöpfung, eingezwängt in die eleganten schwarzen Hüllen der Anzüge.

Vielleicht hatten wenigstens einige dieser Familienväter die aufwühlenden Stunden vor den Klausuren noch nicht vergessen, den dünnen Schlaf, die Nächte der Angst, die Nachmittage vor der Hinrichtung. Sicherlich erwachten auch die anderen plötzlich mit dem Gespenst, das unsere krakelige Schrift, die wirren Zahlen mit seinen langen, dürren Armen überdeckte. Vergebens blätterte man um, es erschien auch auf dem nächsten Blatt, dem nächsten, auf dem Deckel. Nichts half, weder das Heft wegzuwerfen, noch die Nase ins Algebrabuch zu stecken, danach ins Trigonometriebuch ..., es kehrte immer wieder, das gleiche, stets bleich, mit großen Augen, am Rand der Tafel lehnend, wie wir es kannten, die feindlichen Reihen betrachtend. Er durfte uns nicht mehr prügeln. Im Jahr unseres Zusammentreffens, in der ersten Oberstufenklasse, waren diese Grausamkeiten, die ihn vielleicht beruhigt hätten, verboten worden. Wir merkten, daß er uns immer schwerer ertragen konnte, aus der gleichen Verbitterung, aus der heraus er uns auch quälte. Die Maßeinheit dafür, so könnte man sagen, gab dabei unsere Angst ab, unsere Angst und sein Leiden.

Wie Krallen umklammerten die Finger der rechten Hand den Hosenriemen. Immer schien dieser Riemen bereit, wie eine Schlange aus einer Buch- oder Heftseite hervorzuschnellen, uns anzuspringen, unsere unschuldigen Gesichter mit Blut zu beflecken. Manchmal reagierte er seine Wut an einer Gruppe von fünf oder sechs Schülern ab. Oder aber brach los, wenn keiner es mehr erwartete. Ich hätte nicht sagen können, ob er mich immer noch anbrüllte oder sich schon auf den nächsten stürzte. Schon fand ich mich zwischen den Taubstummen im hinteren Teil des Klassenzimmers wieder, von jedem Scheitern, das das folgende vorbereitete, tiefer hinabgestoßen in den Abgrund, wo ich die Stimme verlor, die Gedanken, die Kraft zur Rückkehr.

Ich war gekommen, um sie wiederzusehen, befand mich nun tatsächlich in den letzten Bankreihen. Doch die Herren Kameraden meiner Nachbarschaft schienen nicht mehr zu Späßen aufgelegt und zur Bummelei. Es schien, als würden sie das Mißtrauen und die Verachtung, die den Sitzenbleibern der Klasse vorbehalten waren, nicht mehr ertragen. Schwerfällige, dicke Gestalten und Konturen. Ihre Gesichtszüge hatten sich mit einer schläfrig rätselhaften Würde überzogen. Es war anzunehmen, daß sie nun als Erwachsene die Fähigkeit besaßen, Schwierigkeiten durchzustehen. Jedenfalls schienen sie besser vorbereitet als früher, auf jedes Ereignis. Selbst auf das, welches nun auf uns wartete.

Als wüßten sie nicht, wie diese Person zwischen den Bankreihen durchspazieren würde, wie sie hinter diesem oder jenem Verdächtigen stehenbleiben würde!

Besser dran waren jene, die sofort nach der Bekanntgabe des Themas begriffen, daß sie keine Chance hatten, und daraufhin das Heft mit jedem beliebigen Blödsinn vollschrieben.

Es kam vor, daß er das Spiel bemerkte. Man spürte wie er kurz vor der Explosion lächelte, alles hing nur noch an einem dünnen Faden. Doch hatte man jeden Grund zur Zufriedenheit, wenn man daran dachte, was mit ihm in seinem Zimmer geschehen würde, wenn er allein vor unseren Unverschämtheiten saß.

Ich konnte mir nicht vorstellen, welcher der Herren aus der Runde zu solchen Abenteuern noch fähig wäre. Die Zeit reichte nicht aus, sie alle zu betrachten, die Glocke läutete, keiner hörte es. Das Klingelzeichen beunruhigte sie nicht, sie befragten lediglich ihre Uhren. Sie richteten ihre Rücken auf, warteten in dünner, eisiger Stille. Hatte auch ich eine Uhr am Handgelenk? Ich konnte den Arm nicht heben, es war, als steckte ich in einer dicken Wolke, die die Bewegungen einschränkte, mich niederdrückte. Das Niesen eines Riesen war zu hören. Ich erwartete wie üblich den Ausbruch eines allgemeinen Gelächters. Bestimmt hatten alle Lăsăroaies Trompete wiedererkannt, der – auch er also – vor Angst bibberte. Doch diesmal rührte sich keiner.

Dann standen wir plötzlich alle auf, die Tür hatte sich geöffnet, ich träumte, und trotzdem: Es war, als wären wir alle aufgestanden und hätten uns wieder hingesetzt. Alle hatten sie die Hefte hervorgeholt und hielten den Blick gesenkt. Er hatte seine Tasche auf das Katheder geschleudert. Drehte sich uns zu. Ich wagte es ... sah ihn an. Er schien noch blasser zu sein und ... – welch Wunder, welch ein Schock, – er lächelte. Alles war aufgehoben, das Licht war stärker geworden, das Weiß der Wände, die Fenster.

Vermutlich spürten auch sie die Veränderung. Sie hoben die Köpfe, sahen ihn an und schienen nicht erschreckt von der schmalen Kerbe, die das gutmütige Grinsen auf seine bleiche Maske zeichnete.

Der Traum hatte sie korrekt gekleidet. Würdige Angestellte und Ehemänner, die sie waren, fiel ihnen nicht auf, daß auch er nicht mehr die Kleider von früher trug. Der rauchgraue Anzug, der ihm damals um den schmalen Körper flatterte, war nun einer grünlichen, am Hals geschlossenen Uniform gewichen. Ein schmaler Militär-Kragen, schwarze Streifen. Im Bund wurde die Uniform von einem breiten Riemen zusammengeschnürt. Schaftstiefel, die bis zu den Knien reichten, wo sich die weiten Falten der Hose im Halbkreis blähten, pedantisch gebügelt. Die Jacke kleidete ihn wundervoll. Die glänzenden Stiefel unterstrichen seine schlanke Figur noch, seine schneidige elastische Hagerkeit. Sie betrachteten ihn verblüfft. In den Schuluniformen von einst konnten sie sich nun nicht mehr verstecken, und genausowenig konnten sie zu einer einigermaßen angemessenen Verhaltensweise finden; jetzt, da er sich nicht mehr in den Lumpen der vertrauten Kleider verbarg und sich in seinem wahren, hohen Glanze zeigte, vornehm und steif.

Dieses Klassengrab ließ es jedoch nicht zu, daß man sich während einer Mathematikklausur von so vielen Überraschungen verblüffen und ablenken ließ. So fügten sie sich also und zogen ihren Nutzen daraus. Sie beugten sich emsig über ihre Hefte. Der Hinterkopf vor mir zeigte graue Strähnen; ich erkannte, daß Herr Januli sich das Haar färbte, damit es schwarz glänze wie vor langer Zeit ... Der Wachposten an der Tafel wartete, bis wir das Thema der Klausur abgeschrieben hatten.

Er hatte vergessen, uns wie üblich in Reihen und Kolonnen aufzuteilen, je nach der Anzahl der Themen, die er für uns vorbereitet hatte. Über die ganze Länge der Tafel hatte er mit orangefarbener Kreide und in großen, runden Buchstaben für alle das gleiche Thema geschrieben. Dann war er einen Schritt zur Seite getreten und hatte den Blick auf die Tafel freigegeben.

Sie beugten sich über die Hefte, rührten sich nicht mehr; der Traum war erstarrt. Verdutzt betrachteten sie ihre Hefte. Vielleicht wären sie nie wieder aufgewacht, doch das Licht wurde immer heller, wie auch die Luft im Raum immer klarer und sauberer wurde. Eine angenehme, dünne Kühle hatte die Schläfen berührt. Sie hoben die Augen, waren jünger, heiter, lächelten ihm zu. Doch er hatte ihnen schon wieder den Rücken zugekehrt und sah sie nicht mehr.

Mit seinem schmalen Körper und den flinken Bewegungen seiner langen Arme verdeckte er immer wieder einen anderen Teil der Tafel. Mit einer Hand schrieb er, mit der anderen löschte er verbessernd wieder aus. Er füllte den schwarzen Bildschirm ständig mit neuen bunten Zeichen, die ich immer erst dann verständnislos entdeckte, wenn er sich von einem Ende der Tafel zum anderen begab.

Das Schweigen hielt noch eine Weile an. Wir verfolgten die Bewegungen des Arms zur Schachtel mit den bunten Kreidestückchen hin und zu einer anderen, größeren, mit Knetmasse, die er kurz mit den Fingern formte, bevor er sie auf die Tafel klebte. Die Tafel wurde immer bunter, rote Ecken, braune, grüne Flecken, staubige, von der Sonne eingebrannte Leerstellen.

So etwas geschah zum ersten Mal. Man hörte sie anfangs nur ganz leise, dann lauter, immer lauter – kichern. Geschiebe, Geflüster, Gerassel, Gezische. Drehte man sich zur Klasse, sah man nichts. Perfekt ausgerichtete Reihen ehrwürdiger und gefügiger Herren, die mit großen, eisigen Augen mal aufs Heft und mal zur Tafel blickten. Mir war, als hätte ich in meiner Nähe ein Quieken gehört. Ich betrachtete meinen Nachbarn. Anzug, Krawatte, Hemd. Genau wie die anderen. Glänzend vergoldeter Füller. Eine schmale Wange, maushaft spitz, die Haut pockennarbig. Ich begann mich zu erinnern, doch erkannte ich ihn nicht wieder, sieh an, einer, an den ich mich nicht erinnerte. Sein Haar war weiß, die Hände klein und gepflegt. An der Rechten fehlte ein Finger. Auch er lächelte. Ein gutmütiges, schuldbewußtes Lächeln. Er deutete auf die Zigaretten neben dem Heft. Herzliche, schüchterne Gesten. Der Blick eines nachsichtigen Menschen. Er wiederholte die Einladung, als ich auf der ersten Seite seines Heftes das gleiche Thema eingetragen fand. Er hatte eine unordentliche Schrift mit spitzen, hohen Buchstaben. Keilschrift. Doch von der Tafel hatte er korrekt abgeschrieben: DAS PORTRÄT DES APRIKOSENBAUMES.

Der Lärm hatte zugenommen, ein richtiges Spektakel. Ich hörte es und hörte es nicht. Sie hatten scheinbar begonnen, die Bänke zu rücken. Ein fröhliches Durcheinander stachelte alle an. Ich hätte mich umgedreht, um sie so entfesselt zu überraschen, die Krakeeler in ihrem Aufruhr, hätte ich nicht gewußt, daß sie im gleichen Moment, da ich sie zu Gesicht bekäme, von neuem erstarren würden.

Es war auch nicht nötig. Etwas anderes hatte sie unterbrochen. Der Aufruhr verstummte, nichts war mehr zu hören. Wieder hatte sich in unserer Umgebung etwas verändert. Die Luft und das Licht waren immer dünner geworden ... auch ich hatte diesen Hauch gespürt ... einen frischen Luftzug.

Die Fenster hatten sich tatsächlich von alleine geöffnet; duftend, kühl und feucht strömte die Luft ein. Nun sah ich sie mir an. Überrascht, gebändigt, schüchtern, die Schläfen vom Luftzug gekühlt ... Auch ihn sah ich wieder. Neben der Tafel – wie zu Beginn – in der neuen Uniform des stolzen Raubtiers.

Nur noch einen Augenblick saßen wir so vor ihm. Dann schrumpften wir; entzückt, albern, Schulbuben. Ein langer unhörbarer Seufzer stieg in uns auf. Das reine Vergnügen. Das gleiche zufriedene Lächeln auf den breiten Gesichtern aller Untertanen.

Jetzt erst spürte ich sie, ihre Nähe. Etwas Süßes und Frisches schwebte zwischen uns.

Die Landschaft auf der Tafel hatte sich ausgedehnt, ein bizarres Relief brauner, lehmiger Böden. Sanfte Hügel, von glänzend grünen Moosen umhüllt. Kleine Gartenkiefern, aus denen braunschuppige Zapfen ragten; spitz bombardierten sie das grünschimmernde Gräsermeer. In der Klasse war die Luft dünn geworden ... kalt und aromatisch.

Hingerissen von der Landschaft, die sich immer weiter dem neuen Duft des Waldes öffnete, lebten wir auf.

Die Jäger- oder Försteruniform, die Blässe, die sein Gesicht lang und spitz werden ließ, wirkten nicht mehr erschreckend. Die ehemaligen Schüler hatten sich daran gewöhnt. Ich spürte, daß sie wie ich fiebernd an den angenehmen Abwechslungen der Landschaft teilnahmen.

Nachsichtig von ihm beobachtet, mit beherrschtem, erschöpftem Haß, ja sogar mit einer Art Gastlichkeit ... vernahm ich in meiner Umgebung das gedämpfte Rascheln schüchterner, hinterlistiger Bewegungen, einige Wörter nur, ein freudiges Aufstöhnen, zartes Atmen, wie früher, blödes Rumgerutsche, Ungeduld, waches, trübes Gewimmel. Ein kurzer vergnügter Schluckauf, unterdrückte Panik, die Mühe, die es machte, alle möglichen plötzlichen Ausbrüche zu unterdrücken, daß dies Fabelgebilde nicht verschwinde.

Und wahrlich, jede Unvorsichtigkeit hätte die Folie reißen lassen, die unsere Blicke feucht werden ließ vor Erregung.

Aber ein unerklärliches Frösteln, Angst, ließ die Erwartung zerbrechen. Die Fenster zerflossen von Streifen langer Wasseradern.

Als hätte das Glas selbst sich verflüssigt und verdampfte zu jenem flüchtigen und kühlen Dunst, der unsere Kleidung leichter machte, die Bänke verfärbte, die Wände. Verloren wiegten wir uns wie in pflanzlicher Erschöpfung. Sonnige, vollkommene Befreiung ...

Ich sah die Herren Kameraden nicht mehr. Mit verbissener Anstrengung gelang es mir, von dem Platz loszukommen, an dem ich versteinert war.

Mit aller Kraft drehte ich mich ruckartig ihnen zu. Die Luft zwischen uns war zu einem Nebel aus feiner Asche geworden, rötlich-gelb, violett oder golden, ich weiß nicht wie, ein leichter Rauch, der die Sicht behinderte. Nur schwer konnte ich sie ausmachen; zusammengedrängt, sich ineinanderschiebend, in Ferne gehüllt. In der Ecke des Klassenzimmers konnte ich noch die drei hohen Kleiderbäume unterscheiden, an denen die schwarzen Huttöpfe dieser ehrenwerten Herren wie Melonen baumelten, denn das Licht hatte sich nach und nach zu einem bleichen schwächlichen Grün verfärbt, das alle Konturen verwischte.

Die Kameraden hüpften und schwebten im Irgendwo. Ihre Purzelbäume und die Landschaft rückten mitunter bis auf Schrittlänge zusammen. Die Krawatten hatten sich gelöst, flatterten wie die schon vor langem auseinandergerissenen Kleider hinter ihren Rücken. Ein Glitzern von Manschettenknöpfen und Auszeichnungen. Es war, als hörte man ein Murmeln, ihr ersticktes Röcheln. Gras lud sich mit eigenartigen Strömen auf, die sich bei der geringsten Berührung entluden. Gräser hetzten um behaarte Nüstern auf die großen roten Ohren zu. Überall sprühten Flammengarben, selbst an den Haaren der Unterarme, den Schnurrbärten der Angestellten. Und wieder verschwanden sie im Schlund der Landschaft.

Erschöpft wandte ich mich wieder meinem Nachbarn zu. Nicht einmal ihn konnte ich klar erkennen. Lediglich die voller gewordene Wange, rot vor Zufriedenheit. Er knabberte Süßigkeiten, hielt mir die Tüte hin. Sie war voll rosaroter Bonbons, rund wie kleine klebrige Bomben. Er rülpste flott, von einer Freude überwältigt, die er nicht mehr halten konnte. Mit weit gespreizten Armen hatte er sich vorgestreckt, um mir die Fotografien zu zeigen, die er auf der Bank ausgebreitet hatte. Bilder eines Kindes in allen Posen und Altersstufen. Vielleicht die seines Kindes, vielleicht seine eigenen Kindheitsfotos, doch die Abzüge wölbten sich unter unserem Atemstrom, bis die Verzükkung auch ihn hinweggehoben hatte und ich ihn lange nicht wiederfand.

Es gelang mir, mich wieder an mein Heft zu erinnern, die Wörter wiederzufinden. Die anderen schwebten immer noch abwesend durch die Schluchten des Waldes, auf dünnen Winden, die ihnen das Haar zerzausten. Ich versuchte, mich von der Erschöpfung der Düfte und Farben loszureißen, suchte auf der Tafel, die zu einem groben Relief geworden war, den Aprikosenbaum.

Lange konnte ich nichts als Hügel aus brüchigem Ton erkennen, kleine Inseln aus Flechtwerk, grünschimmriges Moosgeflecht, das sich auf harztränenden Stämmen ausbreitete. Verkohlte Eicheln, graue, gealterte Tannenzapfen. Außerdem schien die Landschaft sich nach und nach der Dämmerung zu ergeben.

Ein feiner Staub blauer Kreide rieselte, die Dunkelheit ... noch konnte ich rechts unten, unter der Lippe einer Düne, eine lange gelbliche Spur erkennen, dünne rötliche Streifen, wo vielleicht der Aprikosenbaum war, vielleicht. Die Stille war nicht nur Schweigen. Ein Flüstern, das von schweren kalten Wassern gelöscht worden war. Vollkommene pflanzliche Versöhnung. Blütenblätter öffneten und schlossen sich pulsierend, wie die Luft, in der sich die Stacheläste der Tannen lautlos wiegten. Leichte Geschosse zischten glitzernd durch die Luft. Es wäre gewiß zu hören gewesen, hätten uns plötzlich Trauben reifer Früchte zugedeckt.

Einen Augenblick lang spürte ich ihren warmen Staub mir die Wangen kühlen; der Mund hatte sich mit Frische gefüllt ... Ich wußte, daß ich eigentlich ein anderer war, schwerfällig, gealtert, ständig von neuen Träumen aufgewühlt, in denen die Vergangenheit mir immer wieder die alten Proben hochhielt, mir das Alter durcheinander brachte, damit ich nicht erwachsen würde. Doch nun hatten Körper und Blick an Klarheit gewonnen, lebhafte glückliche Jugend. Ich wünschte, dieser Schlaf würde nie mehr aufhören. Der Aprikosenregen leuchtete mit kleinen goldenen Kanonenkugeln aus wippenden Ästen, die

die Luft peitschten. Den Himmel sah ich, wie er sich in einem runden blauen Frieden darüberwölbte.

Wie sich dann die viel zu kurzen Nachmittage vor den Klausuren, die Nachmittage vor der Exekution unversehens in die Länge zogen. Man wußte nicht mehr, wie man's anstellen sollte. Alle Höfe hatten sich geleert, zitternd und schlotternd schlich ich in grauen Wolken herum, in denen Gespenster lauerten, verweigerte Speise und Ruhe, bis die gläserne Kuppel der Nacht sich über alles stülpte.

Der Aprikosenbaum hatte sich wieder in beruhigend gelben Kreisen geöffnet, erleuchtete mit dem Gold seiner saftigen Früchte den Himmel. Während ich in die Tiefe der Tafel eindrang, öffnete sich das Relief schützend zu einem Plätschern unsichtbarer Wasser, die mir die Schläfen kühlten.

Ich vereinsamte immer mehr, die Kameraden waren verschwunden. Keine Spur mehr vom Taumel der vornehmen Schüler. Ich verlor mich, dumm vor Glück. Gerne wäre ich zurückgesprungen, ausgebrochen, um sie wiederzusehen, wie sie den tölpelhaften Rausch der Vergangenheit neu belebten, ihre grinsende Fratze, aus der wir herauskullerten: kleine Kannibalen, in enge Anzüge gequetscht, die Luft abgeschnürt von Krawatten, die wie Fackeln brannten. Doch ich döste in unvergleichlich sanfter Erschöpfung dahin. Heiter war ich und allein. Ich füllte das ganze Heft und hörte erst bei jener Seite auf, die den farbigen Kreideabdruck einer großen, von tiefen Furchen durchzogenen Hand zeigte.

Auf den Lippen und Schläfen brannte mir der Abendwind. Grausame Dämmerungen vor der Baracke, vor den Exekutionen, den Prüfungen ... Also war er wieder aufgetaucht. Die Hände von roter und bunter Kreide befleckt, schritt er durch die Reihen der Verurteilten. Die Handflächen hatte er erhoben, um ja nichts zu berühren und die Uniform zu beschmutzen. Auch er grinste nachsichtig. Er kam näher, ich spürte es; der erste Schritt war getan.

Die Angst hatte mich wieder, umfing mich, um mich nach oben zu wirbeln, an die Oberfläche. Die Erschöpfung ließ nach, schien sich zu verflüchtigen, doch umfing sie mir immer noch die Arme, den Blick. Seine Nähe war immer noch trübe, die Luft feucht, ungewiß.

Langsam schritt er voran, ohne daß ich hätte sagen können, wann. Ich zitterte. Das Warten ermüdete mich, ließ mich schwächer werden, bis er ganz nah war und seine Hand sanft über mein Haar strich. Er wischte die Farbspuren auf meinem Scheitel ab, ließ die Hand sinken. Ich spürte sie auf der Schulter. Als hätte er mich auserwählt und verkündete mein Schicksal.

Ich konnte mich nicht regen. Er rüttelte sanft an meinen Schultern, doch ich war steif, rührte mich nicht. Vor Zeiten hat mein Vater versucht, mich vom schweren Morgenschlaf zu befreien ... Ich kam nicht los, der Aprikosenbaum, der Himmel aus Früchten und Blättern, der Frieden öder Nachmittage, die kindischen Versuche zu entkommen, sich zu schützen, wie vor einer Krankheit. Aufstehen, spät, Klausur, zu spät kommen ... Bekannte Worte, das spürte ich, würden immer näher kommen.

Der Zauber, die Angst, die Sonne des Aprikosenbaumes, das beschützende Schweigen der Bäume, die weiche, goldschimmernde Tonerde, all dies hätte fortdauern können, wie vor langer Zeit ... Die Hand glitt mir über die Schläfe, den Hals hinab, über die Schulter, unter das feuchte Hemd, über die dünnen, zerbrechlichen Rippen. Obwohl ich gewachsen war, unglaublich, wie meine

Kameraden. Auch sie hatten keine Eltern mehr, sie hatten sich das Staunen nicht bewahrt, die Krankheit, die Erschöpfung dieser wunderbaren Nacht, aus der ich würde erwachen müssen, auch ich, ein erwachsener Mann, geheilt.

Er rüttelte mich, doch ich konnte nicht aufstehen. Mit allen Kräften versuchte ich, es rauszuzögern, den Augenblick anzuhalten ... Er rüttelt mich, ich versuche, es rauszuzögern.

TRENNWAND

Die Invasion der Straßenbahnen ... die violetten Rechtecke der Fensterscheiben ... ein schwacher Versuch, den Kopf anzuheben, ein Rauschen in den Ohren. Der Balkon vibriert, der Ansturm der metallenen Saurier sprengt die Gleise. Der Körper zuckt, gefesselt in den Bandagen des Bettzeugs. Nebenan geht das Radio los. Manchmal schellt das Telefon. Noch eine Viertelstunde – dann signalisiert das Schnappen des Sicherheitsschlosses Abwesenheit.

Am Nachmittag die Telefongespräche. Die Stimme klingt immer so frisch, so energisch. Das Radio, der Fernseher, die Gäste. Durch die Melancholie der Nächte drehen sich Schallplatten – Gitarre und Cello.

Im Morgengrauen dann wieder die metallenen Horden. Der Körper bäumt sich auf, sackt zurück. Die violetten Rechtecke der Fensterscheiben, die abstumpfende Schlappheit und wieder die Signale von nebenan: der Morgenwalzer, die Nachrichten, wumm – der Stuhl, klack – das Schloß.

»Auf Ihrer Etage lauter prima Leute. Die Familie Zaharescu – ruhige Mieter. In der Gemeinschaftswohnung gegenüber der Treppe – der Pope, die Rechtsanwältin und der Sportlehrer. Dann der Offizier mit den vielen Kindern, der Ingenieur mit seiner Juristin, der Schneider, die pockennarbige Ladenchefin. Auf der anderen Seite der Zahnarzt, der alte Bratu. Und neben Ihnen Frau Cornelia. Tja, die hat nicht eben viel Glück gehabt im Leben.«

Der Hauswart ein Fettsack, immer proper und pünktlich. Dicht behaart, schwarz. Improvisierter Scharfblick. Konversationsprofi. Ab sieben Uhr hockt er in der Vorhalle. Um 22 Uhr schließt er die Eisentür zur Straße. Unbekannte Gesichter fallen sofort auf. Eindringlinge müssen ihren Besuch begründen: Zu wem, warum, wie lange? Es wimmelt von Pennern, Dieben, Provokateuren, man muß auf der Hut sein.

Er ist unablässig auf der Hut. Er befragt, registriert, prägt sich ein, notiert. Die Mieter grüßen ihn mit wohlüberlegtem Respekt. Ein tüchtiger Hauswart, das muß man ihm lassen ... Kümmert sich um die Sauberkeit, um die Heizungsinstallationen, um die Briefkastenschlüssel, den Aufzug, den Müll, die Wandzeitung, die Zahlungen für die Instandhaltung, das Mieterbuch, das Besucherregister, das Reparaturenregister. Und seine Vorsorglichkeit, seine Hilfsbereitschaft: ob es um die Fernsehantenne geht oder um den Gasherd, um das Telefon, die Sicherungen, die Rollos oder um den Parkettboden, das Bad, die Möbel. Alles prüft er genau, blickt verstohlen um sich, fixiert das nicht Vorgesehene, betritt alle Räume. Bietet man ihm einen Kaffee an, lehnt er ab. Doch beim Ausstellen der Monatsquittung in seiner ungezieferfreien Einzimmer-Wohnung zieht er die Leute gern ins Gespräch.

»Sie haben wohl manchen Ärger gehabt, bevor sie bei uns eingezogen sind. Hat sich ja herumgesprochen, daß irgend jemand so scharf auf Ihre alte Wohnung war ... Aber bei uns werden Sie sich wohlfühlen. Was ich noch fragen wollte: Habe ich richtig verstanden, daß Sie keine Anstellung haben?«

Die Antwort verwirrt ihn, schüchtert ihn ein, er ahnt wohl, daß heikle Situationen anstehen. Und er zieht es vor, sich nach Geburtsort und Studien zu erkundigen.

»Übrigens: Der Pope und die Rechtsanwältin gucken gern durchs Schlüsselloch, passen Sie auf! Die Familie Zaharescu, die ist in Ordnung, die haben genug mit sich selbst zu schaffen; keine Erben, die Tochter ist in Österreich geblieben – das einzige Kind, Sie können sich wohl denken, was das für die Alten bedeutet. Und Frau Cornelia hat auch kein Glück gehabt, die Arme. Ihr Mann ist ausgewandert, was soll sie nun tun? Vielleicht wissen Sie's ja schon: Davor war sie Schauspielerin. Im Kabarett. Jetzt arbeitet sie in einem Büro des Amtes für Touristik.«

Er läßt sich gerne über andere aus, drängt sich aber nicht auf.

Die Straßenbahnen, wie Panzer, lassen den Morgen in den grauen Fensterscheiben erklirren. Die schleppenden Schritte der Lohnempfänger. Bad, Küche, Flur. Die Hatz zum Aufzug, durchs Treppenhaus. Unter dem Fenster die Haltestelle. Zusammengekauerte Körper entwirren sich plötzlich, recken die Arme vor, Dutzende von Handschuhen langen nach den feuchtkalten Haltestangen an dreckigen Türen. Eingefaltet zwischen Mänteln, Aktentaschen, Schirmen, knistert die Pelerine der Dame herausfordernd. Sie wirft mit rhythmischen Kopfbewegungen das offene blonde Haar über die Schulter zurück, doch das Gedränge erstickt den Schwung. Pünktlich ausgespien, verharrt sie einen Augenblick lang auf dem Gehsteig vor dem Amt für Touristik, ehe sie ihre Fassung zurückgewinnt.

Der Bürostuhl, die Grüße, das Lächeln, der Chef, der Kaffee, die Witzchen, die Neuigkeiten, das Telefon, am Sonntag die Kindstaufe, der Valuta-Bericht, die Laienspielgruppe, die Sitzung, die neuen Anweisungen, die Trimesterkennziffern, das Blätterteigrezept, der Trainingsplatz, die Kosmetikerin, die Eignungsprüfung, Pulsschlag des bezahlten Tages, Schaltknöpfe, Ferngespräche, Bestellungen, Kaffee, Witze, die Launen der Vorgesetzten, der Tratsch, die Zeitungen, die Broschüren, der Laufzettel mit den Terminen für die nächsten Sitzungen, das Modeblatt, die Protokolle, die Einsparungen im Büro ... und die kleinen verfänglichen Abstecher, der Händedruck, die Pointe, das Augenzwinkern, die kleinen gebrauchsfertig aus dem Kühlschrank hervorgeholten Notlügen, das Aspirin, die Wimperntusche, die Strümpfe aus Frankreich, die Rate für die Flüssiggasflasche.

Irgendwann schrecken auch die Trolleybusse aus ihrem Nachtschlaf, schießen aus den Hallen, stürzen verwirrt, an ihren Schleifkontakten hängend, ins Straßennetz. Die Ladentüren öffnen sich, Käse, Medikamente, Lampen, Knöpfe, Fernseher. Eine Käuferschlange, eine zweite: Bücher, Glühbirnen, Sicherheitsschlösser, Schuhe, Brillen, bis sich der Tag erschöpft. Die Dämmerung besänftigt die Müdigkeit. Die Treppenhäuser der Standardwohnkästen, die Wohnungsschachteln, das träge Auslaufen des Stundenplans, der Plüschsessel, der Fernseher, der Gaskocher, das Bügeleisen, der Sarg der Nacht.

In der Halle vor dem Treppenhaus nimmt der Hauswart die Grüße seiner Untergebenen entgegen. Mit gleichem Dank für jeden: ein knappes Nicken. Er registriert die Einkaufsnetze, die Päckchen, die Stimmen, die Kleider, die Begleiter. Das Tempo der Schritte, Verlegenheit und Mißmut, alles. Ein Block mit vielen Wohnungen, die unterschiedlichsten Leute, das Zusammenwohnen hat seine eigenen Gesetze. Du mußt jeden kennen, mußt Konflikten aus dem Wege gehen, mußt korrekt Auskunft geben und vernünftige Entscheidungen treffen, mußt wachsam sein. Vor Jahren hat er in einem Dienstbotenstübchen gehaust, hat als Hilfskraft in einem Warenlager gearbeitet, viel Ärger gehabt: Prozeß und Knast. Dann die Wiedereingliederung, Arbeitsplatz, Pünktlichkeit, Korrektheit und jetzt diese Einzimmer-Wohnung, Hauswart, wohlgenährter Mann, wie aus dem Ei gepellt, von perfekter Disziplin.

Das Gerenne, die Dienststunden, die forschenden Blicke des Hauswarts, die kleinen Ereignisse während der Arbeit am Vormittag ... Eine halbe Stunde nachdem die Nachbarin wieder zu Hause ist, lassen sich die Bruchstücke zusammensetzen.

»Unerhört! Nun soll ich also nicht mehr als Schreibkraft in diesem popeligen Büro taugen, bloß weil mein Mann fort ist! Verwandte im Ausland! Dabei hab' ich doch schon damals, als sie mich aus dem Theater feuerten, meine ganze Geschichte vor dem Gericht ausgebreitet! Was wollen die noch von mir? Auch der damalige Direktor ist gefeuert worden. Nur der Schrott bleibt, das sieht doch jeder ... Natürlich bin ich gereizt, alle Läden hab' ich abgeklappert und stehe mit leerer Hand da. Samstag hat meine Mutter Geburtstag, wollte ihr eine Torte backen ... Das Fernsehen? Du siehst doch ... Was für eine Bekanntmachung, keine Ahnung, hab's nicht gesehen. Mag sein, aber ich hab' keine Geduld ...«

Abends versickern die Geräusche der Straße. Nur noch schwaches, dünnes Hecheln. Die Stadt schwebt davon, die Betonkästen gleiten in den Nebel der Müdigkeit. Manchmal preßt die Nachbarin ein Ohr an die andere Wand, um auch von dem da drüben was mitzukriegen. Nichts. Ein lahmer Greis vielleicht, ein taubstummes Kind. Unlängst der Hauswart, bei der Quittierung des Treppengeldes:

»Wie kommen Sie denn mit Ihrem Nachbarn aus, Genossin Cornelia?« So ein Esel: Genossin Cornelia! Erst jahrelang immer nur Fräulein, junge Frau, gnädige Frau – und jetzt auf einmal Genossin! Aber die Mitteilungen des

Hauswarts sind nicht gerade besorgniserregend: »Er sitzt den ganzen Tag in seiner Bude, hat zu niemandem irgendeine Beziehung aufgenommen, hat sich nicht an der Mieterversammlung beteiligt, und beim freiwilligen Arbeitseinsatz kauft er sich mit 20 Lei frei. Er wird wohl seine Gründe haben ... Was scheren ihn die anderen?« Jedenfalls soll sie alles über ihn wissen, alles! Auch daß man ihn, jawohl, mit einem ganzen Bündel ausländischer Zeitungen und Zeitschriften unterm Arm gesehen hat. Genauer: daß er, der Hauswart, ihn gesehen hat, wer sonst? Und dann scheint er auch zu trinken ... Whisky. Wo er den bloß auftreibt? Wo es doch im Handel nur diesen Wein aus Äpfeln oder Sägemehl gibt. Und dann seine Pullover, er scheint ja überhaupt nur Pullover zu tragen, ordentlich angezogen hat er sich überhaupt noch nie, mit Anzug und Schlips, wie sich's gehört ... Aus dem Ausland. Paketware. Das sieht doch ein Blinder! Und die Bitte, doch etwas über die Prinzipien der Ethik und der Fairneß für die Wandzeitung des Wohnblocks zu schreiben – »Sie sind doch ein gebildeter Mensch, hab' ich zu ihm gesagt« –, hat er überhört, keine Zeile, nicht einmal entschuldigt hat er sich.

Vorzeiten war da vielleicht gar keine Wand. Altes, solides Mietshaus, geräumige Wohnungen, betuchte Mieter. Dann diese Trennwände, diese Neuaufteilung der Räume, das Verlegen von Leitungen, die neuen Wände keinen halben Ziegel dick. Dämpfen den Schall, lassen die Wörter nur undeutlich durch, es geht auf die Nerven – und das genügt.

Zeitungen, Beruhigungspillen, Fotoalben, Injektionsspritzen, Gläser, Bücher, Pfeifen, Briefumschläge, Hefte, Nippesfiguren, Klamotten, Wörterbücher: der Käfig eines von der Hochschule Relegierten. Ein dumpfes Loch, voll Wut und Angst; das Wetter der Woche, die Merkzettel, das

Programm der Trabrennbahn, das Journal der Kopfschmerzen. Eine Zelle, ein Patient, ein finsteres Schweigen. Als ob es keinen Tod gäbe und als hätte man ewig Zeit: zum Warten, zum Nichtstun.

Die Nachbarin hat das alles in ihren wenigen wachen Minuten einigermaßen richtig herausgefunden: Der gammelt einfach vor sich hin. Scheint seinen ganzen Witz, seine ganze Verzweiflung abgestreift zu haben, kein Latein mehr als Therapie, keine Zuckung, kein Scherz mehr, keine Knoten, keine Flicken.

Der Tag eine Summe aus Rubriken, die Stunden in Scheibchen, der Kalender ein schmales Fließband: spleen and suspicion. Die Stadt säuft ab im Brei der Nacht, wirft ihre Phosphorschatten wie eine Riesenkaserne. Frost und Rost, Angstschreie, taube Ohren in den Kissen der Finsternis.

»Nichts als Langeweile und Migräne, wenn Sie's genau wissen wollen!« verkündet die Nachbarin schreiend einem unangemeldeten Besucher.

Ganz spät, wenn alles versunken und vergessen ist, fallen die Amateurfunker mit ihrer Phantasie über die Stadt her, zwitschern ihre Piratensignale durch die Appartements.

»Was suchen Sie da – um diese Zeit?« fragt Genossin Cornelia. Das trockene Aufschnappen ihres Schlosses war deutlich zu hören gewesen, sie hatte den Angreifer eingelassen.

»Und wenn schon! Ich bin niemandem Rechenschaft schuldig. Nein, niemandem ... Hände weg, lassen Sie das! Du willst mein Mann sein? Dann lieber schon einen Straßenköter! ... Hände weg, sag ich! Sonst ruf' ich deine Frau an! ... Hau ab, hau sofort ab, ich rufe sie an, im Ernst! ... Warten? Worauf denn? Das kannst du sonstwem erzählen, mir kannst du nichts anhaben. Bist Polizist? Na und! Mir kann keiner mehr was nehmen, ich habe nichts als, du weißt schon, was ... Und darum kommst du ja auch, altes Scheusal.« Dann Gerangel, Geflüster in immer kürzeren Abständen, Stöhnen, Stille.

Und im Morgengrauen wieder die Straßenbahnen, diese Saurier auf Rädern. Aufschrecken aus den Kissen, Reflex, zurückfallen wie ein dünner Fladen. Das Radio, das Telefon? Alles still. Auch das aggressive Sicherheitsschloß ist nicht zu hören. Keinerlei Zeichen.

Erst gegen Mittag der Recorder, der Wasserhahn, die Dusche, das Telefon. Warme Stimme, ruhige Stimme. »Ach komm, das kenn' ich doch, das macht dich verrückt, zehn Stunden immer nur dasitzen, zuhören, zuhören und dabei keinen Muckser von sich geben, wie die Rekruten ... nachher reißen natürlich alle das Maul auf ... Es soll wieder Umstrukturierungen geben ... Ich denke gar nicht daran ... spazieren gehen, wo denn? Siehst du denn nicht, was sich in den Straßen tut? ... Restaurant, zwei alleinstehende Frauen in einem Restaurant? ... Nur Ramsch, aber teuer, das weißt du doch ... Musik, was für Musik, um zehn machen die doch zu ... Na eben. Bei diesen unbeleuchteten Straßen? ... Danke bestens ... Okay, ich komm' vorbei, selbstverständlich ... Lust? Woher denn? ... Hätte schon Lust gehabt, na klar, bin doch kein Muffel! Aber wozu noch viel reden – am liebsten würde ich in ein Mauseloch schlüpfen ... Schlafen. Ich brauche nichts mehr. Sie haben's geschafft, jaja, du siehst es doch. Das ist alles, ich will von nichts mehr was wissen. Ja, ich komme vorbei, selbstverständlich komm' ich.«

Um 13 Uhr die Radionachrichten, aber du hörst nur die ersten Sätze, dann schellt es, tralala, der Kassettenrecorder. Und noch einmal schellt es. Aber, Moment! Das ist nicht bei der Nachbarin, hier tönen ja alle Türklingeln gleich.

Eine Tür geht auf. Und endlich wieder die Stimme der Nachbarin. Jetzt kann man sie betrachten. Unbestimmtes Alter, mager, das Gesicht noch jung, und der Herr ist auch kein Wüstling, weder alter Knacker noch Milchbart, noch Lahmarsch. Etwas verdattert knöpft er sein grobes blaues Hemd zu, das über seine zerschlissenen Jeans herabhängt.

»Mir scheint, Sie haben etwas anbrennen lassen. Es stinkt so angekohlt, das dringt bis zu mir.«

Sie lächelt nachsichtig. Ihre Stimme: mittlere Lage, Neigung zu piepsigen, schrillen Tönen. Sie fährt sich mit den Fingern durchs Haar, etwas unsicher unter dem keineswegs verlegenen Blick des leicht Torkelnden.

»Ja, das kann sein, ich bin schuld«, lächelt er kindisch. Ein Schritt zurück, ein kurzes Zögern, soll er sie hinein bitten? Unsinn! In solch ein Chaos, Jüngling in altmodischem Zimmer. Und dann, nicht wahr, müßte er sofort in die Küche ...

Das macht er auch so. Schiebt die Pfanne mit dem Angekohlten zur Seite, öffnet das Fenster, läßt den Rauch abziehen, packt die Pfanne mit einem Wischtuch, stellt sie ins Spülbecken. Öffnet den Wasserhahn. Es zischt und dampft. Es stinkt nach Asche und Kohle.

Die Tür zur Wohnung hat er offen gelassen. Aber die Nachbarin ist fort. Nicht einmal danken, nicht einmal entschuldigen konnte er sich bei ihr ... Er würde ja gern bei ihr klingeln, der Zwischenfall von heute nacht berechtigte ja zu Erwartungen, doch wie soll das dann weitergehen, so Tür an Tür?

Der Hauswart sitzt auf seinem Posten in der Halle vor dem Treppenhaus.

»Ich habe Sie schon lange nicht gesehen! Sie kommen ja kaum raus aus Ihrem Zimmer. Frag' mich schon, was Sie denn essen, hab' Sie noch nie beim Einkaufen gesehen. Ein mysteriöser Genosse sind Sie, nichts für ungut. War bloß ein Scherz von mir. Alle Mieter haben mich schon gefragt, ich weiß nicht, was ich ihnen antworten soll. Übrigens, da habe ich einen Brief für Sie ...«

Der Umschlag steckte griffbereit in seiner Tasche: Falls dieser Verdächtige sich doch endlich einmal entschließen sollte, seinen Fuchsbau zu verlassen, würde er hier vorbeikommen müssen, am Posten des Hauswarts.

»Aus Brasilien – toll! Sie haben ja weitreichende Beziehungen«, murmelte er, gekränkt, weil der Überraschte den Brief in seiner Jackentasche versenkt hatte, ohne einen Blick darauf zu werfen.

»Und mit dem nächsten Termin eilt es nicht. Unwichtig. Sie kommen und zahlen eben, wenn Sie mal Zeit haben.« Aber schon hat der Herr sich dünn gemacht und eilt zum Ausgang. Draußen, auf der Straße, Gebrüll und das scheppernde Furioso der Lautsprecher. Am Zeitungskiosk eine angenehme Überraschung: Kein Käufer. Die bläßliche Verkäuferin ist am Stricken.

»Streichhölzer gibt's nicht. Schon seit zwei Wochen nicht mehr ...« Der Mann traut sich nicht, sie weiter zu belästigen, er flüchtet sich in umständliche Höflichkeitsfloskeln.

»Aber wenn Sie so nett sein würden, mir bei nächster Gelegenheit ...« Aber sie läßt sich weder schmeicheln noch ärgern, blasiert durch die Naivität der Käufer, die die ausgefallensten Sachen von ihr haben wollen, beschränkt sie sich auf korrekte Informationen.

»Chinesische Zigaretten! Sie spinnen wohl! Chinesische, bulgarische, die gibt's seit dem Frühling nicht mehr.

Aber ich habe da noch zwei Päckchen 'Admiral', nimm die, die bekommst du nicht so bald wieder.«

So einfach geduzt, kann man sich nicht entrüsten. Es ist ein Freundschaftsbeweis, gewiß, verstärkt durch den Seltenheitswert der Ware, eine echte Gunstbezeugung.

Wenige Schritte zurück zum Eingang des Wohnblocks. Der Aufpasser – ein Wunder! – ist abwesend. Steckt wohl im Heizungskeller, im Müllkrematorium oder bei einem Mieter, der irgendeinen Rückstand zu begleichen hat.

Auf leisen Sohlen erreicht der Verdächtige den Aufzug, drückt auf den Knopf, blickt um sich, ist ungeduldig, mag nicht warten, entscheidet sich für die Treppe, nimmt mit jedem Schritt zwei, drei Stufen auf einmal. Uff, endlich oben! Er fummelt nach seinem Schlüssel, findet ihn nicht, aha, da steckt er, in der Hosentasche.

»Na, mein Herr, schon wieder zurück?« – Die Stimme des Wächters! Von wo der bloß aufgetaucht ist?... Die Tür zur Gemeinschaftswohnung neben dem Aufzug steht offen. Huldvoll lächelt die pensionierte Rechtsanwältin dem Hauswart hinterher. Achtet zugleich auf die Verlegenheit ihres Nachbarn, schließt die Tür nicht, bleibt auf der Schwelle wie angewurzelt, um die Szene mitzubekommen.

»Ich hatte soeben vergessen, Ihnen mitzuteilen«, fährt der Allwissende fort, »daß der Postbote mir ein Paket für Sie eingehändigt hat, allerlei Zeitschriften. Kommen Sie, ich geb's Ihnen, es liegt schon seit einigen Tagen bei mir.«

Was heißt eingehändigt – und wieso? Ich war doch nicht verreist. Und dann darf er doch sowas gar nicht. Wie kommt er dazu? ... Aber das hieße tauben Ohren predigen, und dazu hat er die Kraft nicht. Schwitzend trottet er hinter dem Wohlwollenden her. Die Kanaille! Hat es überhaupt nicht eilig, schlurft den Flur entlang, läßt sich Zeit. Aber eintreten werde ich nicht, und mich auch auf keinerlei Fragen einlassen ... Werde auf der Schwelle warten, mag er mir geben, was er mir zu geben hat, ein Paket, eine Bombe, eine Mahnung, ein Gerichtsurteil, was auch immer ...

Und wirklich, er wartet draußen, vor der Tür zur Einzimmer-Wohnung. Er möchte die pastellfarbenen Wände nicht noch einmal sehen, die Filmplakate mit den Schauspielerinnen, nicht den dicken Teppich, den Klubsessel, den Musikschrank.

Eine dicke, von einer gelben Banderole zusammengehaltene Rolle Zeitschriften wird ihm überreicht.

»Ja, ich weiß, daß Ihre Freunde sich um Sie kümmern! Würd' ich mir auch gefallen lassen ... Brasilien, Frankreich, Kanada, Belgien. Da kann man immerzu lesen. Vielleicht leihst du mir auch mal etwas davon ... Natürlich nur, wenn du selber es nicht mehr brauchst. Statt es wegzuschmeißen ... Könnte abends drin blättern, zum Zeitvertreib.«

Verdammt, wieso duzen mich plötzlich alle? Liegt der Anlaß bei mir, womit reize ich sie ... Erst das Sie, der Respekt, die Höflichkeiten – und dann plötzlich, so mir nichts dir nichts: Kannst du mir nicht was davon leihen! Als ob du sie nicht schon alle durchgeblättert hättest ... Hast sie doch nicht umsonst tagelang bei dir behalten. Und wie kommst du auf Belgien, auf Kanada ... Diese Rolle kommt aus Marseille und der Brief, den du ja beguckt hast, aus Brasilien. Woher aber weißt du von Kanada und von Belgien? Aber du sagst mir's wohl, damit ich deine Quellen nicht ignoriere, deine Macht; lädst mich ein, heute ein Mokka, morgen ein Mokka ... Und das so lange bis ... Bis!

»Wollen Sie wirklich nicht eintreten? Auf ein Schlückchen Kaffee, echten, ich mische nichts bei ... Oder hast du es eilig? Immer diese Eile, diese Eile ...«

Endlich die Rolle in der Hand. Der Wachsame betrachtet ihn lächelnd. Der Verdächtige dankt, lächelt ebenfalls, lächelt schüchtern. Dieser Geschniegelte und Gebügelte. Dieser Parfümierte, Läusefreie. Dieser Schnurrbart, diese einschmeichelnde, sanfte Stimme, diese engen Hosen mit dem zusammengerafften Saum in diesen lächerlichen Fahrradklammern ... Diese Pedanterie – wie dich das alles bedrückt, verfolgt, vereinnahmt. Kannst ihm nicht beikommen, er beherrscht alle Regeln. Brünett, straff, militärisch: Selber schuld, magst nicht mit uns plaudern, uns kein Gedichtchen aufsagen, uns nicht zuzwinkern ... Was hast du zu verstecken, du Hochnäsiger, als ob wir nicht alle was zu verstecken hätten, unser Geschwätz stört dich wohl ... Als ob nicht auch wir ... Aber du wirst schon noch einer von uns, hast keine Wahl, das Netz ist bei mir, in Onkelchens Hand, nur wer uns paßt, darf durch die Maschen.

Sonderprogramm bei der Nachbarin: Alte Tangos. An den Fensterscheiben graue Regenschnüre. Die Musikliebhaberin beschließt den Abend mit einem slawischen Cellokonzert. Die Daunendecke umhüllt ihn warm, wie in der Kindheit.

Straßenbahnschaffner, Knirpse in Uniform. Und Knirpse die Fahrgäste. Die Verkehrspolizisten: Schulanfänger. Wie die Verkäuferin aus dem Zeitungskiosk. Und der Verwalter, das Pickelgesicht aus der Fünften, das andauernd petzt, alle sind pünktlich, alle reiht die Schulglocke ein in die winzigen Bänke. Uniformen, Pausen. Wir sind artig, bekommen Tee. Spätnachmittags dürfen wir weg, besorgen uns Hefte, Bleistifte, kaufen auf Bezugsschein Brötchen und Margarine. Zu Hause schließen wir sofort die Fenster, stoppen das Gerassel der Panzer. So hören wir auch den Stechschritt der Sportler nicht, die unermüdlich für den Parademarsch trainieren. Tumult auf den Straßen, ein Schaufenster geht zu Bruch, irgendwer wird verdroschen, ein Vielfraß, der sich eine doppelte Portion erschlichen, oder ein Faulpelz, weil er die Kneipe nicht pünktlich geöffnet hat. Die Schläger nehmen sich alles heraus, halten die Passanten an, kontrollieren ihre Ausweise, schlagen ohne Vorwarnung. Ordnung, immerzu Ordnung, die Schulkinder sind zwar eingeschüchtert und artig, doch die Unordnung nimmt zu. Schon packt auch mich einer, einfach so, aber ich habe doch meinen Schein, Ehrenwort, er zieht mich an den Ohren, zwingt mich in die Knie, drängt mich in einen stinkenden Winkel, wo niemand uns sieht. Hör zu, Junge, ich kenne dich, nimm dich in Acht. Hast dich gefälligst zu fürchten, damit ich dich schützen kann! Und daß du dich ja nicht wieder versteckst, verstanden! Und einen großen Briefumschlag hält er mir unter die Nase, mit vielen Stempeln darauf. Hat eine warme Stimme, dieser pickelgesichtige Petzer aus der Fünften, aber warum brüllt er nur so, warum steht er so stocksteif da, so selbstsicher? Und woher hast du deine Stullen, he? Woher, du Lausebengel, woher? Hungrig hast du zu sein, damit ich dir welche geben kann. Nimm gefälligst Manieren an, verstanden! Ich erziehe dich, wie sich's gehört, ich bin für dich verantwortlich. In zehn Jahren wirst du den richtigen Schliff haben. Er zieht mich an den Ohren hoch, ganz nahe an seine Pickel, glotzt mich an. In zehn Jahren wirst du zu allem bereit sein, bloß um deine Bezugsscheine zu bekommen, dafür werd' ich sorgen, du Wurm. Alles will ich wissen. Hast du verstanden? Ich bin für dich verantwortlich. Wir werden dich bestens dressieren. Guck mal, dies Pfeifchen. Damit gebe ich meine Zeichen. In zehn Jahren wirst du nur noch nach meiner Pfeife tanzen. Er kramt in seinen Taschen, sucht das Pfeifchen, findet es nicht. Er steckt zwei Finger in die Schnauze, stößt einen langen, schrillen Pfiff aus. Hundemeuten preschen von allen Seiten heran, stürzen sich auf mich, zerfetzen mich …

Der Mieter erwacht. Ein schweißnasser Klumpen unter der Daunendecke. Er möchte die Lampe anknipsen, findet den Schalter nicht, tastet weiter im Dunkel, schaltet das Licht an. Das Zimmer ist fremd und kalt … Er ringelt sich wieder unter die Decke, zählt: 1, 2, … 5, löscht das Licht.

Gleichmäßig dreht sich der Fleischwolf, ein Riesending wie die Maschinen in einem Walzwerk. Dabei ist's bloß ein banaler Fleischwolf, nur eben ungewöhnlich groß. Die Zuschauer, die zur Vorführung gekommen sind, nehmen sich aus wie Marienkäfer neben der Schuhsohle eines Gulliver. Viele haben sich an die gewaltige Handkurbel gehängt, wollen sie drehen, Tausende Käfer, ein kreisendes Krabbeln, in langsamem, gleichmäßigem Rhythmus. Aus dem stählernen Maul quillt das Gehackte in dicken, von rötlichem Saft triefenden Schnüren, einige der Schaulustigen, die sich zu nahe herangedrängt haben, wollen schon ausweichen, müssen aber wieder zurück, es ist verboten, die Vorführung aus freien Stücken zu verlassen. Man kann die Augen schließen, aber die bluttriefenden Schnüre sinken unaufhörlich weiter auf sie herab, einige rennen davon, andere erbrechen sich, krümmen sich, kriechen entsetzt wieder heran. Sommer, Sonnenglut, Schweiß – die Vorführung findet auf einem öffentlichen Platz statt. Aus Dutzenden von Lautsprechern branden ausführliche Erläuterungen über die Köpfe der

Menge, dazwischen ab und zu kurze gebrüllte Kommandos. Dreht sich die Handkurbel, hebt sie die Traube aus Menschenleibern mit sich hoch und senkt sich wieder mit ihr; bunte Käfer krabbeln über die blendende, im Sonnenlicht funkelnde Speiche. Und unablässig kriechen die Hackfleischwürmer aus dem stählernen Maul, ringeln sich um die Zuschauer, die niederstürzen, sich erbrechen, sich wieder erheben, von neuem runtergedrückt werden in den Brei aus Hackfleisch und Menschenleibern, in den unablässig anwachsenden Haufen ...

Er schreckte aus dem Traum, die Hand an den Mund gepreßt, er rannte ins Bad, verharrte lange, über das Waschbecken gebeugt, torkelte ins Zimmer zurück, öffnete das Fenster, sog die kalte Luft ein. Das Getöse der Schienensaurier begann. Die Stadt erhob sich schlaftrunken aus den Nebeln der Nacht. Und die Nachbarin hörte Blasmusik, flotte Märsche.

Erregt ging er ins Bad. Rasierte sich, wusch sich, zog sich an. Durchwühlte den Schrank, fand eine alte Aktentasche, staubte sie ab, zog sich den Anorak über, schloß die Tür hinter sich ab. Im Aufzug traf er den Sportlehrer, den blonden, sanftmütigen mit dem Bürstenschnitt. Sie grüßten sich, doch während des weiteren Schwebeflugs in der engen Box: Nur die mürrische Nachsicht, in der man, verlegen auf die Landung wartend, die Stockwerke zählt.

Auf der Straße ein Gewimmel von hastenden Lemuren. Er reihte sich ein, lief am Kai entlang, lief immer weiter. Das Gedränge und Geschiebe wurde dünner, er wanderte weiter, abwesend, und fand sich plötzlich alleine, weit weg, am Stadtrand. Aus hohen Schloten stieg Rauch, es stank nach Schwefel und Tierkadavern. Er kehrte um, machte sich auf den langen Rückweg zum Stadtzentrum.

Er betrat einen Fotoladen, erkundigte sich nach Preisen, nach Formaten, fragte, ob Landschaften billiger seien als Porträts. Kam an einer Synagoge vorbei, deren Portal geschlossen und mit Holzleisten verrammelt war. Er reihte sich ein in eine Käuferschlange, zwischen redselige Omas, aber schon nach Minuten verkündete der Verkäufer, daß die Milch alle sei. Einen Verkehrspolizisten fragte er nach dem Namen des Stadtviertels und nach dem Weg zum Bahnhof. Wie viele Verkehrspolizisten, auf Schritt und Tritt begegnet man ihnen, manchmal sogar in Grüppchen. Um noch etwas Zeit zu vertrödeln, stellte er sich von neuem in eine Schlange, aber da hätte er nur ein paar Rollen Klopapier ergattern können, und so verzichtete er, das Warten war zu entmutigend. Dann stand er vor einer Kirche. Die Pforte geöffnet, drinnen eine brennende Kerze, aber kein Mensch. Er wartete, ließ eine Stunde verstreichen, doch weder Pope noch Kirchgänger erschienen.

Er verspürte Hunger, nahm sich aber vor, ihm zu widerstehen. Setzte sich auf eine Bank. Ein verkommener Park mit Ausblick auf eine Art Turnhalle, in einem Kellergeschoß, vermutlich ein Kindergarten, in dem die Allerkleinsten in der Kluft der Gebirgsjäger für die nächste Jubeldemonstration gedrillt wurden.

Ausgeruht setzte er seinen Spaziergang fort. Am Eingang eines Spitals wartete er so lange, bis einige Leute herauskamen, und schlenderte ihnen nach. Die Dame im grünen Mantel betrat eine Konditorei. Er fand sie an einem kleinen Tisch mit runder weißer Marmorplatte, auf dem Kuchenteller lagen fetttriefende, in Pergament gewickelte Kuchenstücke. Eine etwas bleiche Schönheit, mit offenem, leuchtendem Haar; schien jung zu sein. Sie fühlte sich durch seine Fragen nicht belästigt. Sie antwortete ohne Umschweife, gab sogar einen ganzen soziologischen

Essay von sich, dem er nur schwer folgen konnte ... Die allgemeine Verstimmung, so behauptete sie, rühre daher, daß man ausgeschlossen sei. Will sagen: Man könne doch nichts mehr auf eigene Rechnung ... und Ausgleich gäbe es auch nicht. Der Nachmittag zum Beispiel ... die Türen zum Kabarett Rousseau einfach geschlossen, und die komische Oper funktioniert auch nicht mehr, seit sie den alten da Vinci zum Militär geholt haben. Auch tanzen kann man nirgends mehr, mein Herr, vorzeiten gab es doch so tolle Tanzschulen, vielleicht erinnern Sie sich noch an den gradiosen Leopardi aus der Strada Grivitei oder an die Rosa und ihren schönen Partner, Karl von Luxemburg, ich habe die Adresse vergessen.

Zugleich mit den Lohnempfängern, die von ihrem Dienst zu ihren Käfigen zurückkehren, kommt er an. Vor dem Eingang stauen sich die Leute, dürfen nicht rein. Vor der Schwelle der Hauswart, flankiert von zwei Verkehrspolizisten, die sich die Personalausweise zeigen lassen. Er hat seinen nicht dabei. Er sucht eine Erklärung, er hat Zeugen: Das Pickelgesicht, den Hauswart, aber der murmelt nur etwas. Erst nach einer Viertelstunde wird er eingelassen. Die Rechtsanwältin, diese Viper, hat die beiden alarmiert ... aber es hätte auch ein Unfall sein können, bei diesen Gasherden ist man ja nie sicher.

Im Aufzug trifft er mit seiner Nachbarin zusammen. Sie scheint müde zu sein, sieht aber doch recht frisch aus. Ihr leicht zerzaustes, in gewellten Strähnen herabfließendes Haar duftet, der grüne Mantel mit dem hochgeschlossenen Kragen steht ihr gut, wirklich gut, sie hat große grüne Augen, feuchte Lippen. Im Aufzug nur sie und er. Da muß man eben für ein paar Augenblicke diese gefährliche Nähe ertragen, diese zwiespältige und verfängliche Intimität, die provoziert und zugleich verbietet. »Die haben mich schon des öfteren nach Ihnen gefragt ... Und nicht nur die beiden, es waren auch andere da, aber keine Angst, was kann Ihnen schon passieren, nichts Schlimmes, das wissen Sie doch. Habe ihnen versichert, daß Sie ein Musterknabe sind. Ruhig, zurückgezogen, belästigt niemanden. Da ist doch nichts Verdächtiges bei. Na also!« Am Schulterriemen die große braune Einkaufstasche, um den Hals ein bauschiger, bordeauxroter Seidenschal. Sie öffnet das Handtäschchen, zieht den Schlüsselbund heraus, der an einem Kettchen aus winzigen Nippessachen hängt. Lächelt ihm noch einmal von ihrer Wohnungstür her zu, ciao-ciao, bye!

Es ist schon besser, man geht aus dem Haus, dann hat man ein perfektes Alibi. Man hat zu tun – das geht niemanden was an, jeder hat seine Sorgen, nein, er hat keine Lust mehr, zu Hause zu hocken. Und wieder streunt er durch die Straßen, und tags darauf wieder, morgens, nachmittags. So Woche um Woche. Eine Jahreszeit vergeht, eine zweite. Er hatte alles gesehen, war auf dem laufenden: Apotheken und Metzger, Kinos, Restaurants, Schneider, Parks, Schulen, Kliniken, Garagen, niemand mehr hätte ihm vorwerfen können, daß er sich gegen die Umwelt sperrt, er hatte sich solide Kenntnisse erworben.

Doch dann befiel ihn wieder die Müdigkeit, zog er sich befremdet zurück. Ein Kuriosum vielleicht; hätte man ihn nach Gründen gefragt, er hätte antworten können, aber es war wohl für alle bequemer, sich Worte und Gesten zu ersparen. Die Bude wie immer, ein reizvolles Chaos, ein Safe, eine Einsiedelei, eine funktionslose Raumstation, in die ab und zu die Signale des fernen Alltags hereinsickerten.

»Deine Sache, aber bei mir läßt du dich nicht mehr blicken, es war, wie es war ... war Nacht, du hast mich einfach überrumpelt ... basta, ich habe mein eigenes Leben. Mir genügt meine eigene Misere ... stell dir nur vor, sie haben mich genommen, jawohl, einstimmig, was sagst du nun? Und warum hätten sie's auch nicht tun sollen, die andern sind um nichts besser ... Gottseidank schuften sie alle nach Kräften, manche sind im Dienst schon ergraut, was soll's ...«

»Und stell dir nur vor, mein Lieber, hab' ihm in einem Briefumschlag 500 Lei zugesteckt, aber er hat nicht einmal den kleinen Finger gerührt. Vier Tage lang haben sie sie so liegen lassen, ohne sie anzugucken, nicht einmal das Fieber gemessen haben sie ihr ...«

»Danke, danke, natürlich mache ich mit. Wir werden uns doch nicht vor so einer Aktion drücken. Selbstverständlich werden wir sie mobilisieren. Was heißt, wie? Ich werde sie einfach auf die Folgen ... und wenn nicht, dann sollen sie eben auch nichts erwarten.«

Gleichgültiger, goldener Herbst. Zärtliches Licht, lange Schleppen aus Pfauenfedern in den Farben des Regenbogens. Die Passanten öffneten ihre Uniformen, hielten an, betrachteten die grandiose Wüste des Himmels.

Nach den Geräuschen zu urteilen, war die Nachbarin zu Hause geblieben, schwänzte wieder den Dienst. Er ging auf die Straße hinunter, wartete, versteckt hinter dem Leitungsmast vis-à-vis.

Trüber Morgen, das Gedröhn der Saurier, das Knirschen aus allen Schrauben, das Gedränge, die Stunden aus Leere und Unterwerfung. Die Anekdötchen, das Entsetzen, die Nachrichten, die Disziplin, der fade Fraß in der Kantine, die Dienstbesprechungen, die Phrasen, die Nerven, die Schlafecke, der Fernseher, das Telefon, ein Tag wie der andere, sie muß schön wütend sein, die Nachbarin, aber sie hatte sich angepaßt und war davon noch wütender geworden. Sie war eine andere geworden, das mußte sie doch zeigen … Aber sie erschien nicht, oder hatte er sie übersehen? An den folgenden Tagen wiederholte er dieses Versteckspiel. Er wollte sie sehen, Gespräche interessierten ihn nicht mehr. Er wollte ihr Gesicht betrachten, die Fältchen darin, eine Narbe vielleicht, ein schiefes Lächeln, einen Tick, irgend etwas mußte sich doch zeigen, als Nachweis der Veränderung entziffern lassen.

Träger Nachmittag, bunter Ameisenhaufen unter der Sonne. Und plötzlich eine Frau, hochgewachsen, schlank. Welche Eleganz, welche Schönheit, ja, Schönheit. Die Stirn klar, klar wie der Blick, dichtes, leuchtendes Haar, über dem Nacken zum Knoten geschlungen. Und nun wendet sie sich um, kommt auf ihn zu, eine anonyme, ruinierte Königin … eingefallene Wangen, hochgezogene spitze Schultern, ein schiefes Lächeln, aus Schmerz und Boshaftigkeit.

Nahezu weißes Tailleur, eine orangefarbene Bluse. Von der linken Schulter hängt eine große, braunlederne Handtasche, in der Rechten hält sie zwei Plastiktüten mit Bomben oder Kohlköpfen. Wohl so eine Schauspielerin, eine Terroristin, eine durch Arbeit umerzogene Komteß, Hausfrau, Angestellte, Amme. Mißmutig ächzt sie unter der Last. Müdigkeit, Runzeln, Gifte. Lang eingeübte Gewohnheit, für die sie täglich ihren Lohn bekommt … Würde wohl lieber darauf verzichten … aber die Kraft ist erschöpft.

Die Unbekannte bleibt neben dem Mast stehen, stellt die Tüten auf den Gehsteig. Aus einem Kellerfenster schießt eine fette graue Ratte. Aus der Schlange der um Haselnüsse Anstehenden lösen sich ein paar Spaßvögel und beginnen die Hatz. Sie schaffen's, das Tier zu umzingeln, die Belagerte hat winzige, unstet funkelnde Augen, will entwischen. Die Kerle bedrängen sie, kicken nach dem blutenden Ball, schreien, grölen vor Lust. Die Dame faßt nach ihrem Dutt, senkt den Blick, krümmt sich, will's nicht mit ansehen. Sie wischt sich die Stirn mit dem Taschentuch, ringt um Fassung. Sie packt die Tüten, geht weiter. Vorbei am Eingang des Wohnblocks, an Apotheke und Zeitungskiosk, erreicht den Friseursalon, verlangsamt den Schritt, finster, gedankenverloren.

»Nehmen Sie Ihre Chance wahr, greifen Sie nach dem Glück!« Sie zuckt zusammen, dreht den Kopf, bemerkt den Gaukler, lächelt. Ahnung, Gift, Erleuchtung. Ein Schritt seitwärts, ein Schritt zurück. »Greifen Sie nach dem Glück!« wiederholt das Greislein mit den Lotteriebriefchen. Belebende Frische, Blumen, Wiesen. Der Hanswurst pustet die Jahre weg, die Hierarchien, die Pflichttaxen; seine Krüppelstimme bettelt, fordert, verspricht, der Demagoge kennt alle Tricks, ein kurzes Zögern genügt, ein Körnchen Nostalgie, Selbstmitleid, und schwupp! hat er dich am Nasenring. »Verpassen Sie Ihr Glück nicht!« droht er, unterwürfig, verlogen.

Noch lächelt die Frau, überrascht. Sie öffnet das Handtäschchen, kramt zwischen Notizheftchen, Tüchlein, Kugelscheibern, Döschen nach dem Portemonnaie. »Ihr Glück, Ihre Chance, laufen Sie nicht vorbei!« Ich aber stecke dort drin, eingeflochten, unsichtbar; dünner Schwanz eines Alltagsteufels, skeptisch, solidarisch. Ich weiß nichts als die Wahrheit: Alles Betrug, Señora, Lose für einen Groschen, bloß Traurigkeit, gewonnen wird nichts mehr.

Beharrlich fingert sie mit der Rechten weiter, die Tüten mit den Bomben und Broten ziehen schwer an der Linken. »Nützen Sie die Chance, versuchen Sie Ihr Glück!« Doch ich stehe auf Posten, ich wache, eingeflochten, schützend, unerkanntes Trotyl: Ramsch, alle Lose, Señora, Aufguß, Galle und Wind, Señora. Vergebens! – Sie gibt sich nicht geschlagen, sie hört nicht, sie will's versuchen: sie will noch, will sie noch, noch will sie. Sie bewahrt ihren heiteren, alten Freudenblick. Fieberhaft fingert sie, ihre Hände sind weiß und rauh.

Jäh tilgen die Augenlider die Explosion des Nachmittags.

SEESTÜCK MIT VÖGELN

Erschöpft wankten die Leiber, hätten zurück sein müssen, den langen Weg bis hierher, an den Streifen kahlen Strandes ... hingestreckt in den kühlen, feuchten Sand des Herbstes, einmal noch das dumpfe Aufbrausen der Ferne hören, wie's näher kommt und zerrinnt. Der grünliche Schaum hätte jede Demütigung kühl von ihnen genommen, gerne hätten sie sich von den Wellen wie von langen feuchten Tüchern zudecken lassen, letzte Hingabe.

Oder an einem Sommertag, als sie in Rudeln gehetzt wurden, ohne das Recht, den Blick zu heben ... unter den Sohlen das Brennen der eckigen Steine, das heiße Mehl des Sandes ... niedergestreckt mit dem Knall einer Peitsche oder einer Pistole; Hunderte gelber Leiber, überhitzt, durchsichtig, Spuren von Kalk, Mondgesichter. Die Augen hätten sie geschlossen für ein Sterben in süßer, sonniger Versöhnung, dem Himmel sanft Reihen braver Skelette zurückgegeben, abgeleckt von langen Wasserzungen.

Wenigstens die Überlebenden hätten hierherkommen müssen, an die Lippen dieses Ufers, in luxuriös ausgestatteten Waggons, hätten die hohe, staubige Küste herabsteigen müssen. Gezwungen werden, stundenlang den zerfließenden Horizont zu betrachten; violett, ein samtiges Zittern, ausgedünnt im Frühling. Tage, Wochen, ein ganzes Jahr hätte man sie dem gleichen Anblick aussetzen müssen. Vielleicht hätte die Vergeblichkeit sie erschlagen, das Unendliche; sie hätten sich nicht mehr so gierig hineinstürzen können, Zeit zurückzugewinnen, sie wären nicht mehr wie von Worten und bunten Glasperlen verblödete Bengel, aufgebrochen in die Hast und den Aufruhr der Straßen. Einige hätten vielleicht das Glück der Einsamkeit noch verspürt, die Freude eines Augenblicks.

Der Junge, wenigstens der Junge verdiente noch diese feuchten und kalten Winde, das Blendwerk der Spiegel, den Sommer ... er hätte vor langer Zeit schon hierher gebracht werden müssen, dachte der Mann erschöpft von Müdigkeit und Schlaf ... hätte mich in einer Reihe von Jahren an nichts anderes gewöhnt, als das Licht und Gelächter des Wassers, hätte verstanden, weshalb die Natur mir so gleichgültig ist, weshalb mir jetzt selbst dies alles übertönende Dröhnen allmählich so ... doch schwer fiel er wieder zurück in die sanfte Welle des Kissens, konnte sich nicht losreißen.

Glücklich sank er in die Tiefe; die dünnen, kalten Finger der Frau fanden ihn wieder, kühles Wasserrauschen berührte seinen Hals, den warmen Rand des Ohrs. Er schreckte auf, halbwach, verstört; der andere Augenblick ... einmal hatte er eingewilligt, mit einer Frau zu gehen, einer anderen, gewiß, vor langer Zeit. Entladung der kopflosen Leiber. Jederzeit hätte er sich verschlingen lassen, von wem auch immer. Das Mädchen hatte damals alles gespürt. Angespannt, feindselig. Ihr junger Leib war zu einer langen Klinge geworden; das Leid krümmte sie; plötzlich schwirrten Hunderte silberner Pfeile in die heftige Umarmung. Er bebte in einem nie geahnten Schmerz. Ein blutendes Häutchen war die Jugend, gläserne Brüche die Wiederkehr, die Qual melancholischer Kannibalen; die Heuchelei, die Grausamkeit, der hohe Aufschwung des Sprunges. Doch seine frühere Gestalt war weit weg, so kurz nur ist er jung gewesen; ein zerbrechlicher gehetzter

Despot, der irgendwann einmal die schmale Flamme besessen hatte, hungrig auf alle Winde.

Am Morgen hätte er sie am Fenster sehen können oder wie sie über den leeren Strand lief. Oder aber schläfrig, bis gegen Mittag dösend. Oder wie sie plötzlich in einem Strom von Tränen und Küssen aus einem Alptraum stürzte, in jener viel zu langen Nacht, die sie getrennt hatte. Im Bruchteil einer Sekunde kippte am Ende jedweden Tages, jeder Nacht, das so schwer herstellbare Gleichgewicht. Und er war es müde, damals schon ungeübt, die Veränderungen zu ertragen. Die Überraschungen waren mit der Zeit immer erdrückender, immer unerträglicher geworden. Er hatte nicht widerstanden; seit langem schon ließ er's laufen ... strudelte, wurde nach Ewigkeiten für kurze Augenblicke an die Oberfläche gespült.

Durch den Spalt der feuchten, zusammengekniffenen Lider sah er den grünen Rand des Fensters, die langen, kräftigen Beine der Frau, ihre feingliedrigen, weißen Hände. Nach und nach erkannte er sie wieder. Mithin war er nicht mehr jung, Herr über einen wilden Wahn. In gedämpftem Gleichklang verliefen die Tage. Im Morgengrauen fand er sich wieder, unbeholfen, doch versöhnt mit sich und den anderen, ein Kind, das sich aufgab in der Wärme der großen und erwachsenen Frau, in ihren Armen, die als sanfte Wellen seine Tage beherrschten, die Nächte, die Leere zwischen den Gedanken, die wuchs und wuchs.

Die kalte Kante des Eisenbettes hatte sich ihm tief in die Wade gedrückt. Der Schmerz weckte ihn, doch seine Bewegungen waren fahrig, betäubt. Kraftlos zog er die dünne, verwaschen blaue Baumwollhose an. Ohne sich aus dem Bett zu erheben, hob er mühevoll das eine Bein, das andere, winkelte die Knie an, so daß die Beine wie lose unterm Bauch hingen. Er griff nach dem Unterhemd, hob es seitlich hoch, mühevoll und langsam, zog sich's übern Kopf.

»All dies sagt mir nichts, das weißt du wohl«, murmelte er verschwommen. Die Frau streichelte ihm übers Haar und – er fühlte es, ohne sie anzusehen – lächelte. Sein kindlich verlegenes Murren weckte ihre Zärtlichkeit.

Er hatte den Fuß hochgestreckt, und ein Luftzug kühlte ihm die Fußsohle. Dann ließ er ihn auf den Betonfußboden sinken, stellte ihn auf die eiserne Bettkante. Kühle beruhigte ihn immer. Er suchte die Herbststürme, wünschte sich unters Wasser, die Erlösung, Wasser sollte ihn bedecken.

»Warum streckst du beim Schwimmen immer den Kopf unters Wasser?« hatte sie ihn gefragt. Oder vielleicht etwas anderes. Er zögerte die Antwort hinaus, als hätte er nicht zugehört, als käme er mit dem Kopf nicht durch den Ausschnitt des Unterhemdes. »Weshalb mit dem Kopf«, hatte die Frau verstört oder bloß scherzhaft gefragt. Vielleicht hatte sie nur wissen wollen, weshalb er sich solche Mühe mit dem Unterhemd gab, übern Kopf; diese faule und bequeme Angewohnheit aus der Kindheit, wenn er morgens zur Schule gehetzt wurde.

Hierher hätte man den Jungen schon vor längerer Zeit bringen müssen, neben dieses kalte Kochen der Wasser... Damit er diesen heftigen Aufruhr spürte, der vom Horizont heranwächst, sich in den Tiefen sammelt und über den ganzen Oktoberhimmel rast, oder das flache Land, sommers, goldüberzogen, mit undeutlichen Tintenflekken. Die Schwimmer, die sich weit draußen verlieren, weit entfernt vom Pulsschlag des verrückten Strandes; unter der ausgebleichten Asche der Wellen, hoch aufsteigend, eine Glocke. Winters das Eis dieser verdüsterten Felsen unter dem Schnee.

Von klein auf hätte er allein, frei und von selbst schwimmen gelernt, gelernt, im Augenblick höchster Erfüllung zu sterben, wenn er innegehalten hätte im Kampf mit dem Wasser, oder aufgehört, versöhnt, erloschen, voll die Augen, den Mund, die Nase, erfüllt im Zerfließen. Besiegt von sich selbst, von allen; davongetragen auf den Kissen des Wassers, zur Ruhe hin.

»Es ist kühl, nimm es auf den Rücken«, hatte die Frau geflüstert. Sie traten aus dem Hof, sie bedeckte ihm die Schultern mit der dicken Leinwand der Bluse, stützte ihn, denn er stolperte bei jedem Schritt.

Die rauhen, stachligen Gräser, die Unkrautsträucher zwischen den Löchern, der trockene, staubige Ton, die Mühe dieses Erwachens, die Dünne der Nacht und das gläserne Violett des Morgengrauens verlangsamten den Aufstieg. Der Mann ließ sich von der Zärtlichkeit des Arms, der sich um seinen Hals gelegt hatte, vorantreiben. Er spürte ihre angenehme, frische Haut, die Haut einer schönen, jungen und heiteren Mutter.

Es war kurz vor Mittag, damals, der heiße Höhepunkt des Sommers. Der Bus hatte vor dem Hotel gehalten, der Strand war nicht zu sehen. Der Mann, in voller Jugend noch, kam dann erst, spät und plötzlich, dazu, angesichts der glänzenden Weite seinen Platz in der Welt zu finden. Lange, weil trübe Jahre hatte der Heranwachsende gefiebert: die Leere und die Turbulenz der Hörsäle, das kalte Feuer der Bücher, Versammlungen, stumpfsinnig in Armut verlängerte Pubertät, Blindheit und Träume, bis er endlich der Entladung der Ferne gewahr werden sollte, den Fall seiner inneren Grenzen erlebte, die pulsierende Sonne, die Entfesselung des Horizonts. Als wäre der Himmel umgekippt, flatterten die gelben und roten Sonnenschirme an ihren silbern glänzenden Halterungen. Lange, blaue

Klingen von allen Seiten, der Tumult dieser absoluten Umarmung, so lange erwartet. Vielleicht ist er damals zusammengebrochen, als er seiner Landschaft begegnete, als er verstand, weshalb das Gebirge, die Seen, Hügel, die prunkvolle Abenddämmerung der Steppe, vor der er unter so vielen Exilierten gestanden hatte, ihn nicht überwältigt hatten ... Jedes Jahr und jede Jahreszeit danach bedeuteten ihm ein tiefes Wiederfinden und Niederreißen, Trost in ungebändigtem Aufruhr.

Die Morgen hatten es immer schwerer, ihn wachzukriegen. Wie jetzt, aus der sanften Ohnmacht des Schlafes gerissen, sah er einem feuchten, kalten Waschlappen ähnlich, der hilflos in der Kälte des Morgengrauens flatterte. Selten nur hörte er auf die klare und helle Stimme, die volle Sinnlichkeit der Frau an seiner Seite. Ihre heitere Lebensfreude, ihre diskrete Zärtlichkeit und die sportlich kumpelhafte Art, in der sie ihn beschützte, verdienten mehr als diese halbherzige Duldung.

»Der Sonnenaufgang über dem Meer, all dies sagt mir nichts als ...«, wollte er wiederholen. Mit dem linken Ellbogen hatte er ihre runde feste Brust berührt, sein Ellbogen drückte sie, er wankte schläfrig, übernächtigt » ... sagt mir nichts mehr als ...«, wollte er stammeln, selbst wenn ich beizeiten hierher gekommen wäre, als Kind noch, eben zurückgekehrt aus jener anderen Welt. Oder in meiner viel zu langen Jugendzeit, wenn die Mauern in mir beizeiten gefallen wären, rechtzeitig, als es noch nicht zu spät war und es mir all die Umwege und Verzögerungen erspart hätte, wenn die Jahre schneller gekommen wären und länger gedauert hätten, die Jahreszeiten, als ich jung hierher zurückkam, jenen katzenhaft rebellischen Geist beherrschte ... Kälte und Feuchtigkeit durchdrangen ihn. Gerne hätte er, wenn dies möglich gewesen wäre, sich in

Worte gefaßt. In eines, um sich so, darin eingeschlossen, der Frau hinzugeben.

Zu mir hat die Natur nicht gesprochen, ich habe sie nicht gesehen. Manchmal, selten, fühlte ich sie mit der Haut, den Nasenflügeln. Und jetzt, sieh, jetzt finde ich meinen Platz nicht mehr, so spät erst entdeckt, weist er mich zurück. Seit etwa zwei Herbsten hat er mich verlassen ... Er wünschte, es der Frau erklären zu können, sie verdiente es, zu erfahren, wie er die Verbindung verloren hatte mit dem, was ihm sein Innenraum schien, wie sehr ihn dieser Bruch erschreckte. Wie ein zerbrechliches Kind empfing er in Augenblicken der Gefahr dunkle Zeichen, vor denen man ihn schützen mußte. »Allein an ihrer guten, großen Brust könnte ich noch Schutz finden, alles andere kann mich nicht mehr ...«, doch er zitterte, steif vor Kälte und Müdigkeit.

Arme, Kopf und Schultern hingen ihm schwer herab. Die Füße drückten sich in den feuchten Ton, hoben verspätet sich zum nächsten Schritt. Die Augenlider bebten leicht, dünne Spalte im sich auflösenden blauen Nebel. Trotzdem, der Morgen nahm ihn auf, das spürte er ... Der Schock dieses gewaltsamen Erwachens aus dem besten Schlaf, die lang anhaltende Mühe dieses Aufstiegs hatte ihn über alle Maßen ermüdet. Schließlich wollte er ihr seine Erschöpfung gestehen, die Sorge. Die Frau schob ihn sanft an, stützte ihn, daß er nicht falle.

Sie erreichten die Kuppe des Hügels, stiegen jetzt den steilen Hang zur Küste hinab, glitten auf dem feuchten Gras aus. Sie hielten sich an den Händen und stützten sich mit der freien Hand am Boden ab. Nach dem langen Weg über die Hügel, die vom Bauernhaus bis an den Rand der Steilküste anstiegen, suchten sie nun eine Zufluchtstätte. Der Wind blies heftig.

Der Eifer dieser Urlaubergruppe, die sicherlich irgendwo in der Nähe wie zum Gebet versammelt war, um bloß den Sonnenaufgang nicht zu versäumen, und die hurtige Heiterkeit, mit der die Frau jedwedes Vorhaben in Angriff nahm, lösten Zorn in ihm aus. Ihre Unternehmungen wahrten eine zärtliche Komplizenschaft mit ihm, das mußte er anerkennen. Als verfolgte sie so etwas wie einen heimlichen Genesungsplan. Methodisch, geduldig, ohne seine Unbeweglichkeiten und Widerstände zu überrumpeln, öffnete sie ihn sachte für je eine kleine, nicht angestrebte Freude, für die er selbst keine Mühe akzeptiert hätte, die er aber letztlich doch verwundert und entwaffnet annahm.

Sieh, bis an den Punkt hatte sie ihn gebracht, wissend von dem Haß, der gegen sie und alle anderen wegen dieser stumpfsinnigen Nichtigkeiten in ihm anwuchs. Doch sie achtete darauf, einen anderen Platz zu finden als den, wo die anderen sich treffen sollten, bewahrte ihn vor ihrer Anwesenheit ... Auch vor der Kälte; sie mühte sich, ihn zu einem jener tiefen Hohlwege zu führen, die tief wie Bombentrichter in die steile Böschung eingegraben waren. Es schien, als würde sie die Orte genau kennen. Den ganzen Weg über hatte sie ihn aufmerksam beobachtet: erstarrt, erbarmungswürdig, zornig. Alles sollte sich in jenem Unterschlupf, aus dem heraus sie die Sonne betrachten wollten, wie sie dem Meer entsteigend sich ihnen nähern würde, beruhigen, davon war sie überzeugt.

»Setz dich auch«, insistierte die Frau und spürte, wie die Feindseligkeit der Müdigkeit wich. Sie erwartete, daß der Mann bald melancholisch auf jeden Widerstand verzichten würde. Vorläufig betrachtete er noch angewidert die feuchten Sträucher, die muschelförmige Sesseleinbuchtung in der lehmigen Wand. Er hatte zu nichts Lust, sie kannte seine Phasen der langsamen Hinnahme, wenn in letzter, übersteigerter Heftigkeit seine Gegenwehr noch einmal ausbrechen konnte. Sein Schweigen, seine lange Teilnahmslosigkeit hätten sie beunruhigen können, hätte sie sich nicht auch Überraschungen mit der gleichen, immer angemessenen und doch entschiedenen Haltung angepaßt.

Ein durchsichtiger Grünschimmer war aufgetaucht, flockige Wolken, die sich auflösten und die weite Brust der Ferne freigaben, die in Wellen atmete. Auf den Klippen wiegten sich wie zahme Entengruppen weiße Möwentrauben im Schlaf. Weiße Nester, die sich im sanften Rhythmus der Bewegung hoben und senkten.

»Sieh mal dort, weiter hinten, links. Noch weiter links, hinter dem schwarzen Streifen, dort«, sagte die Frau. Ihre Stimme schien noch klarer geworden zu sein, frisch und tief.

Tatsächlich, weit draußen im offenen Meer waren von Zeit zu Zeit zwei symmetrische Wirbelstürme zu sehen, die mit ungeheurer Kraft das Wasser peitschten. Das aufgewühlte Wasser spritzte gewaltig, schlug lange Wellen.

»Andrei und Ema sind das. Sie schwimmen Delphin.« Sie waren es, ohne Zweifel, das dünne, sehnige Zwillingspaar, die Kinder des Schwagers, des Malers. Meist schienen sie zu heiter, heiter aus Schüchternheit. Schuldig; in Gesellschaft linkisch. Immer bemüht, sich schnell zurückzuziehen, plötzlich verstummend, entfernten sie sich unnatürlich, steif. Genauso plötzlich konnten sie bedächtig und ernst sein. Oft hatte er sie mit größter Aufmerksamkeit beobachtet. Und siehe, es bewahrheitete sich; Bruder und Schwester waren unzertrennlich; schon im Morgengrauen, wie man sich erzählte, schon davor. Sie waren gemeinsam losgezogen, Seite an Seite ins schwarze, noch unberührte Wasser der Nacht gesprungen, hatten so die Tore eines neuen Tages aufgestoßen. Selbst an solch einem Tag, da die ganze Gruppe, früh aufgestanden, am Strand auftauchen würde, um den Sonnenaufgang zu bewundern, und sie entdeckt und einbezogen werden müßten in die lächerliche kollektive Besichtigung. Mit Sicherheit waren sie auch heute viel früher als alle anderen aufgewacht, waren nun weit draußen im offenen Meer; merkwürdige Herrscher über die ganze öde Weite, wo keiner sie mehr erreichen oder gar stören konnte.

Ein glücklicher, verdammter Rausch, so frei und doch gebunden ... nie hab' ich es verstanden, das Wasser zu beherrschen. Auch schwimmen kann ich kaum, lediglich kurze Strecken, so lange ich noch den Grund spüre. Eine Art Betrug; eher das Vergnügen, mich auflösen zu lassen, auslaugen und ausfasern. Wasser über mir, über allem; allein das wünschte ich, den Kopf in der Tiefe, darunter, zugedeckt, um nichts mehr zu wissen. Ein wollüstiges und feiges Ertrinken, weil ich den Mut nicht hatte, so abzutreten, wie ich es gewünscht hätte. Mich ertränken lassen, hinweggetragen, verstreut, ein zähes Gleiten, eine Auflösung ... und der Mann verschränkte beide Hände unter den Waden.

An den Ellbogen und Schultern spürte er eine klebrige, warme Feuchtigkeit. Zerquetschtes Unkraut vielleicht, oder doch etwas anderes, Blut möglicherweise. Er hob die Ellbogen, betrachtete sie, danach die Handflächen. Sah auch unter dem anderen Fuß nach. Das gleiche; das Leinen war feucht und klebrig. Eine träge Flüssigkeit füllte seine Handflächen. Ekel ließ ihn erzittern; angespannt beobachtete die Frau jede Veränderung.

Er spürte, daß seine Hose bis zum Gesäß hinauf feucht geworden war. Doch es war nicht die kühle Feuchtigkeit des Bodens. Eine lauwarme, dichte und klebrige Flüssigkeit. Er zögerte es hinaus, wollte seine Handflächen nicht sehen.

Sie schrie auf; die Frau hatte kurz aufgeschrien, war erschrocken, als sie seine roten Hände sah. Dann betrachtete auch er verwundert seine blutverschmierten Finger, die Handflächen. Es konnte kein Glassplitter gewesen sein, auch kein Blechstückchen, auf das er sich vielleicht gesetzt hatte. Er hätte den Schnitt gespürt, das Blut. Die Stelle, an der er sich niedergelassen hatte, war angenehm weich. Etwas feucht zwar, das stimmte schon. Erschrocken betrachtete er noch einmal seine Hände. Er hatte große und trübe Augen, seine Lippen zitterten vor Schreck und Ekel.

Bestimmt hatte der Adler den Vogel lange in den Strahlen des Mondscheins verfolgt, durch die ruhige Ödnis der Nacht, die uns alle verschluckt hatte in ihrem immer tiefer werdenden Himmel. Ein Meer, in dem wir frei von Qual dahintrieben; mit dem Traum von diesem vereinsamten Vogel aber, der seine hastige Flucht im teilnahmslosen Glanz des Wassergrabs spiegelte. Höher und höher stieg er, um in der dünner werdenden Luft des Himmels zu erfrieren und zu sterben, noch bevor sein Schicksal ihn ereilte, damit diese gierige und wütende Vereinigung ihm erspart blieb. Vermutlich hatte er versucht, dieser letzten Hingabe zu entfliehen, der vollkommensten, die ihm abverlangt wurde. Immer näher war der wilde Flügelschlag gekommen, und es schien, als bedeckte er ihn, als beschütze er ihn einen Augenblick lang vor der Kälte der Höhen, seiner Wärme wegen, die erlegt werden sollte. Er kreiste, wurde immer schwächer, war verloren, kreiste, verlängerte die Freude des letzten Flugs. Sanft strömte die Luft hin, ohne Widerstand. Er wartete versöhnt auf den Angriff, bereit, den hungrigen Schlund mit

Blut und Wärme zu füllen. Angegriffen hat er, als seine Kräfte nicht mehr reichten ... Wir fuhren beide erschreckt auf, ich erinnere mich, schlugen in der Nacht gleichzeitig mit den Armen an den Rand des Eisenbettes. Unruhig stöhnten wir im Schlaf; eben stürzte über uns der Adler sich mit seiner blutenden Beute in den Schacht dieses verdammten Traumes, wo er sein Opfer zerreißen wollte, das, so vermute ich, ihn angewidert hatte; zu lebendig noch, hilflos, viel zu gering für das, was es von weitem zu sein schien; ein glühender Pfeil, Blut, ekelerregend pulsierend. Der Rest eines aufgegebenen Vogels, der unter meinem schweren, warmen Körper zerquetscht worden war, nachdem ich mich in Erwartung des Sonnenaufgangs im Morgengrauen hierher geschleppt hatte. Auf unser lebhaftes Schmeicheln hin hattest du gehofft, daß wir gemeinsam ..., wenn wir es wieder sein würden, wenn wir es überhaupt je waren.

Er hatte seine Stimme verloren, war aufgestanden, weiß, niedergedrückt vom Terror und der trüben Mühsal des Morgens, der ihn nicht mehr annahm. Die blutbeschmierten Hände hatte er hochgestreckt wie ein Gefangener, der sich ergibt. Ratlos folgte sie ihm, betrachtete abwechselnd sein schmales und scheinbar blau verfärbtes Gesicht und die blutbefleckte Hose.

Einen Schritt, einen Schritt weit rutschte er auf der abschüssigen Böschung. Er hätte weiter gehen sollen, zum Meer hin. Eintauchen hätte er sollen, sich waschen, die Spuren dieser Verletzung ausheilen. Es war ihm, als spürte er die Nähe des Vogels noch; in seinem Inneren. Sich dem Wasser anvertrauen, eher dem Wasser als der Frau, der er sich seit langem endgültig anvertraut wußte.

Er hatte noch einen Schritt gemacht, die Hände wieder umgedreht, sie betrachtet. Durch die gespreizten Finger blickte er hinaus aufs Meer, zu den rastenden Möwenscharen auf den Wellen hin. Sie waren zu roten Flecken geworden, wie der Glanz des Meeres, das ruhig und weit ihm zuvorgekommen war.

Die Sonne war unmittelbar über den Zwillingen aufgegangen, die mit größter Beharrlichkeit die Weite aufwühlten. Es schien, als wäre auch der Ufersand rot geworden. Die Sonne hatte den Horizont bedeckt, das Meer erwachte rauschend. Von allen Seiten, wie er es sich gewünscht hatte, eine Läuterung. In den Sonnenstrahl treten, unter das dichte flüssige Dach, durch die flüssige Ödnis, die dich verschluckt und dich weiterzieht in einen Himmel, der immer tiefer wird. Eine letzte, immer schwächer werdende und doch vollständige Hingabe. Immer schwerer fällt die Flüssigkeit, sanft, ein zartes Erlöschen ohne Gegenwehr. Wenn nicht gar Glück, rechtzeitig angekommen zu sein, lebend noch, am hungrig raubenden Rachen, bereit, das letzte warme Beben zu beenden, die Umarmung des Todes mit allen Sinnen zu genießen.

Die Zwillinge waren schon lange im viel zu starken Licht verschwunden. Er hatte sie vergessen. Am Ufer erreichte ihn die Frau. Ihre warme Schulter berührte ihn, in den Haaren und im Nacken spürte er ihre kühl dahinfließenden Finger.

»Ein Stachelbeerstrauch. Es waren rote Stachelbeeren. Und du hast dich genau da hingesetzt. Beruhige dich. Bloß einige Stachelbeeren sind zerplatzt«, flüsterte die Schwester, während sie beunruhigt hinter ihm her lief. Eine tiefe, verstörte Stimme, ein frischer hungriger Mund.

ROBOTERBIOGRAPHIE

Lange schon ist es so, daß wir selbst uns nur noch im Verhältnis zu anderen begreifen. Allein daraus, heißt es, ergäben sich die relevanten Vergleiche. Auch sei es uns unmöglich, über die Zukunft nachzudenken, bevor wir erfahren hätten, wer wir sind, was wir können, bevor wir also die Ursprünge der zahlreichen Daten kennen, die man zum Extrapolieren als Voraussetzung braucht.

Mag sein, daß er vorrangig an ein Epochenporträt gedacht hatte, der energische Initiator; ohne zu ahnen, daß in die Komposition, die er entwarf, unsere eigenen Bedingtheiten eingeschrieben sein würden. Das wenige an Individualisation, das gerade noch möglich sein mag, käme gleichfalls nur über Verhältnisrechnungen, durch Aufschlüsselung zustande; selbst die drastischste Absonderung bliebe letzten Endes Ausdruck der Abhängigkeit vom ursprünglichen Bündel der Determinationen. Wer die Geduld aufbrächte, die ausführliche Personalakte, die er am nächsten Tag bei der zuständigen Dienststelle abzugeben haben würde, unter solchem Gesichtspunkt zu lesen, müßte sich mühelos als unfreiwilliger Teil jener Summe oder Synthese erkennen, müßte einsehen, daß sein eigenes Leben, wie singulär es ihm auch erschiene – fließendes Geheimnis, immer noch überraschend für ihn selbst –, dennoch aufgehoben ist im kollektiven Geschick, und sei's als extravagantes Detail.

So dürfte es denn nicht ganz unverständlich sein, daß der neue Direktor des Instituts für Futurologie, um Erweiterung der Untersuchungsmethoden bemüht, weniger auf neue Instrumente setzte, als vielmehr die Mitarbeiterschaft zu diversifizieren suchte.

Zur ersten Tagung im Rahmen der stets lebhaften Donnerstagskolloquien würden demnach nicht nur, wie sonst üblich, Mathematiker, Physiker, Ärzte, Juristen eingeladen, sondern auch eigenartige Vertreter bisher nicht vorgesehener Disziplinen.

An einem Donnerstagnachmittag, ungefähr 18 Uhr, bei ruhigem Junilicht: in der strahlendweißen Aula in der Orlandostraße säßen als geladene Gäste eine Stenotypistin, ein Taxifahrer, der Leiter eines Lokals, eine Kindergärtnerin, ein Romanschriftsteller, eine Kaderleiterin, ein Sportlehrer, ein Zöllner, ein Sparkassenbeamter.

Den Teilnehmern würde mitgeteilt werden, daß auf der Tagesordnung nichts weiter stehe als eben die Vorstellung der Gäste.

Ohne sich vom Stuhl zu erheben und ohne die gewohnten Eingangsformeln »Ich bitte um Ruhe« oder »Genossinnen und Genossen«, würde der Direktor mit demjenigen beginnen, den er, sagen wir, zufällig in der dritten Reihe unter dem Fenster beobachtet hätte. Ein junger Mann wie viele andere, Taxifahrer, voller Gelassenheit, ruhig lächelnd im ruhigen Licht, das den Saal erfüllte ...

I.1. Vor ein paar Jahren war in der Sparkassenzweigstelle ein kleiner, dürrer, die Worte überstürzt hervorstoßender Herr aufgetaucht. Die Mädchen hinter den Schaltern hatten sich im folgenden allmählich daran gewöhnt, daß sich jeweils im September oder Oktober, nach der Urlaubszeit, wenn das Leben in seine normalen Bahnen zurückkehrte, auch der Genosse Inspektor Scarlat mit seinen furchterregenden Brillengläsern einfand. Der Schreibtisch, an dem er sich niederließ, stand mitten unter den ihrigen, genau im Schnittpunkt der üblichen Tisch-zu-Tisch-Gespräche.

Herr Scarlat hatte sich, gar keine Frage, stets um seine eigenen Sachen gekümmert, gleichwohl war es nicht gerade angenehm, ein fremdes Ohr in der Nähe zu haben, und darüber hinaus ein Paar dicker, schwarzer Linsen, von denen man nie wußte, wann man in ihren finsteren Blickpunkt geriet.

Ein gewöhnlicher Inspektor, routinemäßig von der Zentrale ausgeschickt, um gegen Ende des Jahres noch mal in die Buchführung reinzuschauen. Nichts von der Vertraulichkeit eines abgebrühten, Ziffern und Menschen in- und auswendig kennenden Kollegen, auch nichts von der Hochnäsigkeit des kleinen Beamten, der heute kontrollieren darf, was er oder seinesgleichen bis gestern noch selbst zu tun gehabt hatten.

Onkelchen Victor, wie er von den Mädchen getauft worden war, tat in seiner spröden, zurückhaltenden Art seine Pflicht. Er vertiefte sich in die Papiere. Befragte die Beamtinnen, hörte ihnen, wie es schien, mit einiger Geringschätzung zu. Vielleicht verachtete er sie tatsächlich, mit der Zeit jedenfalls machte es den Mädchen nichts mehr aus, sie merkten es gar nicht mehr. Der Nachbar, mit dem sie gewohntermaßen die letzte Zeit des Jahres hinter sich brachten, steckte seine Nase nicht in ihren Quark. Im Durchschnitt einmal die Woche bekam jede eine Tafel Schokolade von ihm. Als Viorica in Schwierigkeiten geraten war, hat er ungefragt eingegriffen und ihr das Geld vorgestreckt, das ihr fehlte. Geta hat er einen sehr guten Lungenspezialisten empfohlen, auf seine Intervention hin konnte Ina ihr Töchterlein im Heim unterbringen. Puiu, seinem Liebling, hat er sich anscheinend nicht getraut einen Dienst zu erweisen – es genügte ihm, sie zwischen den Stühlen umhertänzeln zu sehen und, vor allem, sie zu hören, wenn sie mit ihrer tiefen, erstaunlichen Stimme telefonierte. Dann hob Herr Scarlat jedesmal unausbleiblich den Kopf aus dem Register. Und versenkte ihn gleich wieder beschämt darin. Offensichtlich lauschte er angespannt, um kein Wort zu verpassen, oder, wahrscheinlicher noch, er war von der heißen Stimme der jungen Grazie rettungslos hingerissen. Es kam vor, daß er sich mit dem Kugelschreiber ins dichte Haar fuhr und während des ganzen Gesprächs selbstvergessen die kräftigen weißen Strähnen aufwickelte. Am Ende saß er fast immer völlig zerzaust, mit zu Berge stehendem Haar da. Es dauerte eine Weile, bis er wieder zu sich kam. Dann griff er nervös zum Kamm.

An einem Donnerstagnachmittag würde der Direktor des Instituts für Futurologie in der Aula Orlandostraße unvermittelt mit der Vorstellung des ersten Gastes beginnen:

»Genosse Voinea ist Taxifahrer. Jung, wie Sie sehen, erst 21. Ein hervorragender Fahrer, hört man. Ich habe mich selbst davon überzeugen können, bevor ich ihn bat, uns zu helfen. Auf dem Gymnasium hat er eine gewisse Neigung zur Mathematik. Hat sich dann aber fürs Ballett entschieden. So folgte denn das Studium der Choreographie, die Vorbereitung auf eine Ballettänzerkarriere. Ich hoffe, ich begehe keine Indiskretion und übertreibe auch nicht, lieber Christian ...«

Christian Voinea würde eine Aufstehbewegung andeuten. Blond, weiße Dichterstirn, kräftiger Turnerbrustkorb. Das Hemd kariert, aus feinem, durchsichtigem Leinen. Der künftige Mitarbeiter würde die werbende Zusammenfassung ungerührt anhören, als ginge es um einen anderen.

»Ein stupider Unfall, und somit ... – Aufgabe des Balletts. Nochmals in die Mathematik einzusteigen, dafür glaubt Christian bereits zu alt zu sein. 'Wie für das Klavierspielen muß man sich auch für die Mathematik früh entscheiden und täglich

schuften von kleinauf', pflegt er zu sagen. Dennoch werden Sie in ihm sowohl einen Klavierspieler als auch einen Mathematiker entdecken. Um nur einige der Überraschungen zu verraten, die der Genosse Taxifahrer von der Taxi-Zentrale Piaţa Rosetti mitbringt.«

Die schweigende Zuhörerschaft würde sodann erfahren, daß die fünfzigjährige junge Dame keine x-beliebige Stenotypistin sei, obwohl sie Tag für Tag dieser Beschäftigung nachgehe, sondern die Tochter unseres ehemaligen Botschafters in England aus der Zwischenkriegszeit; als anerkannte Expertin in Sachen Kunsthandwerk sei sie mehrfach bei wichtigen Kontroversen über alte orientalische Schmuckgegenstände herangezogen worden. Der Sportlehrer, einst ein berühmter Reiter und Stabsoffizier, besitze überragende Kenntnisse und eine Menge Diplome als Heraldiker. Der gutmütige Herr mit dem weißen Haar und dem beeindruckenden Truthahnkropf, zur Zeit Chef eines Restaurants, verfüge über eine einzigartige Erfahrung in Finanz- und Börsengeschäften, sei darüber hinaus auch noch ausgezeichnet mit unzähligen Preisen für die Rebsorten, die er vorzeiten auf seinem bescheidenen und vorbildlichen Weingut gezüchtet habe.

Die fesselnden Gestalten würden den Eindruck auf die Zuhörer nicht verfehlen, gehörten solch spektakuläre Erscheinungen doch wahrlich nicht zu deren Alltagsbeschäftigung. Überraschungen in Folge, bunt vermischt, zuweilen geradezu grell. So würde denn auch irgendwann, darf man annehmen, jener zwiespältige Augenblick eintreten, halb Skepsis, halb Apathie, da sich die Aufmerksamkeit der Teilnehmer unbewußt und doch immer bestimmter jenem Unbekannten zuwendete, über den der Sprecher anscheinend kein Wort zu verlieren gedachte.

In der Tat legte der elegante Manager bis zum Abschluß dieser ersten Begegnung die Visitenkarte des Jünglings nicht auf den Tisch. Der säße, weiß Gott wie in diese erlauchte Gesellschaft geraten, gewissermaßen verträumt in der ersten Stuhlreihe und beachtete das Geschehen nur gelegentlich, ab und an den kurzsichtigen Blick von der Illustrierten auf seinen Knien losreißend.

Der etwa 16- bis 17jährige Junge paßte nicht recht in den Rahmen dieser seriösen Projekte, Umfragen, Studien und Forschungen über die Zukunft. Allein der verlegene Eindruck, den er machte, müßte die Neugier wecken, würde als Eingeständnis genommen werden, daß er sich unter so vielen ernsten und hyperspekulativen Lehrmeistern nicht eben zu Hause fühlte. Ein rundlicher Knabe mit schütterem, von vereinzelten grauen Fäden durchzogenem Haar. Kleine Brillengläser, Metallgestell. Verhältnismäßig untersetzt, verhältnismäßig schüchtern – insgesamt schlichtweg verhältnismäßig, um es kurz zu machen.

Man würde ihn wohl schließlich akzeptiert und vergessen haben, wären da nicht seine präzisen, genau im richtigen Augenblick fallenden Bemerkungen gewesen, die er ungefragt von sich gab. Dies aber sollte erst während der zweiten Sitzung geschehen, in der man sich mit den Präliminarien zum Thema, das dem Genossen Direktor am Herzen lag, zu befassen suchte.

Also wird erst der verregnete Donnerstag eine Woche darauf die kontrovers Disputierenden bis gegen Mitternacht versammelt halten. Im Zusammenhang mit der Identität des Jünglings werden allerlei Gerüchte kursieren. Genialer Jungmathematiker, begnadeter, wenngleich noch unbekannter Dichter, vom Genossen Direktor höchstpersönlich entdeckt! Derlei wäre mit dem Aussehen und dem Alter des Fremdlings noch durchaus in Einklang zu bringen. Aber zu behaupten, er sei ein in Amerika studierter Ingenieur – oder ein von den Nazis deportierter ehemaliger KZ-Häftling! Oder auch, wie man ebenfalls hören wird, der Geliebte von Madame, der Sängerin, der Gemahlin des Genossen Direktor; oder: er nähme in der politischen Hierarchie einen hohen Rang ein! Solche Hypothesen werden, allein schon in Anbetracht seines Alters, als purer Unsinn erscheinen, und zugleich die Wißbegier noch mehr anstacheln, klar. Dabei gäben seine Eingriffe in die Diskussion, für sich genommen, keinerlei Anlaß zu alledem: Sie wären am ehesten als das zu bezeichnen, was man den Punkt aufs I setzen nennt; gleichsam grundlegende Zitate aus den cartesianischen Klassikern, von der unsicheren und etwas femininen Stimme des Knaben gerade rechtzeitig in Erinnerung gebracht, sobald man sich in komplizierten Nuancierungen und Vorbehalten zu verlieren drohte.

Wie dem auch sei, man würde zugeben müssen, daß der junge Mann die Polemik auf angenehme Weise belebte. Wenn Ideen auftauchten in Formeln wie: »die Zukunft ist in der Gegenwart enthalten«, oder: »nur im Geschriebenen bleibt die Zeit aufbewahrt«, oder: »vor den Daten des Milieus – zuerst die Daten der kollektiven Person, über die und für die ...«, oder: »die banale Sequenz eines Tages birgt die ganze Biographie der Epoche in sich, samt Veränderungspotential«, oder: »die Biographie der Kaderakten«, so schienen sie ausgerechnet aus der Ecke des reizenden Jünglings zu kommen. Wenngleich mindestens einige darunter von anderen Rednern stammten. Auch dafür war aber offenbar sein erfrischender Impuls verantwortlich, sonst würde man sie ihm letzten Endes nicht zugeschrieben haben.

Eine Zusammenarbeit auf längere Sicht wird sicherlich das Befremden und viele der wechselhaften Eindrücke, die der junge Mann hervorrief, zerstreuen. Wohl auch einiges von der bewundernden Erregung des Anfangs. Doch ihn auszulassen oder zu vergessen, wenn die Namen derer genannt werden, die mitgeholfen haben, die Ereignisschichten für künftige Leser festzuhalten, wird schlicht und einfach unmöglich sein.

I.2. Herr Scarlat war abermals aufgestanden und steuerte auf Getas Telefon zu. Carmen machte Puiu darauf aufmerksam, ermahnte sie aber zugleich, den Kaffee im Ibrik nicht zu vergessen. Die feingliedrige Brünette blickte kurz zum schwarzen Rand des Topfes, das Zeichen verlegen zur Kenntnis nehmend. Ach, die liebe Frau Carmen, vorsichtig »Weg mit Schaden« genannt! Puiu blieb für ein paar Sekunden mit der komplizenhaften Aufforderung beschäftigt – sie zurückzuweisen oder zu ignorieren hätte sie nicht gewagt. Einverständnis bezeugend, ob sie wollte oder nicht, verfolgte sie also Herrn Scarlat, als er an den Schreibtisch der rothaarigen Geta herantrat und sich, wie schon mehrere Male in der letzten halben Stunde, über das Telefon beugte. Katastrophe! – der Kaffee war übergekocht. Die Geisha, wie Puiu bei ihren Freundinnen hieß, errötete, geriet aus der Fassung, zog den Ibrik nicht sofort von der Platte, und der Kaffee ergoß sich vollends über den Kocher, schwärzte ihn zischend und prasselnd ein. Carmen, in der Rolle der vom Ungeschick jüngerer Semester entnervten Patronin, winkte ärgerlich ab, drehte sich ganz einfach um. Ein Glück, daß Viorica, hilfsbereit wie immer, mit einem umstandsgerecht aus dem Schubfach gefischten Lappen herbeieilte, den Stuhl abzuwischen. Man schaltete endlich auch den Kocher ab, ließ ihn abkühlen ...

Der Trubel, den der Zwischenfall ausgelöst hatte, störte in keiner Weise die Initiative des Herrn Scarlat. Er hatte unterdessen die gleichen zwei Ziffern gewählt und mit dem gleichen ruhigen Ernst wiederholt, was er schon dreimal gefragt hatte: »Hallo, hier Scarlat. Ist er gekommen?« Die Antwort war offensichtlich die gleiche wie zuvor. Onkelchen Victor knallte auch jetzt wieder wortlos den Hörer hin. Ohne nach rechts oder nach links zu blikken, kehrte er festen Schrittes zu seinem Schreibtisch zurück. Seine Nachbarin, Ina, putzte sich lächelnd die Brille.

Der Genosse Scarlat pflegte das Telefon kaum zu benützen. Die Kolleginnen wunderten sich nicht ohne

Grund über die Beharrlichkeit, mit der er seit einigen Tagen immer dieselbe Frage in den Hörer sprach, anscheinend immer zur falschen Zeit. Die kleine Szene hatte sich am Vortag und vor zwei Tagen in haargenau derselben Weise abgespielt.

Als Ina die Brille mit dem großen roten Gestell zurück auf ihre feine weiße Nase setzte, sah sie Geta ihr zuzwinkern und konspirativ drei Finger hochhalten. Ja, Onkelchen Victor hatte zum drittenmal angerufen, es war heute genauso wie gestern früh und wie vorgestern. Drei Anrufe kurz nacheinander in den ersten Morgenstunden ... Danach nichts mehr, Schluß, kein weiterer Versuch mehr im Laufe des Tages. Herr Scarlat war in der Tat auch diesmal wieder ganz ins Studium der langen Zahlenkolonnen vertieft. Als wäre nicht er, sondern ein anderer vor nur wenigen Augenblicken dermaßen gereizt und ungeduldig gewesen. Das hieß, die Dinge wickelten sich nach dem bekannten Schema ab: Er würde das Telefon den ganzen Tag nicht mehr benützen. Onkelchen Victor hatte das Telefon niemals gebraucht, um die Nummer irgendeines Freundes zu wählen, oder, wie es so viele andere taten, die irgendeiner Institution, wo es etwas zu erledigen gab, oder seine eigene zu Hause, um seine Frau, seine Schwiegermutter, seine Tochter oder wen auch immer zu fragen, was es Neues gab, was er auf dem Heimweg einkaufen sollte, wie es mit der Instandsetzung des Fahrstuhls voranging, nun, irgend etwas von dem täglichen Kleinkram eines ehrlichen und vielseitig geplagten Bürgers. Doch nein, Genosse Scarlat rief nie jemanden an und, die Höhe!, er wurde auch niemals ans Telefon gerufen ...

Die Episode mit den drei morgendlichen Anrufen hatte zu Recht Beunruhigung ausgelöst: Messjöh wählte stets nur zwei Nummern, Hausanschluß! Er sprach also mit jemandem aus einem benachbarten Zimmer, mit einem unserer Kollegen sozusagen, einem Genossen von einer anderen Abteilung dieser Institution. Und hier kennen wir, weiß Gott, jeden, während Genosse Scarlat niemanden kennt und auch keinerlei Lust gezeigt hat, jemanden kennenzulernen, außer den armen kleinen Kolleginnen, den drolligen, schwatzhaften, parfümierten Frauenzimmern, unter die es ihn, was soll's, auch diesmal für die Jahreszeit der Bilanzen und Konserven verschlagen hatte.

I.3. Der träge Bukarester Herbsttag plätscherte gemächlich an die großen Fenster der Zweigstelle 46 ... »Gib mir auch eine Kent«, murmelte Ina verschlafen. Und beugte sich, die Brillengläser vor der schlagartig die Tischplatte überfallenden Sonne schützend, über die Tasse, um den letzten Rest Kaffee auszuschlürfen. Ihr delikater Zeigefinger mit dem rot lackierten Nagel fuhr einmal rund um den Tassenrand. Eine zärtliche Marotte, sollte man meinen ... Die gertenschlanke Ina pflegte manchmal diese Art Tändelei, als wollte sie sich dadurch die Last des Tages versüßen oder sich weiß Gott welchen Mißgeschicks erwehren, das sie kommen sah, bevor es sich wirklich zeigte. Sie beugte sich zur gelben Tasse nieder und lächelte. Das Zitronengelb der Tasse erheiterte sie. Sie fuhr mit dem Zeigefinger von rechts nach links über den Rand der hohen Tasse, in der noch ein Rest Kaffee war. Lässig beugte sie sich darüber. Schlürfte die kräftigende Flüssigkeit. Der duftende Nackenflaum, die zarte Biegung des Halses – ein zauberhaftes Bild, von wahrhaft chinesischem Raffinement ... Herr Scarlat, der sozusagen in Schußlinie saß, senkte seine dicken Linsen auf die Rechnungen.

»Keine mehr da«, kam mit Verspätung die Antwort von Viorica. »Seit heute früh hat sich immerzu jeder bedient ...«

»Ich hab' welche«, lispelte von nebenan die pummelige Geta. »Hab' ssie vor einer Stunde als Bakshish gekriegt, von dem Typen mit der Achthunderter-Obligation. Hab'ss gar nicht erwartet. Wie ich Namen und Personalaussweiss eintrage, sschwupp, sschiebt er mir dass Päckchen hin ... Großess, goldeness Lächeln! Biss zur Kasse, von dort dann zur Tür. Das nenn' ich Überrasschung ... Wegen ein paar lumpiger Obligationen! Hätt' ich nie gedacht!«

Pummelinchen grinste, daß die vergoldeten Lücken ihres leidenden Gebisses sichtbar wurden, hielt ihrer Kollegin zwischen zwei Fingern eine Kent-Zigarette hin. Blickte dabei aber weg, in eine andere Richtung: »Könntesst du dass Geplärr nicht mal absstellen, ich weiß nicht, wass dir daran gefällt.« Das Transistorgerät verstummte, ohne daß Madame Carmen ihre unverschämte Kollegin einer Antwort gewürdigt hätte.

Ina strich sich über den blonden Haarknoten. Setzte sich aufrecht im Stuhl zurecht. Dann zündete sie die Zigarette an und schob mit dem Zeigefinger das dicke rote Gestell ihrer Brille auf der weißen orientalischen Nase nach oben. Sie blickte ins Leere, schien abwesend zu sein. Doch sie konnte sich das Gewisper, das zwischen allen Stühlen hin und her schwirrte, nicht vom Leib halten. Zu ihrem Leidwesen identifizierte sie prompt jedes einzelne. Eine Art unbezähmbarer Reflex. Ja, unbezähmbar, automatisch hoch gehende Klappe bei jedem Impuls – und nun denk mal an was anderes, wenn du kannst.

»Er hat gesagt, er hält's nicht mehr aus. Will von diesen Geschichten nichts mehr hören, sonst haut er ab von zu Hause. Ich soll machen, was ich kann, wenn's erledigt ist, kommt er wieder ... Unfruchtbare Tage, Quatsch! Kannst dich nicht drauf verlassen ... Seit der Sache mit den beiden hab' ich verdammt genau gezählt. Ich hab' irrsinnig gezittert, daß es nicht doch schiefgeht ... Auch der Froschtest ist nicht immer sicher. Das hat mich ja so durcheinandergebracht, das mehr als alles andere. Die Analysen waren negativ! Stell dir das vor! Ich dachte, mich reitet sonstwer! Und jetzt warte ich eben. Meine Schwiegermutter sagt, sie kennt jemanden ...« Aha, die seraphische Puiu, ihre tiefe, erregende Stimme. Wo so ein Klappergestell nur diese Stimme herhat ... Solange sie schweigt, hat keiner ein Auge für sie. Doch sie braucht nur drei Worte zu sagen, gleich stieren sie alle wie vom Schlag gerührt an. Dann fällt ihnen plötzlich auf: Wie sie sich bewegt, wie hübsch sie ist, wie diskret, wie ... Irgendwie rätselhaft, o ja, das ist sie. Macht alle verrückt. Läßt sich nicht einfangen, sagt aber auch nicht nein. Nichts als Schleier und Pausen, und jeder kann denken, was er will ...

»Letztes Jahr, als Banu mit der Belegschaft Kartoffeln ernten war, hat er zwei Säcke nach Haus gebracht. Die Bauern standen einfach rum, spielten Blindekuh. Da haben die dortigen Oberbosse selbst zu ihnen gesagt: Meine Herren, aber bitte, nehmen doch auch Sie sich was davon mit, was zum Teufel ... Jetzt aber, ausgerechnet jetzt, wo die Ernte fällig ist, hat man ihn eingezogen. Ich hab' mit der Tante gesprochen. Sie soll uns bis auf weiteres ein paar bringen. Bis wir an einem Sonntag mal rauskommen aufs Land und das Auto volladen können. Sonst stehn wir im Winter da und haben nichts zu essen.«

Bedächtig plauderte die mollige Viorica aus dem Nähkästchen, während sie blitzschnell den Bleistift tanzen ließ. Sie war flink beim Arbeiten, die Viorica, flinker als alle anderen, doch dabei mußte sie, konnte einfach nicht anders, in einem fort quatschen, über dies und das, Gott und die Welt. Sie schrieb, addierte, unterzeichnete und haute den Stempel drauf, alles in Windeseile. So ging's auch diesmal, plapper-plapper, bis Geta kurzerhand aufstand, sie brauchte einfach mal ein Glas Wasser.

»Ich hab' dir sseinerzeit gessagt, ich hab' Sspritzen. Damalss hasst du gessagt, du brauchsst keine. Da hab' ich ssie einer Nachbarin gegeben. Eine junge Ingenieurin, unverheiratet, wohnt bei unss im Block, im Parterre. Ein Bruder von ihr isst irgendwie in Kanada gelandet, von dem kriegt ssie allerlei Pakete.« Geta ..., klar: dieses sanfte, weiche Lispeln – zum Einschlafen sanft und weich; man erkannte sie sofort.

So war es denn Geta, nicht Viorica, die Puiu zugehört hatte, dem Kuschelkätzchen, mit ihren langen Pausen zwischen den Wörtern und jenem Augenaufschlag, der, halb kindliches Staunen, halb Durchtriebenheit, ganz einfach unwiderstehlich war. Da schmilzt dir das Mark und stockt der Puls, wenn dieser Augenaufschlag dich trifft. Die armen Männer, weiß Gott, man kann sie verstehen ...

Das metallische Knistern ganz in der Nähe: Madame Carmen, wer sonst! Ina hielt die Augen geschlossen, brauchte es nicht zu überprüfen. Sie wußte, was folgen würde, und hatte keine Lust, sich darauf vorzubereiten. Wenn Madame Carmen sich sorgfältig kämmte, mit einem langen Alukamm ihren dichten, schwarzen Filz striegelte, so hieß das unweigerlich, daß sie nun bald ihren Sessel an Inas Schreibtisch heranrücken würde. Und, wie immer, erst mal fragen würde: »Alsdann, wie geht's denn meiner Inuschka aus Sewastopol?« Um ihr dann leicht über die Hand zu streichen: »Was für schöne Haare du hast, Steppenkind, und diese Augen!«

Die Genossin Carmen Petroianu, die Chefin, gab ihr offenkundig vor allen anderen den Vorzug. Ihr konnte sie mit jener unverbindlichen Ferienfreundlichkeit begegnen, die man für Touristen bereithält, um ihnen zu erklären, wo die und die Straße, das Hotel, das Museum liegt, wann man am besten sein Glück im Schuhladen versucht, warum die Suche in diesem oder jenem Stadtteil aussichtsreicher ist als anderswo. Ina hatte sich vor vielen Jahren im Land niedergelassen, seit mehr als zehn Jahren arbeitete sie hier in der Zweigstelle. Eine Menge unverzichtbarer Tricks des täglichen Lebens hatte sie im übrigen besser drauf als die Genossin Carmen selbst, doch sie fügte sich in ihre Rolle. Fürsorglich aufgenommen, ständig umhegende Aufmerksamkeit ...

Nein, sie wird die Augen geschlossen halten, wird sie auch dann nicht öffnen, wenn der Geruch des großen Leibes der Genossin Carmen ihr von rechts in die Nase steigt.

»Paß auf, Puiu, man hat dich zur Künstlerbrigade bestellt. Für heut nachmittag. Euer Preissingen geht wieder los. Zu guter Letzt werden wir dich noch im Fernsehen erleben«, ließ sich die Genossin Carmen vernehmen. Sie steckte sicherlich ihre Haarspangen zurück, bevor sie sich dann erhob und zur sympathischen Ina Schatowa rüberkam. Bei diesem Namen war sie geblieben, obwohl die anderen längst alle von der Murguleţ sprachen, wie es richtig hieß: von der Ina des ehemaligen Genossen Murguleţ, vormals großartiger Direktor und Hochschullehrer. »Das hat ihr jetsst gerade noch gefehlt«, murrte Geta aus sicherer Distanz.

Puiu konterte nicht sofort, sie würde zur rechten Zeit weniger auffällige Mittel und Wege finden ...

In der Tat, unweit war ein Stuhl in Bewegung geraten. Man konnte spüren, wie der Atem des großen Frauenleibs näherkam. Ina zögerte noch ein Weilchen, dann schlug sie endlich die Augen auf... »Was gibt's, Inuschka, Steppenkind, bist du müde?« Die Tochter Sewastopols hatte gerade Zeit genug, die Warze unter der dicken roten Lippe der Chefin zu erkennen. Sie blinzelte noch ein paarmal, bevor sie antwortete. »Ziemlich müde. Gestern Abend Onkel von Mischa gekommen, Besuch machen, und sitzen geblieben in alle Ewigkeit. Aber hat mitgebracht für mich Ohrhänge, von, wie heißt bei euch, Perlen. Sähr, schjöne, sähr schjöne.« Carmen verschlang sie, süß, wie sie war, mit den Blicken und steckte sich entzückt eine Kent an. Legte das Päckchen auf Inas Schreibtisch, sie möge sich bedienen. Die Genossin Petroianu war nicht auf die kleinen Aufmerksamkeiten der Kunden angewiesen, die ein Sondersparkonto eröffnen wollten, oder die der Rentner, die sich jeweils am 15. des Monats vor den Schaltern drängten, auch nicht der Lotteriegewinner, die das Glück breitgeschlagen hatten ... Selbstverständlich sagte sie nicht nein, wenn ihr mal jemand ein Päckchen Zigaretten oder irgendeine ausländische Seife darbot, oder wenn die Mädchen ihr einen Anteil von dem, was sie selbst bekamen, überließen. Nichts Kapitales natürlich, das hier war schließlich kein Krankenhaus, kein Autoservice. »Nicht zu glauben, aber sogar in den Buchhandlungen rauchen sie jetzt schon die Langen, da muß was passiert sein, es gibt wohl nicht mehr genug Bücher«, hatte Pumella mal festgestellt. Das alles berührte die Genossin Petroianu kaum. Die Pralinenschachteln und Kuchenkartons aber gingen ihr irrsinnig auf die Nerven. Sie mochte keine Süßigkeiten. Ihr wurde übel davon, sie verteilte sie sofort, schälte sie nicht einmal aus der Verpackung. Das war kein Theater, nein, sie nahm dergleichen um keinen Preis in den Mund. Man mußte sich wundern, wieso ihr das Abnehmen nicht gelang. Die Wahrheit war, daß sie's gar nicht versuchte, sie hatte keine Geduld für alle die blöden Schlankheitsrezepte. Mode? Silhouette? – Von wegen. Sie fühlte sich gesund, hatte keinerlei Ursache, sich auf diese komplizierten Faxen einzulassen. Süßigkeiten mochte sie nicht, ganz im Ernst, sie mochte keine Süßigkeiten. Sie konnte sie nicht ausstehen, so einfach war das ... »Laß das mit den Ohrhängen, wie du sie nennst, Liebling, ich will dir sagen, wie's mit den Stiefeln ist. In diesem Jahr wird's überhaupt keine geben. Alle Welt wird scharf darauf sein. Ich weiß das ganz sicher, aus sicherster Quelle. Wenn du willst, beschaff' ich dir welche, aus jenem unserem Sonderladen. 800 Lei, italienische Ware, mit Hacken. Und ich hab' Bebe gebeten, auch ein *Chanel* auf die Liste zu setzen, weil du so darauf stehst. Hundert Fläschchen sollen angeblich kommen, da kriegen wir schon auch zwei davon ab.« Ina hatte sich an die zyklischen Gunstbezeugungen gewöhnt, sie dankte nicht einmal mehr. Sie wartete artig, wie man's von ihr verlangt hatte, auf die Erfüllung der Versprechen. »Du sollst mir nicht danken, denn ich mache, was ich mache, für wen ich will«, hatte Madame Carmen mal kurz und bündig dekretiert. »Reißt ja auch kein Loch in den Himmel. Wenn du wüßtest, wer sich da womit bedient ... Ich hab's ihm auch gesagt: Ob's wohl im Jenseits genauso ist? Bitte, jetzt fährt er nach Brasilien. Und ich blöde Gans bleib' hier am Schalter sitzen. Dafür hat er mir 'n Urlaub in Italien versprechen müssen, gar kein Pardon. Hat auch schon mit der entsprechenden Person geredet.« Der Gatte von Frau Carmen saß anscheinend auf einem mittelrangigen, aber nutzbringenden Posten, er reiste herum, hatte überall Verbindungen. Madame Petroianu hatte sich, starrsinnig, mit der laxen Redeweise und Orthographie auch ein gewisses Taktgefühl bewahrt, das ihr verbot, die bescheidenen Kolleginnen, mit ihren nur zu vertrauten Sorgen, herauszufordern. Aber sie hütete sich auch davor, sich auf weiß Gott was für Kleinkrämer- oder Klatschgeschichten einzulassen, das wäre nun ganz und gar unangemessen gewesen. Wohl hörte sie zu, hielt sich nicht fern vom täglichen Ulk und Geschimpfe, schnitt keinem das Wort ab, steuerte ab und zu sogar selbst eine Information oder Anekdote bei, doch alles in Maßen. »Ich mag nicht in die Suppe spucken, die ich esse. Eß ich – gut denn, so eß ich. Punkt.« Der einzige heimliche Vergeltungsakt, wenn man so sagen kann, für die Privilegien, die sie genoß und dabei, wie sich's gehörte, auch ein bißchen verachtete, wir ihre obstinate Sympathiebekundung ausgerechnet der Russin Ina gegenüber, einer im übrigen netten Kollegin ohne falsche Ansprüche, der die anderen Mädchen aber aus unerfindlichen Gründen merklich kühl begegneten.

Sie hatte keine Kinder, Madame Carmen, das stimmt, aber ganz so jung war Ina nun wieder auch nicht ... Wie dem auch sei, sie verbarg ihre Zuneigung keineswegs. Zwar begünstigte sie die Schatowa-Murguleţ in dienstlicher Hinsicht nicht, behandelte sie da wie alle anderen. Doch privat war ihre Gunst Ina vorbehalten. Eine Art zärtlicher persönlicher Vormundschaft, verbunden mit allen möglichen Erleichterungen und Gefälligkeiten jenseits des Arbeitsprogramms. Dabei, und das war der Gipfel, besuchten sie sich nicht, hatten sich nicht, wie sonst üblich, gegenseitig ihre Wohnungen, ihre Familien vorgeführt. Und sie telefonierten nicht einmal miteinander, am Sonntag! Die Tochter Sewastopols rückte die besondere Note dieser Beziehung nur am Geburtstag der Genossin Petroianu ins Licht. Die Kolleginnen hatten längst aufgehört, sich zu wundern, ja sie redeten gar nicht mehr darüber, wenn sie mit ihrem stets mehr als ansehnlichen

Geschenk für die Chefin ankam. Aber das war ja auch letzten Endes eine elementare Geste der Erwiderung, konnte alle die Zuwendungen gar nicht aufwiegen, die ihr im Laufe eines Jahres von der Gattin des Genossen Bebe Petroianu, des pfiffigen Handelsbeamten, gemacht worden waren. »Jeder kommt mal an die Reihe, jeder fällt mal vom Pferd. Wer weiß, wo mein Bebe mal landet. So versüßen wir uns halt das Leben mit Kinkerlitzchen, solange es geht.« Ich und mit mir meine Freunde, wollte sie noch hinzufügen, indes sie sich eine Kent anzündete, doch just in diesem Augenblick hörte man Getas piepsige Stimme rufen: »Genossin Carmen, Telefon!«

Wohlbeleibt, aber wendig war Carmen Petroianu auch schon am Apparat, winkte von da Ina zu, sie sei gleich wieder zur Stelle.

Das Gespräch war kurz, ebenso die Betrübnis, die Ina zu sehen bekam: »Die Chefs rufen nach mir. Aber vielleicht geht's schnell.«

Der Genosse Scarlat war unverkennbar zusammengezuckt, er hatte ruckartig den Kopf gehoben ... Als Madame Petroianu aus dem Raum war, stand er auf und ging zum Telefon. Es war bereits nach zwölf, die Schalterhalle füllte sich allmählich. Da rief also Victorchen schon wieder, zum viertenmal, an! Hört, hört ... Meister Scarlat lieferte eine Überraschung nach der anderen.

»Hallo, hier Scarlat. Ist er gekommen?« Diesmal wurde der Hörer nicht hingeknallt, sondern sorgfältig auf die Gabel gelegt. Meister Scarlat war nun vollends böse. Schlaff, entnervt ging er zu seinem Schreibtisch zurück.

Es würde immer schwerer feststellbar sein, ob der sehr junge Held der Donnerstagskolloquien seine Rolle über die Wochen bis zum Abschluß der Vorgespräche zur anstehenden Forschungsarbeit durchgehalten hatte. Es würde nicht mit Sicherheit klar werden und ließe sich folglich nicht behaupten, daß die Richtung, in die sich die Dinge entwickelten, allein durch seine Beiträge bestimmt wurde.

Unmerklich zunächst, dann von Mal zu Mal deutlicher gingen die Kontroversen eigentlich mehr um Gegenwart und Vergangenheit als, dem Profil der Institution entsprechend, um die Zukunft.

Denkbar, daß der merkwürdige Richtungswechsel sich ursprünglich den Einwänden des Jünglings verdankte. Die auslösende Argumentation, daß alle Vermutungen und annähernden Bestimmungen hinfällig seien, solange sie sich nicht strengstens auf »operative Daten«, also auf den »Grundstoff Mensch«, auf die »konstitutiven Bedingtheiten« beziehungsweise die »kollektive Biographie« oder die »signifikanten Interferenzen«, stützten, wäre ihm sicherlich zuzutrauen. Ebensogut könnte sie allerdings auch von einem anderen Redner stammen oder die Synthese mehrerer Diskussionsbeiträge sein. Die Neigung, dermaßen gewichtige Kursänderungen des gemeinsamen Nachdenkens, wie überhaupt jede erhellende Bemerkung, dem jugendlichen Gast gutzuschreiben, dürfte mit dem absoluten Interesse zusammenhängen, für das seine seltsame Erscheinung, seine unerwarteten, prompten und stets überzeugenden Präzisierungen gesorgt haben mögen.

Gewiß würde es keine so große Rolle spielen, wer auf welche Weise den künftigen Forschungen ihren Weg vorgezeichnet hatte. Nach wenigen Wochen hätte die Zusammenarbeit zwischen den Teilnehmern eine bestimmte familiäre Vertrautheit und somit Rezeptivität hergestellt. Der intensive Gedankenaustausch hätte zu dem gemeinsamen Schluß geführt, daß es unmöglich sei, von Zukunft zu sprechen, wenn man nicht wüßte, wer diejenigen sein würden, die sie erreichten. Erst dann ließe sich, vielleicht, der gesamte Block umreißen ... Die Zukunft wäre dem-

nach inbegriffen in der Gegenwart, die wir sind, und in der jüngst verstrichenen Vergangenheit, die uns geformt hat. Reaktionen, Projekte, diffuse Bestrebungen, alles, was die Möglichkeit beschränkt auf das, was wir erlebt haben – in Wirklichkeit oder durch Bücher –, stellt das Unbekannte unter Verbot; und läge es auch nur einen Schritt weit jenseits des Vorhangs, mit dem unsere kleinen örtlichen, bequem-unbequemen Umstände uns den Blick verstellten. In diesem Punkt wird einhelliges Einvernehmen erzielt werden, von hier ab werden die geforderten persönlichen Beiträge sich unterscheiden.

Viele Wochen würde der Versuch in Anspruch nehmen, das Begriffsarsenal zu begrenzen. Nicht selten sähe man das Auditorium noch spät nachts auf Abwegen herumirren, periphere Sequenzen durchgehen, die der eine oder andere zur Analyse vorschlug: Parabel, Psychotest, soziale Statistik, Strafverfahren, biographische Karteikarte u. a. m.

Man könnte, unter vielen anderen, die Nacht im Juli erwähnen, da zur Erörterung des festgelegten Themas (»Lust und Leistung«) eine kurze Erzählung zugelassen würde, die die Welt unter den Auswirkungen eines allgemein verbreiteten Verzichtsyndroms ausmalte, des vom Autor so genannten »Syndroms Ennui«. Da werden ganze Reihen unterschiedlicher Frührentner aufgeführt; die rätselhaft verlaufende Psychose befällt die unterschiedlichsten Berufs- und Gesellschaftsgruppen: Kranführer, Piloten, Zirkusartisten ... Die vorzeitige Pensionierung, vielfach unter völlig unvermuteten Begründungen, erfaßt nach und nach das Verwaltungspersonal, das Militär, legt schließlich selbst das Gesundheitswesen lahm und führt so in eine Katastrophe der friedlichen Vernichtung. Periodisch kommt es zu überraschenden Gewaltausbrüchen, die aber schnell in sich zusammenfallen, zurückfallen in stummen Verzicht, dann wieder aufflackern, paradoxe Äußerungsformen der unterdrückten, scheinbar erloschenen, immer noch aktiven Verzweiflung. Zu heftigen Mei-

nungsverschiedenheiten würde es dann bei der Diskussion anderer Gegenstände kommen, als da wären: simuliertes Verhalten, Selektion der Werte, Kommißgeist und Vorschule, Filterung der Informationen, Angebot und Nachfrage in den intellektuellen Berufen, die Teilwahrheit als Slogan und wirkende Kraft.

Für Donnerstag, den 26. September, wäre beispielsweise eine Tagung in der psychiatrischen Heilanstalt angesagt. Sie führte zu dem Ergebnis, daß die Kranken bei ihren Beobachtungen einen verblüffend gesunden Menschenverstand an den Tag legten und somit die Grenzziehung zwischen Gesundheit und Krankheit als durchaus fragwürdig erscheinen ließ: Die Krankheit als veränderte Wahrnehmung erfaßt die Nuancen des Wirklichen offenbar eindringlicher und authentischer. Die Konsequenzen auf sich zu nehmen wäre vor allem Sache der Geschädigten, die sogenannten Gesunden stünden als selbstregulierbare, kalte zynische Mechanismen der Routine da.

An anderen Abenden würde man von der Lebensqualität sprechen, das heißt von der Qualität des Brotes, der Schuhe, der Tinte, der Bücher, der Filme, der Autobusse, des Tabaks, des Weines, der Parfüme, also vom normalen Alltag des normalen Bürgers. Aber auch über andere Dinge, nicht alle unbedingt von erstrangiger Bedeutung, so etwa: Sport als Therapie und Ablenkung, Mißtrauen und Überwachung, Aggressivität am Steuer, Formen der Unzufriedenheit und ihre Manipulation, der Verfall der Kochkunst und die psychischen Auswirkungen des Frühstückens im Schnellimbiß, die Gemeinschaftswohnung, die Beziehung Direktor-Stenotypistin-Fahrer. Das Referat vom Donnerstag, den 9. Oktober, über den Tagesablauf einer berufstätigen Frau würde den Titel tragen: »Synopsis des Gefangenenglücks« …

Das Beharren auf Einzelfragen, die ausufernden, den Start immer wieder verzögernden Präliminarien würden vom Direktor unvermittelt abgebrochen werden und feste Leitlinien wieder zur Geltung gelangen.

Infolgedessen würde nun jeder einzelne mit bestimmten Aufgaben betraut, Etappenziele würden terminiert, Arbeitsgruppen gebildet, Zusammenkünfte der einzelnen Kollektive vereinbart werden. Erst dadurch würde offenbar werden, daß die Wahl nicht zufällig gerade auf diese Mitarbeiter gefallen war. Die Plenumssitzungen gestalteten sich um so interessanter, als nun die verschiedenen Fachbereiche und Fraktionen ihre Beobachtungen gesammelt vorlegten.

II.1. Im September 1945 verließ ein hagerer und kurzsichtiger Bursche seine kleingewachsene Stadt in der Provinz mit dem festen Entschluß, nie wieder heimzukehren. Er wollte zur Fremdenlegion.

Der Zug nach Bukarest fuhr um die Mittagszeit. Der Sohn ließ es nicht zu, daß seine Eltern ihn zum Bahnhof brachten. Dabei ging es natürlich um die Mutter, dem Vater lag es zu jener Zeit denkbar fern, sich derart lächerlichen Vorstellungen hinzugeben.

Die Frau aber schien in der Tat wie zerschmettert von dem unerbittlichen Wunsch ihres einzigen Sohnes, der, wortkarg und stur, nicht nur ihr Flehen und Wehklagen in den Wind schlug, sondern sie nicht einmal zum Bahnhof mitgehen ließ ... Sie würde ihn nie wiedersehen, das war alles, was sie von den knappen Mitteilungen begriff, die ihr plötzlich von Lebensüberdruß befallener Kleiner von Zeit zu Zeit gnädigerweise vor sich hinmurmelte. Warum es so sein mußte, warum sie ihren Schmerz nicht zeigen durfte, ging der armen Frau selbstverständlich nicht in den Kopf. Sie ergab sich in ihr Schicksal, und das war für sie im Grunde Gottes alles bestimmender Wille.

Das Schicksal anzuerkennen ist leichter, als die Stunde zu ertragen, die es einem beschert. Am letzten Vormittag, kurz vor dem Abschied mußte sie erfahren, daß der wildgewordene Sprößling nicht einmal das Päckchen mit der Wegzehrung annahm, das sie mit soviel Sorgfalt zurechtgemacht hatte. Der Widerling riß die Kleidungsstücke aus dem Koffer, schleuderte Krawatten, Handschuhe, Hausschlappen und was sonst seine Mutter Stück für Stück und heimlich für die lange Reise zusammengetragen hatte, weit von sich. Drin blieben nicht mehr als ein Paar Hosen, der Pullover, zwei Paar Socken, ein Handtuch, ein Hemd, zwei Paar Unterhosen, die Baskenmütze.

Der Jüngling verabschiedete sich kurz von seiner Mutter. Er nötigte ihr den Schwur ab, daß sie nicht heulen, auch nicht wie eine dumme Ziege mit den Nachbarinnen schwatzen und das Geschehene bejammern werde, das nicht rückgängig zu machen sei. Er versprach, ihr regelmäßig zu schreiben, nicht sehr oft, aber regelmäßig. Sie möge Vertrauen haben, wie auch er darauf vertraue, daß die Verlassene Wort halte und die Nachrichten, die sie erhielte, keinem weitersagen, mit niemandem darüber reden werde. Er drückte sie hastig an seine Brust, küßte ihr schütteres feuchtes Haar, er konnte das bei solchen Gelegenheiten übliche Getue nicht ausstehen.

Folgsam blieb die Frau hinter dem Fenster zurück und blickte dem spindeldürren, kurzsichtigen Jungen nach, der für immer ins Unbekannte zog. Sie sah ihn mit seinen kurzen, schnellen Schritten den großen Hof überqueren, sah die Brettertüre zuschlagen, durch die er auf die Gasse getreten war. Der Sohn, den sie unter Mühen und Sorgen großgezogen hatte, entschwand ihren Augen für immer... Sie stand versteinert da und stellte sich vor, wie er in den Zug einstieg, in einen der überfüllten, verdreckten Waggons der Nachkriegszeit. Sie folgte ihm mit dem Blick zu der Holzbank, auf der er sich, grimmig, verbissen, für alles um ihn herum blind, in eine Ecke drückte; fand ihn dann zu einer Zeit wieder, als der Zug in einem kleinen, staubigen Bahnhof hielt, da streckte der Junge gerade einem fipsigen, aufgeplusterten Kontrolleur, der hier zugestiegen war, die Karte entgegen. Langsam wurde es Abend. Sie erinnerte sich daran, wie er Lungenentzündung gehabt hatte und aus dem Internat ausgerissen war. Damals, es war lange her, ein zartes trotziges Balg, das den ganzen Tag wie von Sinnen umhertollte. Sie erinnerte sich auch an die Sprechstunde beim Augenarzt. Es wurde spät und später, bald kam der Mann zurück. Das Haus verödete in der Abenddämmerung. Die Frau drückte sich immer tiefer, immer weiter vom Fenster weg.

In der Küche: die Petroleumlampe, die Streichhölzer, der Docht. Der Raum füllte sich mit scheuem, anheimelndem Licht. Neben der Lampe das Buch, aufgeschlagen. So hat er's denn nicht mitgenommen. Obwohl sie es in den Koffer getan hatte, zuunterst, unter all die anderen Sachen, hat er's schließlich doch rausgeholt und liegengelassen. Nicht einmal dies bißchen wollte er ihr zugestehen. Hätte er's doch lieber unterwegs weggeworfen – er war dazu fähig –, anstatt es hier liegenzulassen, wie zum Hohn, um ihr zu zeigen, daß sie ihn selbst damit nicht hatte rühren können.

Die Frau nahm das Buch, das nach altem, abgenutztem Papier roch, und schob es in den Geschirrschrank, wo sein Platz war. Zwischen den Seiten glitt das Foto heraus und fiel auf den Boden.

Auf der Stelle erstarrt, sah sie gleichsam nicht, was sie sah. Sie wußte, was es war, hatte aber keine Kraft mehr auch dafür noch. Das Foto von ihr und ihrem Mann, das sie ihm gegeben hatte, damit er's bei sich trüge, er hatte es nicht abgelehnt. Zum Foto hatte er nichts gesagt, doch schau, auch das hat er nicht gewollt. Nichts, nichts, sie sank schlapp auf den Stuhl, mit leerem Kopf, der großen Versprechen unwürdig, die ihr der Sohn beim Abschied entrissen hatte. Allmählich hüllte sie von allen Seiten Dunkelheit ein. Die Lampe leuchtete vor sich hin, stilles, vergebliches Blinken. Andere Stunden kamen, es kam der Mann von der Arbeit, kein Wort über das, was gerade erst begann. Am nächsten Tag nahmen die Dinge stillschweigend wieder ihren monotonen Lauf.

III.1. Der Genosse Vasile Cotigă ist am 26. Januar 1925 als Sohn armer Leute geboren. Er besucht die Grundschule und, mit Unterbrechungen, das Handelsgymnasium seiner Heimatstadt. In den Ferien und selbst während des Schuljahres arbeitet er an der Verladerampe und in der örtlichen Ziegelfabrik. Er wird ohne besondere Schwierigkeiten versetzt. Zweimal muß er in Mathematik Nachprüfungen bestehen. Wegen aufsässigen Verhaltens gegenüber den Lehrern und Prügeleien mit den Klassenkameraden wird er einige Male relegiert. Bereits als Gymnasiast zeigt er eine kämpferische Einstellung, obgleich sein Gesundheitszustand zu wünschen übrigläßt. Er erweist sich als guter Organisator, da es ihm gelingt, allein oder mit anderen viele Schüler gegen die allzu strengen Lehrer aufzubringen. In der vorletzten Gymnasialklasse durchläuft er anscheinend eine mystische Krise. Er bricht die Schule ab und kommt für viele Monate in einer Kirche der Stadt unter, wo er gewisse Dienstpflichten versieht. Bestimmten Ansichten zufolge, darunter erwähnenswert auch die seines Vaters, handelt es sich jedoch nicht um religiöse Überzeugungen, sondern um die Suche nach einem Ausweg aus den materiellen Schwierigkeiten der Familie. Beweis dafür wäre, daß er – obwohl dem Verhalten nach, solange er in der Johanniskirche am Stadtrand diente, ein eifriger

Rechtgläubiger – späterhin, nach Verlust dieser Anstellung, als er anderen, mitunter gar nicht religiös geprägten Beschäftigungen nachgeht – etwa als Nachtwächter im Vergnügungsviertel –, die Kirche überhaupt nicht mehr frequentiert.

Eine der Tätigkeiten, die der Genosse Vasile Cotigă als Schüler in der Stadt ausübt, ist die eines Druckergehilfen. In der Druckerei »Die Trompete« wird er zunächst im Nachtdienst als Ersatz für einen krankheitsbedingt ausgefallenen Lehrling eingestellt. Er bleibt einstweilen ein paar Monate, dann ein ganzes Jahr, wonach er die Schule weiterbesucht und abschließt und wieder zur Arbeit zurückkehrt. Er beteiligt sich in der Druckerei an Versammlungen, auf denen Forderungen formuliert werden. Er strebt danach, Chef der Gewerkschaftsgruppe zu werden, erkrankt aber ausgerechnet zu der betreffenden Zeit und liegt mehrere Monate im Krankenhaus.

Nach seiner Wiedereinstellung als Druckergehilfe versucht er, zwischen den Arbeitern und den Redakteuren der Lokalzeitung »Die Trompete« Verbindungen herzustellen. Er fordert eine feste Rubrik für die Drucker der Zeitung, erhält sie und schreibt über mehrere Monate, Ausgabe für Ausgabe, die Kolumne dafür. Anfangs zeichnet er mit »Der Drucker vom Dienst«, dann mit seinem Namen, Vasile Cotigă.

Im Jahre 1944 wird er zum Hilfskorrektor befördert. Er gibt die Rubrik auf, verfaßt nur noch ab und zu einen Artikel zur Tagespolitik und auch ein paar Gedichte, unter Pseudonym. In diese Zeit fallen, wie es scheint, die ersten Kontakte zur Schülerin Valentina Vrînceanu, der Tochter eines wohlhabenden ortsansässigen Forstwirts.

In politischer Hinsicht legt der Genosse Vasile Cotigă bereits in früher Jugend revolutionäre Neigungen an den

Tag, die sich allerdings unklar äußern. Eine Zeitlang schwankt er zwischen den Extremen hin und her, von rechts nach links und wieder nach rechts. Mit fortschreitender Entwicklung der politischen Verhältnisse im Land und mit zunehmender eigener Reife entscheidet sich der Genosse Vasile Cotigă klar für den einzig wahren revolutionären Weg. Gegen Ende 1944 nimmt er an den progressiven örtlichen Veranstaltungen teil. Um diese Zeit vollzieht sich auch der offizielle Eintritt in den kommunistischen Jugendverband der Genossin Valentina Vrînceanu, die sich dabei über den Widerstand der bürgerlichen Familie, der sie entstammt, hinwegsetzt.

Zu Beginn des Jahres 1945 übernimmt der Genosse Vasile Cotigă erstmals leitende Funktionen. Man schätzt seine Arbeitskraft und Kompromißlosigkeit. Er arbeitet Tag und Nacht, drückt sich nicht vor schwierigen Aufgaben. In dieser Zeit konzentriert sich seine Tätigkeit darauf, die Zeitung »Die Trompete« den revolutionären Interessen unterzuordnen. Gewisse rückständige Elemente in der Redaktion und selbst in der Druckerei bewirken jedoch, daß die Zeitung den laufenden Ereignissen gegenüber noch eine Zeitlang eine vorgeblich »neutrale« Haltung einnimmt. Auf der Sonderseite »Politische Standpunkte«, die das Blatt zweimal wöchentlich den größeren Parteien zur Verfügung stellt, kommen schließlich auch die Kommunisten zu Wort, obwohl sie in der Stadt und im Bezirk zahlenmäßig noch schwach sind und gegen die sogenannten »historischen Parteien« nicht ins Gewicht fallen.

Das Redigieren der Sonderseiten mit den politischen Standpunkterklärungen, eine Arbeit, die der Genosse Vasile Cotigă keinem anderen überlassen will, führt dann zum Konflikt zwischen ihm und einigen Genossen in der

Leitung. Es gibt wenige Hinweise auf die betreffenden Umstände, und selbst diese wenigen sind nicht sehr eindeutig. Gelöst wird der Konflikt durch die Bildung eines Arbeitskollektivs, dem auch der Genosse Vasile Cotigă angehört. Der Genosse Vasile Cotigă beteiligt sich in den folgenden Monaten ebenso wie bisher gewissenhaft an der Zusammenstellung der Seite, erfüllt zugleich aber noch andere Aufgaben.

Es ist nicht bekannt, warum der Genosse Cotigă die Stadt verläßt. Es gibt keinen Beleg für die Behauptung, der Konflikt mit dem Redakteur der Politischen-Standpunkt-Seite sei die Ursache dafür gewesen. Mehrere Monate lang kennt niemand seinen Aufenthaltsort.

Nach einer gewissen Zeit wird der Genosse Cotigă als Arbeiter im Hafen von Konstanza gesichtet. Anfangs verrichtet er, wie es scheint, minderqualifizierte Hafenarbeiten, dann wird er in den Büros beschäftigt. Aus dieser Periode sind einige Zeitungsartikel und ein Gedicht erhalten geblieben, die er unter Pseudonym in einem Hafenblättchen veröffentlicht hat. In den Artikeln geht es um Dinge wie die »Solidarität der Solitären«, also der Matrosen, der Seefahrer, von politischen Akzenten sind sie völlig frei. Ja sie können als ausgesprochen unpolitisch gelten, als naiv, und das Gedicht ist ein Aufruf zum unentwegten Kampf gegen die »barbarischen guten Manieren«, gegen die aus »allen Nähten platzenden Heuchler« der ganzen Welt.

Die Auskünfte über seinen kurzen Aufenthalt in Konstanza bestätigen die Charakterfestigkeit und Arbeitskraft des Genossen Cotigă. Er zeigt sich als ein Mann, der wenig redet, äußerst pünktlich ist, Bequemlichkeit und Komfort verachtet und sich mit einem Unterhaltsminimum zufriedengibt. Er meidet Kneipen, kleidet sich bescheiden, aber ordentlich. In seinem Umgang ist er korrekt, distanziert, ja unzugänglich. Freundschaftliche Beziehungen nimmt er selten auf, er genießt nicht die Sympathie seiner Kollegen, wohl aber ihre Achtung. Einige geben an, sie hätten geradezu Angst vor dem Genossen Cotigă, weil er so wenig spreche, andere sagen, sie wüßten nicht, »was für einer er in Wirklichkeit ist«. Niemand verweist auf ein unwürdiges Verhalten oder auf Begebenheiten, die für den Genossen Cotigă beschämend gewesen wären.

Im Jahre 1946, genauer: im Juli dieses Jahres, kommt der Genosse Cotigă nach Bukarest. Die erste Wohnung, in der er angemeldet ist, liegt in der Strada Buzeşti, Nr. 38A. Er arbeitet einen Monat lang bei der Straßenbahn (BTU), dann in der Druckerei der Zeitung »Die Gerechtigkeit«, daran anschließend ist er bei einer Illustrierten als Korrektor tätig.

Ende 1946 wird er, zunächst als Korrektor und dann als Landwirtschaftsredakteur, beim Zentralorgan eingestellt; und zwar aufgrund der Empfehlung eines Genossen von der ehemaligen Betriebszeitung »Der Hafen« in Konstanza, der mittlerweile ein wichtiges Amt in der Generaldirektion der Künste bekleidet. Den Aufgaben, die man ihm anvertraut, kommt er pflichteifrig nach, begibt sich aufs Land, zieht durch die von reaktionärer Propaganda in Verwirrung gebrachten Dörfer. Er scheut keine Mühe, ist diszipliniert und voller Kampfgeist. Er wohnt zu dieser Zeit in der Küche bei einer alten Frau, Strada Mihai Vodă 27 – in einem Mehrfamilienhaus. Die Auskünfte von den Nachbarn der Alten besagen, daß der Untermieter ganze Wochen nicht in der Stadt weilt, daß er gewöhnlich spät nachts nach Hause kommt und frühmorgens weggeht. Er besitzt wenig Kleidung, Wäsche nicht mehr als zum Wechseln, alles in einem Koffer. Er schläft auf einem eisernen Klappbett, stellt es auf, wenn er mal ausnahmsweise zur Nacht bleibt, und klappt es im Morgengrauen, bevor er geht, zusammen.

Er grüßt die Nachbarn nicht, wenn er ihnen begegnet, mit der Alten spricht er fast nie ein Wort. Er bezahlt die Miete regelmäßig; mit einer Ausnahme, und zwar März 1947, als er sich weigert, mehr als die Hälfte des festgesetzten Betrages zu zahlen. Als Grund gibt er an, er habe im betreffenden Monat kein einziges Mal zu Hause geschlafen. Die Auskünfte der Alten sind konfus, die Einzelheiten, die sie anführt, lassen sich nicht verwerten, da in ihren Bericht ständig Erinnerungen an andere Mieter und unüberlegte politische Äußerungen einfließen.

Im November des Jahres 1947 kehrt der Genosse Vasile Cotigă als Mitglied einer offiziellen Delegation in seine Heimatstadt zurück. Er lehnt es ab, zusammen mit den anderen Genossen im Hotel zu wohnen. Er zieht das mehr als bescheidene Haus seiner Eltern vor, die lange ohne jede Nachricht über sein Schicksal waren. Ein Haus mit einem einzigen Zimmer, Unterkunft für den ans Bett gefesselten Vater – er büßte bei einem Unfall sein linkes Bein ein –, die Mutter und eine Nichte vom Land, die hier zur Schule geht.

Der Aufenthalt in der Stadt verlängert sich über die vier eingeplanten Tage hinaus. Der Genosse Cotigă ist auch in den Dörfern des Kreises zur Stelle. In den zwei Wochen, die er in der Stadt verbringt, findet bei der Familie Vrînceanu eine Haussuchung statt. Der Forstwirt Mihai Vrînceanu wird verhaftet und verhört. Die Genossin Valentina Vrînceanu, aus Jassy herbeigerufen, wo sie Medizin studiert, bestätigt die Anklagen gegen ihren Vater und verrät das Versteck, in dem der Familienschmuck aufbewahrt liegt. Im Januar 1948 gelingt der

Genossin Vrînceanu der Wechsel zur Bukarester Fakultät für Pädiatrie. Der Genosse Cotigă, unterdessen zum Vize der Landwirtschaftsabteilung avanciert, unterrichtet die leitenden Organe von seiner Absicht, die Genossin Vrînceanu zu ehelichen, und beschreibt dabei ausführlich die bürgerliche Herkunft und Erziehung der Familie Vrînceanu, die rückständigen Ansichten und die verächtlich büttelhafte Einstellung des Forstwirts Vrînceanu, zur Zeit in Haft. Der Genosse Cotigă untermauert seinen Antrag mit dem aufrechten, revolutionären Verhalten der zukünftigen Gattin Valentina. Die Eheschließung findet im Juni 1948 statt.

Der Genosse Cotigă entfaltet weiterhin eine energische politische Tätigkeit, folgt allen Aufrufen, weicht vor Schwierigkeiten nicht zurück. Immer öfter erscheinen von ihm gezeichnete richtungweisende Schriften und scharfe Angriffe gegen alle, die sich dem Fortschritt entgegenstellen oder wankelmütig sind. Seine Ergebenheit, seine Wachsamkeit, das Niveau seines politischen Bewußtseins werden von den leitenden Stellen, mit denen er, aufgrund seiner Funktion beim Aufbau der neuen sozialistischen Landwirtschaft, in engem Kontakt steht, hoch eingeschätzt. Die Berichte aus dieser Zeit stimmen ausnahmslos überein in der Würdigung der Tugenden, die ihn als unermüdlichen und aufrechten Kämpfer ausweisen.

Seine Beiträge in der Presse sind im Ton fest und aufrüttelnd, klar im Ausdruck, für alle verständlich. 1948 sind seine Aufsätze bereits allgemein bekannt, sein Name – eigentlich das Pseudonym, mit dem er die ersten Gedichte gezeichnet hatte – wird in der zentralen Presse zu einem wichtigen Orientierungspunkt. Ab 1948 bleibt er endgültig bei dem Namen, unter dem seine ersten literarischen Versuche erschienen waren. Mit diesem Namen wird auch seine Tochter Dolores, geboren am 23. April 1949, in die Geburtsurkunde eingetragen. Die Familie wohnt zu dieser Zeit in einem möblierten Zimmer, Strada Transilvaniei 25.

II.2. Seit vielen Stunden belauerte die Frau das Telefon. Sie wußte nicht genau, worauf sie wartete. Gedankenverloren sah sie dem phosphoreszierenden Zeiger der Pendeluhr zu, wie er die einzelnen Ziffern erreichte. Die Stunden vergingen, ein schwerer Tag, die Nacht – entscheidend. »Ich bin überzeugt, er wird auf der Seite des Rechts stehn, also auf meiner Seite ... Das gibt's ja nicht, wir sind alte Genossen, wir kennen uns bestens. Du mußt mit ihm sprechen, ihn überzeugen. Er hat etwas an sich, was mich seiner nie ganz sicher sein läßt. Sind dir die Folgen klar, falls ...« Doch das war vor langer Zeit, gestern, vorgestern ...

Jetzt war der Abend in Nacht und Kälte eingemündet. Große, vornehm möblierte Diele: die tief im Ledersessel versunkene Frau nicht zu sehen. Von Zeit zu Zeit nur hob sie hilflos den Kopf zum Zifferblatt an der Wand. Das Telefon stand in Reichweite, am Fuß des ledernen Nests, in dem sie auf ihren Mann wartend vor sich hin dämmerte.

»Der Genosse Petru ist nicht zu Hause. Der Genosse Petru hat keinerlei Sitzung mehr. Der Genosse Petru wohnt nicht hier. Den Genossen Petru gibt es nicht, hörst du, es gibt ihn nicht!«

Aber das war gestern. Susannas Stimme – hysterisch, wehleidig, erbarmungslos. Also wußte Petru gestern schon Bescheid ... Vielleicht war er gar nicht mehr zu Hause. Aber das war eben gestern gewesen, vor dem Urteilsspruch. Jetzt war's Nacht, war heute, die Sitzung wahrscheinlich vorbei. Ein Uhr nachts, zwei Uhr, die Stille einer finsteren und eisigen Stadt, in der die Mäuse raschelten und der Wind pfiff.

»Ich kenne in dieser Sache keine individuellen Probleme. Nicht Menschen, sondern Prinzipien stehen zur Diskussion. Gefühle haben keinen Platz. Es geht nicht um Erklärungen, Entschuldigungen. Es geht um unsere Standfestigkeit, unsere Linie, das ist alles.« Aber das war frühmorgens gewesen, vor der Badezimmertür. Der Gatte – die schlaflose Nacht, das Grauen im Gesicht, ein starrsinniges Gespenst in zu langen Unterhosen, das Haar zerwühlt, der Blick wüst und leer. Jetzt war es Nacht, die Phosphorspitze ließ die Zwei hinter sich. In der Diele, unter dem kleinen Gewölbe linkerhand, brannte der kerzenförmige Leuchter. Das Licht drang über das Oval der nächsten Umgebung nicht hinaus, in den entfernten Winkeln des Raumes jagten sich lange Schatten.

Die Frau schleppte sich taumelnd zwischen Fauteuils und hohen Krügen hindurch ... rechts der massive Schreibtisch, dann die Statuetten aus Elfenbein und Bronze. Sie tastete sich blind zur Tür, zum Flur hin, schlafzimmerwärts.

»Genossin Direktor, man hat Sie gesucht, jemand von der zuständigen Abteilung. Wegen einer Sitzung. Außerdem hat das Ministerium angerufen und auch der Flughafen, die Fakultät, das Erholungsheim in Poiana Ţapului, der Abonnementsdienst für die Auslandspresse.« Aber das war am Mittag gewesen, kurz nach Mittag, gegen 16 Uhr. »Mag ich nicht, ich mag kein Klavier üben. Ja, einfach so. Ich denke gar nicht daran. Sorry, ich geh' Basketball spielen. Bye-bye.« Das war die Tochter, so gegen fünf, sechs ... Dann die Sekretärin, der Anruf aus der Provinz, das übliche Lamento und die Beschimpfungen, den Schwiegersohn betreffend.

Jetzt aber war es das Quietschen eines Autos, die Bremse eines Autos, ja, das war's, drei Uhr morgens, morgens nach drei. Sie nahm ihre Kräfte zusammen, beschleunigte ihre Schritte zum Schlafzimmer hin. Nein, besser ins Kinderzimmer. Dort wird er sie nicht suchen, besser so, er soll sie nicht suchen. Sie war nicht imstande, ihn anzuhören, wollte nicht mehr. Besser morgen, besser vergessen, als ob niemand ..., als ob nie ..., sich fallenlassen, ja, so, das weiche Sofa, das tiefe. Besser so, in voller Kleidung, aufs Sofa, niemand, keine Ahnung, nichts. Sie würde keiner mehr wecken.

Die Debatten der Donnerstagnachmittagsrunde wären in vollem Gange, da würfe irgendwer, bedeutungslos wer, den Köder aus, machte – als Gag sicherlich – den verwirrenden Vorschlag, über Hölle und Fegefeuer zu diskutieren. Also über Dante, versteht sich.

Und man ginge daran, den ganzen Fragenkomplex mit einer Art Strukturanalyse der Biographie zu verknüpfen. Sämtliche Kommentare kreisten um einen einzigen Punkt: Die Identität im Fegefeuer oder in der Hölle. Über das Paradies zu sprechen, verböte selbstverständlich die Klugheit.

Man würde behaupten, daß im Falle der menschlichen Fegefeuer-Existenz die Anzahl der Begebenheiten, aus denen sie sich summierte, kaum von Bedeutung sei. Schließlich verfilzte ja doch alles miteinander, ergäbe einen klebrigen Brei von Einzelheiten, die über das niedrige Niveau des Konfusen nicht hinausreichten. Nichts als ständiges Warten und Jammern, Ersatzlösungen. Allein schon das Unentschiedene, Transitmäßige, ewig Vorläufige einer solchen Existenz, dieses unbestimmte Kontinuum gleichsam, stünde jeglicher Prägnanz, jeglicher klaren Abgrenzung entgegen. Tragödienuntauglich, verbrauchte die heteromorphe pappige Masse bis zum Leerlauf das Epische; und zwar redu-

ziert auf ein unbedeutendes Perpetuum. Schwerfälliges Leiden, fragwürdiges Hoffen, beides angeglichen im Mittelmaß, Individualität verhindernd. Larvenhafter, ausdrucksloser Durchschnitt. Selbst noch den Ausdruck also stritte man ab, stufte das betreffende Geistesleben insgesamt als rein kompensatorisches ein. Im übrigen würde der eine oder andere sofort die Verbindung herstellen: klar, daß die Tragödie nicht möglich wäre, wo jede Ausdrucksfähigkeit fehlte. Da bräuchte man nur noch einen Schritt weiterzugehen, um behaupten zu können, der Teufel, also das Mediokre schlechthin (der Dämon ist das Mediokre schlechthin, riefen immer wieder einzelne Redner erregt), herrsche eigentlich im Purgatorium. Die Hölle wäre demnach lediglich eine lustige Attrappe der Residenz! Eine Diversion, ein schrilles Kabarett als Deckung für die wahren, unvergleichlichen Großmanöver des Besitzers.

Es würde aber ebenso die Ansicht vorgetragen werden, daß die Biographie der Höllenbewohner, möge sie noch so viele und spektakuläre Ereignisse umfassen, letztlich auch nichts anderes zu bieten habe als Serien, monotone, vulgäre, chargierte Typenreihen, billige Makulatur, ohrenbetäubende Kakophonie. Ein Produkt von rudimentärer Mechanik; tierischer Frohsinn, der sich in Grinsen, Blut und Straßgeglitzer erschöpft. Automatisiertes Revueprogramm: Münze einwerfen, und los geht die Horror-Show.

Schließlich kippte das Geplänkel ins Scherzhafte, und man nähme den Vorschlag an, in zwei Monaten auf einigen, nicht allzu vielen Seiten die eigene Biographie festzuhalten. Die wirkliche oder eine erfundene, oder auch, bitte sehr, die Biographie des Bettes, in dem man schläft, des Füllhalters oder des bevorzugten Schlipses, wenn nicht gar ein synthetisches Curriculum vitae von Verwandten, Gegenständen und Träumen. Der – epische – Text würde dann im Lichte dessen, was beim Gespräch über Dantes Purgatorium und Inferno herausgekommen, gelesen und diskutiert.

»Wir sprechen hier über die Zukunft, also über etwas, das es nicht gibt. Jedenfalls noch nicht gibt. In diesem Sinne beschäftigen wir uns mit dem Paradies. Das mindeste an verpflichtender Sekundärliteratur betrifft also das Fegefeuer und die Hölle«, hieße es dann zum Abschluß.

Worte, die ein gewissermaßen verlegener, gewissermaßen lyrisch gestimmter Outsider in den folgenden Tagen und Nächten immer wieder vor sich hin sagen würde; verzweifelt darüber, daß er es nicht fertigbrächte, seine Biographie klar und knapp niederzuschreiben, gedemütigt durch den Mangel an Imagination, der ihn daran hinderte, die Geschichte des Lehnsessels, in dem er zu träumen pflegte, oder die Geschichte seiner Hosenträger heranzuziehen; zu sehr voller Skrupel auch, als daß er sich die Biographie irgendeiner Tante oder irgendeines Vetters hätte ausleihen können, denn er meinte, darüber nicht mehr zu wissen, als das, was jeder sehen konnte, also das Banale, Nichtssagende. Er lief sich die Füße wund und sperrte Augen und Ohren auf, ob sich nicht doch irgendwas Brauchbares fände; er notierte ständig irgendwelche Kleinigkeiten, die ihm einen Tag lang als geeignete Aufhänger erschienen, sich bei der ersten Durchsicht aber sofort als Niete herausstellten ... Der Jüngling würde eine Zeitlang der Runde fernbleiben, in der er so glänzende Auftritte hatte.

I.4. Erst gegen Mittag hatte das plötzliche Aufschluchzen der Beamtin ihre Kolleginnen aufgescheucht und um den Stuhl am Fenster versammelt. »Gibt's das! Seit zwei Stunden ruft sie den Notarzt und – nichts! Haben angeblich kein Benzin mehr, die Tagesration sei alle! Die Alte hat Asthma, kann jeden Augenblick ersticken.«

Geta rutschte aufgeregt auf dem Stuhl hin und her, gab Auskunft nach allen Seiten, wurde verständnisvoll angehört. Schmiergelder und Verbindungen, krumme Geschäfte. Was denn sonst. Gibt's keine Reißzwecken?

Schmier mit Kent! Zahnstocher Mangelware? Kent macht's möglich! Ja wir werden's erleben, daß wir Zahnstocher nur noch gegen Kent-Zigaretten kriegen. Alle zwinkern unaufhörlich mit den Augen, sagen eins und treiben das andere. So recht die Zeiten für alle jene, die irgendwas zu verschachern haben. Die dir was hinschaffen, herschaffen, beschaffen können. Also erstmal natürlich die Portiers aller Gattungen! Und in den Krankenhäusern die Krankenschwestern, die Ärzte, alle. Die Installateure und die Ärzte und die Chauffeure und die Kellner, klar, die sind an der Macht. Je polierter die Fassade, desto fauler ist alles darunter. Seht sie euch an, wie sie schweigen! Alle schweigen, wissen es und schweigen trotzdem, jeder arrangiert sich mit jedem, nur wir bleiben die Dummen, bleiben mit dem Gehalt, dem Schlangestehen, den Krankheiten, dem Maulzerreißen ...

Sie hörten ihr voll Nachsicht zu, Geta war von ihrer Tante großgezogen worden und hing sehr an ihr.

Nehme sich jeder, was er zu fassen kriegt, schnell, von wo immer, denn was morgen sein wird, wer weiß ... Siehst du, da haben wir die Allianz: Gauner aller Sippen, vereinigt euch, Lumpe, Schlitzohren, Auswurf der Erde. Trau, schau, wem. Ja, wem? Ist doch keiner besser als der andere, keiner, dessen Wort wirklich was gilt.

Pummelinchen war richtig in Wut geraten, ihr Kopf rot wie eine Rübe. Sie fuchtelte wild mit ihren kleinen gepolsterten Händen herum, der Hintern schien vor Ärger noch tiefer gerutscht.

»Versuch's noch mal, ruf noch mal an«, flüsterte Puiu. »Geh selber hin«, meinte logisch kühl Shenschtschina Murguleţ. »Ja, ich gebe dir frei, wenn du willst«, stimmte Madame Carmen zu. Doch Pummelinchen – nicht um alles in der Welt. »Wass ssoll ich? Wo ssoll ich hin? Wass kann ich denn machen?« »Nimm doch ein Taxi und bring sie zur Notfallklinik«, insistierte die Genossin Petroianu. »Zur Notfallklinik! Daß ssie mich vier Stunden am Tor warten lassen und mir dann verkünden, die Genossin isst nicht gekommen oder der Genosse isst shon gegangen oder bringen Ssie die Einweissung vom Bezirk – als wüßten wir nicht, wie dass geht.« Damit schlug Geta allen guten Rat in den Wind.

Schließlich kapierten sie. Auch Viorica hatte kapiert, sie schwieg nämlich still. Sie schrieb, unterschrieb und stempelte mit großem Schwung. Zahlscheine, Kontoeröffnungen, Kündigungen. Und schwieg – Viorica! Die ansonsten selbst durch Elektroschocks nicht zum Schweigen zu bringen war. Nun schwieg sie. Daß wir auch das mal erleben! Erschüttert von dem Ereignis, machten sich ihre Kolleginnen wieder an die Arbeit. Viorica hatte einen Arzt zum Schwager, an den hatten sich in Notfällen die Genossin Petroianu ebenso wie Puiu und Ina Nikolajewna gewandt. Ja, auch Geta hatte sich an ihn gewandt, bevor Viorica ihr die Sache mit dem Schal angetan und Pummelinchen sich dafür gerächt hatte. Tja, wenn man sich nicht beherrschen kann. Pummelinchen hatte der Genossin Carmen das Geheimnis der betrogenen Ehefrau verraten. Dann erfuhr auch Krassiwaja Inotschka von den Wochenendreisen des Genossen Hauptmann Voicilă in die Provinz. So daß schließlich auch Puiu den Höhepunkt des Abenteuers mitbekam. Nun hätte Puiu sich nichts anmerken lassen, die hält dicht, würde einen nie verkaufen. Gut, sie hat was gegen jemand in der Hand; doch sie mußte lachen. Einfach so. Hatte einen irrsinnigen Lachanfall. Und Viorica war natürlich sofort klar – wie denn auch nicht –, daß dieses Klappergestell nur »über sowas« lachen konnte, die mit ihrer Glockenstimme, die alle verrückt macht, so daß sie sich nach ihr umdrehen, um einen Blick aus ihren unschuldigen, ach so unschuldigen Augen zu erhaschen. Aber wie sollte man auch nicht lachen, im Grunde genommen! Wie sich das Lachen verbeißen? Da fährt also Genosse Ehemann auf Dienstreise, richtig mit Koffer und so, zur ... – Nachbarin ins Paterre! Sperrt sich da für die Zeit der Dienstreise ein, mit allem, was der Mensch so braucht: Speise und Trank, Plattenspieler, Deckchen und Pölsterchen, Schmusi-Gspusi ... Ich trag' nur den Müll raus, sagt irgendwann Coralia, die Nachbarin. Laß mal, es ist kalt draußen, ich mach' das schon, springt galant der Kavalier hinzu. Du? Das geht doch nicht, staunt die Geliebte. Es ist spät, niemand sieht mich, beharrt der arme Sünder und faßt nach dem Eimer. Er schleicht sich hinaus, alles ist ruhig, nirgends ein feindliches Auge. Der Kanonier in Pyjama und Pantoffeln huscht zum Müllcontainer, öffnet den Deckel, kippt den Müll hinein. Alles klar, geschafft! Er nimmt den Eimer, geht zum Fahrstuhl, drückt auf den Knopf. Und fährt in den vierten Stock, wo er wohnt. Die Wohnung gleich neben dem Fahrstuhl. Er klingelt, der Dussel. Wie gewohnt, zu Hause! Das war's: statt des ehebrecherischen Parterres die eheliche Etage. Wie einen doch die Gedanken im Stich lassen, wenn man's am wenigsten erwartet. Der Unglückselige im Pyjama und mit dem Eimer in der Hand sah sich also plötzlich unserer Kollegin Viorica gegenüber, seiner höchst eigenen Ehefrau! Soll man da nicht lachen? Wie soll man da nicht lachen? Da lacht selbstverständlich sogar eine Puiu aus vollem Hals. Wer lacht da nicht, und wer verzeiht dem, der einen dem Gelächter der anderen ausgeliefert hat?

Deshalb begann Pummelinchen zu heulen, als sie sah, daß Viorica taubstumm blieb. Tränen als letzte Waffe, aber auch aus verzweifelter Wut; denn sie spürte, daß selbst dieser letzte Versuch fehlschlagen mußte: Viorica würde sich nicht erweichen lassen. Und in der Tat, Viorica nahm keine Notiz vom Gewimmer der ehemaligen Vertrauten, nachmaligen Arbeitsgenossin Geta Muşuroi – es gab für sie keinen Grund, sich der gegenüber aufmerksam zu zeigen.

Sie hatten alle Geta umstanden, als der Genosse Scarlat von der Direktion zurückgekehrt war. Niemand hatte sein Kommen bemerkt. Seit Oktober wurde Onkelchen Victor etwa zweimal die Woche zur Direktion gerufen. Seither benutzte er auch das Betriebstelefon. Wo er doch vorher nicht mal zu Hause angerufen hatte. Allerdings rief ja auch keiner für ihn an. Und dann ging das irgendwann los: hin zur Direktion, zurück von der Direktion. Kein Mensch wußte, was er dort für Fäden spann.

Der Genosse Scarlat vertiefte sich diesmal nicht gleich in die Papiere wie sonst. Er blickt eine Weile zur Gruppe der Klageweiber hinüber. Ob er sie sah oder nicht, ließ sich nicht feststellen. Man wußte ja nie, wohin der Blick hinter den dicken und dunklen Brillengläsern gerichtet war. Da trat Puiu an seinen Schreibtisch und beugte sich leicht darüber, um den Duft von Moschus und Tollkirsche auch wirksam zu verteilen.

Diese Teufelsbraut Puiu, das kannte man bei ihr nun gar nicht. Aufpassen, sich nicht von der Stelle rühren und lauern, schließlich einsacken, das schon – aber Angriffe starten? Das war nicht ihre Sache. Wenn sie jetzt Onkelchen Victor umgarnte, mußte sie Gründe, Chancen und Folgen vorher sorgfältig abgewogen haben.

Es dauerte nicht lange, nein, gar nicht lange. Der Genosse Scarlat erhob sich von seinem Platz. Wählte eine Nummer am Apparat der Genossin Carmen und sprach ein paar Sätze. Und wirkte nicht im geringsten eingeschüchtert vom Kirschenmund, von den Wimpern und dem Gurren der Genossin Puiu Moga; die hatte sich im übrigen bereits züchtig zurückgezogen. Er war nicht rot geworden, nicht bleich, und stotterte auch nicht.

Die Zweigstelle 46 hatte nicht allzu viele Kunden. Zu jener Stunde, bei scheußlichem, naßkaltem Wetter – null. Die Stimme des Genossen Scarlat drang ungehindert und sofort an all die kleinen Ohren. Schon mit den ersten Worten erregte er Aufmerksamkeit; nach dem zweiten Satz trat Stille ein; beim dritten drehte sich erstmals ein Stuhl um. Alles in allem, um nicht lange drum herum zu reden: Das war's!

Der Genosse Scarlat hatte also eine Frau, die wohl Assistentin oder Buchhalterin oder Ärztin oder Telefonistin in irgendeinem Krankenhaus war, und die Genossin Scarlat hatte eine Freundin – »deine ehemalige Kollegin«, hatte Genosse Scarlat gesagt –, die Genossin Doktor Bretan von der Notfallklinik; die wiederum erklärte sich bereit, sich der Genossin Bărbulescu anzunehmen, der Tante unserer Genossin Muşuroi, welche zur Beunruhigung der Dienststelle für Spareinlagen seit Stunden mit einem schweren Asthmaanfall zu kämpfen hatte. »Ja, gut, also direkt zu Spineanu, mit Empfehlung von dir. Alles klar«, schloß Genosse Scarlat die Wundertat ab, und die Genossin Moga zeigte nicht die Spur eines Lächelns, und unsere Genossinnen Petroianu, Murguleţ und Voicilă, ja die Genossin Muşuroi selbst brachten die Klappe nicht wieder zu, vor Faszination und Verwirrung.

Soso, mein Herr, da hatten Sie also …, das heißt, Ihre Frau hatte …, aber letztlich war's doch dieses süße kleine stille Mäuschen, das alles in Ordnung gebracht hat. Die gute treue Seele, die einem in der Not beispringt, und wann wäre man nicht in Not. Wir vergessen gern, welche

Macht unsere Genossin Puiu besitzt. Und sie, großzügig, wie sie ist, erinnert uns immer wieder daran: dich, Pummelinchen-Pralinchen, allzu holterdipolter in allen Dingen, und dich, nachtragende Viorica, stets mit Gift und Galle zur Hand, und selbst Sie, Genossin Carmen, gnädige Frau, denn seitdem Ihr Bebe-Honigschleuder sich an den Orten aufhält, wo richtig was abfällt, ist Ihnen alles piepegal.

Die ganze Belegschaft – bis auf Geta Muşuroi natürlich, die flugs zur Tür hinaus war – stürzte sich auf den Erretter. Vergeblich bemühte er sich, den Vorfall herunterzuspielen, das ließen sie unter keinen Umständen zu. Sie drangen mit Fragen und heißem Dank auf ihn ein, vielleicht – vielleicht, wer weiß, käme doch noch jene Kumpelhaftigkeit auf, die sie erwarteten und die er hartnäckig verweigert hatte. Sie umzingelten ihn, auf daß er nicht mehr entkomme, er sollte nun auch endlich mitmachen, wenn sie ihre Geschichten erzählten, ihre Sorgen austauschten, ihre Meinungen von sich gaben, wenn sie über Filme sprachen und über die Kinder, über Politik und Suppen und Amerika und Mode und Kondome und Sternbilder und Waschmaschinen. Nein, er würde nicht mehr entrinnen, diesmal entkam er nicht! Eine einzige Panne, eine kleine Sentimentalität, und schon würde morgen die eine, übermorgen die andere kommen und ihn belagern mit Vertraulichkeiten und mit hysterischen Anwandlungen und mit Zitaten ihrer Lieblingsautoren, bis sie ihn breitgeschlagen hatten, bis er schwach würde und selbst zu erzählen anfing: von seinem Bruder und von seiner Tochter, von seiner Mutter und dem Genossen Direktor, den er noch als Kind in Erinnerung hatte, auch etwas über den Vater des Genossen Direktor, ja. Und so würden sie schön langsam, leichten, schwebenden, schleichenden

Schrittes dahinterkommen, was es mit den Besuchen bei der Direktion auf sich hatte, was dort ausgeheckt wurde, denn irgendwas war da doch faul, jedenfalls stank es meilenweit, seitdem im September die Telefoniererei begonnen hatte, diese komischen Anrufe: Ist er gekommen? – nicht gekommen! – rums! Ist er gekommen? – nicht gekommen! – rums. Ich bin der Genosse Scarlat.

Vorläufig widerstand der Genosse Scarlat. Er wechselte ein paar Worte mit den lautstarken Angreiferinnen. War nicht mürrisch, beugte sich nicht, wie sonst, über die Papiere. Er hörte sie an, lächelte hin und wieder, räusperte sich zwischendurch, putzte dabei mal die Brille, dann schneuzte er sich zwischendurch zum zweitenmal, zupfte die Krawatte zurecht. Und immer wohlwollend, zerstreut. Brach doch die Welt in gewaltigem Wortschwall aus all diesen warmen, rougegefärbten Mündern, die knatternd und säuselnd das zerknautschte, dreckige Segel des Tages Stück für Stück auseinanderzogen.

Und so näherte sich der Tag immer mehr seinem weichen, dämmrigen Ende. Er rollte sich ermattet ein, konnte jeden Augenblick wegkullern.

Stunden waren vergangen, seitdem Pumella losgerannt war, der Schwatz hatte sich verlagert, immer neue Duos bildeten sich, tanzten um den Genossen Scarlat herum.

Keine der handelnden Personen warf mehr einen Blick, auch keinen noch so verstohlenen, hinüber zu derjenigen, die all die überraschenden Umstände verursacht hatte. Die stille Kollegin, die beherzte und in sich gekehrte Puiu, ging ihrerseits brav ihrer Arbeit nach, diskret, wie sie war, störte sie die von ihr ausgelöste Munterkeit in keiner Weise.

III.2. Zur Zeit der Links- und Rechtsabweichungen legt Genosse Cotigă eine prinzipientreue, kompromißlose Haltung an den Tag. Auf den Versammlungen, die in dieser Zeit stattfinden, tritt er mit besonderer Härte den Versuchen entgegen, die Richtigkeit der festgelegten Linie in Zweifel zu ziehen, und warnt vor übergroßer Nachsicht gegenüber den schweren Verfehlungen derer, die gestern noch leuchtende Vorbilder waren, Beispiele an Ergebenheit und revolutionärem Kampfgeist, heute aber zu den Fraktionierern und Verschwörern zählen. Er zögert nicht, selbst die rückständigen Ansichten seiner ehemaligen Freunde zu entlarven, und zeigt in deren Vergangenheit, in ihrem ursprünglichen Wankelmut die Ursache fremder Gesinnung auf.

Er wird zum Leiter des Wirtschaftsressorts des zentralen Presseorgans befördert. Allmählich entwickelt er sich zu einem Stützpfeiler des organisatorischen und ideologischen Gefüges, steht mit den Ministern des entsprechenden Ressorts in ständiger Verbindung, ebenso mit den Direktoren der großen Industrieeinheiten, mit den Planungsstellen und statistischen Ämtern, ja sogar mit den Mitgliedern des Büros, deren Beschlüsse er weiterleitet und die er über den Stand der Dinge auf dem laufenden hält. Er arbeitet unermüdlich und ohne sich zu schonen von 7 Uhr früh bis nach 22 Uhr, zuweilen auch bis nach Mitternacht. Die Berichte aus dieser Zeit sprechen von seiner uneingeschränkten Ergebenheit, von der strengen Disziplin, mit der er die übernommenen Aufgaben bewältigt und die er in gleichem Maße von seinen Untergebenen fordert; er sieht sich und alle anderen tagein, tagaus als Beteiligte einer entscheidenden militärischen Auseinandersetzung. Die Mitarbeiter fürchten ihn, doch seine außergewöhnliche Selbstlosigkeit, seine Unerschütterlichkeit flößt ihnen Achtung ein. Man nennt ihn den »Feldwebel«. Die meisten rechtfertigen den Spitznamen aber nicht damit, daß er die Instruktionen sehr eng auslegt (denn sie anerkennen das hohe politische Niveau des Genossen Cotigă sowie die Tatsache, daß er sich ständig weiterbildet), sondern mit seiner Angewohnheit, die Befehle und Zurechtweisungen stets finster dreinblickend, schroff, mit rauher Stimme und schreiend zu erteilen.

Neben seiner Zeitungsarbeit, die unmittelbar richtungweisend für die Organe und Organisationen seines Ressorts ist, wirkt er – so etwa bei den Sitzungen zur Leistungsanalyse und Unterweisung – auch als Propagandist und entfaltet darüber hinaus eine rege Lehrtätigkeit, indem er Vorlesungen zu den Themen des Tages hält.

Die Genossin Valentina Cotigă leitet eine bedeutende Heilanstalt in der Hauptstadt und gehört zugleich zahlreichen Kommissionen und Arbeitsgruppen an.

In dieser Periode reisen die beiden viel, meist als Mitglieder offizieller Delegationen, die stets zu irgendwelchen Beratungen oder Kongressen, einem Erfahrungsaustausch oder zu Freundschaftsbesuchen unterwegs sind.

Im Jahre 1959, im Laufe der Maßnahmen zur Verbesserung der Zusammensetzung der Mitgliederstruktur der Partei und zur Festigung der Reihen, wird die Mitgliedschaft der Genossin Valentina Vrînceanu aufgehoben, und zwar auf Grund ihrer ungesunden sozialen Herkunft, deren Auswirkungen in ihrer gesamten Tätigkeit deutlich erkennbar sind. Bei der Ausschlußsitzung kann die Ärztin Vrînceanu nicht zufriedenstellend erklären, warum sie ihrer Mutter seit mehreren Jahren in ihrem Haus Unterkunft gewährt und warum vor allem sie ihrer Mutter, der Gattin des inhaftierten Forstwirts Vrînceanu, eines reaktionären Elements, Verbreiter von Witzen und Falschmeldungen über unsere Realität, die Erziehung des einzigen Kindes anvertraut hat, der Tochter Dolores, die, zehn Jahre alt und Spitzenpionier der Schule, vor dem Kontakt mit deklassierten Elementen der alten Gesellschaft bewahrt werden muß. Die Ärztin Valentina Vrînceanu gibt keine eindeutigen Antworten auf die Frage, ob sie Kenntnis gehabt habe von den Paketen, die ihre Mutter dem Häftling Mihai Vrînceanu hatte zukommen lassen, oder ob sie die Postkarten der genannten Rodica Vrînceanu an den Angeklagten gelesen habe. Auch kann die Ex-Direktorin Vrînceanu den zweimonatigen Aufenthalt der Kranken Rodica Vrînceanu im Klinikum nicht rechtfertigen; diese hätte kein Recht gehabt, in die exklusive Einrichtung aufgenommen zu werden, ganz gleich, wie besorgniserregend ihr Zustand gewesen war.

Im Oktober 1959 wird auch der Fall des ehemaligen Leiters des Wirtschaftsressorts beim Zentralorgan vor der Mitgliederversammlung zur Sprache gebracht. Zum einfachen Redakteur zurückgestuft, wird der Genosse Cotigă, Vasile außerdem mit einer Rüge und Verwarnung belegt, und zwar wegen der nicht den Grundsätzen entsprechenden Art, in der er mit den Menschen umgegangen ist, wegen Sektierertum, autoritärem Verhalten und Individualismus; dabei wurden auch die ungesunden Einflüsse des familiären Umfeldes in Betracht gezogen, die in der geringschätzigen Behandlung der Mitarbeiter ebenso zum Ausdruck gekommen waren wie in der büttelhaften Arroganz, mit der er auf eigene Faust Entscheidungen traf und erwartete, daß sie ohne Wenn und Aber durchgeführt würden, wie seinerzeit in der bürgerlich-gutsherrlichen Armee. Bei dieser Gelegenheit wird ein Empfehlungsschreiben verlesen, das von einem gewissen Stamate stammt, einem vormals einflußreichen Kulturaktivisten;

dabei handelt es sich um das Empfehlungsschreiben, auf Grund dessen Genosse Cotigă 1946 beim Zentralorgan angestellt worden war. Geo Stamate, seinerzeit unbedeutender Schreiberling bei einem Lokalblatt in Konstanza und hafenbekannter Schieber, hatte sich als raffinierter Hochstapler erwiesen, als ein schädliches Element, ein Demagoge, der die zuständigen Organe viele Jahre lang täuschen und in hohe, verantwortungsvolle Positionen aufrücken konnte, bevor man seine Vergangenheit aufdeckte und ihn als verabscheuungswürdiges Instrument der alten Klassen entlarvte.

Von November 1959 bis Februar 1960 weilt der Genosse Cotigă in einem Lungensanatorium. Im April 1960 wird er als Leiter der Pressestelle zum Komitee für die Verteidigung des Friedens versetzt. Im Oktober 1960 befördert man ihn zum stellvertretenden Chefredakteur des Organs, das das Landeskomitee für die Verteidigung des Friedens herausgibt. Aus den Unterlagen geht hervor, daß er seiner neuen Aufgabe pünktlich und gewissenhaft nachkommt. Er unterhält keine anderen als rein dienstliche Beziehungen, trinkt nicht, ist diszipliniert und unnachsichtig, macht Überstunden bis abends spät, entwikkelt Initiativen zur stärkeren Verbreitung der Zeitschrift. Im Rahmen der Grundorganisation aber, zu der er gehört, ergreift er nicht mehr das Wort, tritt auch sonst kaum in Erscheinung, so als hätte er nicht die Erfahrungen eines Leitungskaders im Zentralapparat.

Mit Beginn des Hochschuljahres 1960 belegt Genosse Vasile Cotigă Vorlesungen an der Fakultät für Wirtschaftswissenschaften, um seine Ausbildung zu vervollständigen. Die Bewertungen beim Abschluß sind mittelmäßig. Das Diplom, das er erhält, ist wie alle seine Papiere auf den Namen Victor Scarlat ausgestellt, das einstige Pseudonym.

1963 trifft Genosse Vasile Cotigă in seiner Heimatstadt, wo er sich aus Anlaß der Beerdigung seiner Mutter aufhält, den kanadischen Staatsangehörigen, Herrn John Lama, den Bruder vom Smaranda Cotigă, der 1936 Rumänien verlassen hatte. Genosse Cotigă behauptet, von diesem Onkel nichts gewußt und ihn deshalb nicht in seine Personalakte eingetragen zu haben. Fest steht, daß Genosse Cotigă und vor allem seine Frau Valentina, geb. Vrînceanu, ab 1965 mit genanntem John Lama aus Toronto eine lockere Korrespondenz führen. Auch nimmt Valentina Vrînceanu 1966 brieflich die Verbindung mit der Familie Marius Vrînceanu wieder auf, die 1945 dem Land den Rücken gekehrt und sich in Milano, Italien, niedergelassen hat.

Im Jahre 1964 unternimmt Genosse V. Cotigă bei den entsprechenden Stellen Schritte im Hinblick auf seine Rückkehr zum zentralen Presseorgan, Abteilung Industrie oder Landwirtschaft. Als das Friedenskomitee den Umfang seiner Publikationen einschränkt, wechselt er von der Position des stellvertretenden Chefredakteurs, die gestrichen wird, zu jener des Ressortchefs Außenbeziehungen. Nach der Auflösung der Redaktion kommt er beim Außenministerium unter. 1971 gibt er die Arbeit dort auf, da sie mit seinen Familienbeziehungen zum Ausland nicht vereinbar ist; außerdem hat seine Tochter, Dolores Scarlat, während eines Ausflugs in die Türkei den Verlockungen des Wohlstandes nicht widerstanden und sich nach Belgien abgesetzt.

Auf Empfehlung des Genossen Petre Petru, eines Bekannten aus der Zeit der Abweichungen, mittlerweile rehabilitiert und in leitender Stellung beim Ministerium für Religion und Kultwesen, wird Genosse V. Cotigă bei einer religiösen Zeitschrift der orthodoxen Kirche beschäftigt –

Genaueres ist nicht bekannt. Nach kurzer Zeit steigt er, wie es scheint, in den Protokolldienst auf. Den vorliegenden Berichten ist zu entnehmen, daß V. Cotigă auch in dieser Tätigkeit, die er bis 1973 ausübt, äußerst gewissenhaft ist und sich Achtung erwirbt. Einzelnen Hinweisen zufolge, stellt V. Cotigă über seine Verpflichtungen als Protokollbeamter hinaus dem Metropoliten seine langjährige Erfahrung bisweilen auch als Berater in komplizierteren politischen Fragen zur Verfügung.

II.3. Lange schon lag die junge Frau im Schaukelstuhl vor dem Spiegel, betrachtete sich im Spiegel und sah sich doch nicht. Es war, als suchte sie Ruhe und Konzentration, wie sie sich da seit Stunden im roten Schaukelstuhl wiegte, doch wahrscheinlich ließ sie sich einfach gehen. In den letzten Wochen fand sie die Sammlung und Abgeschirmtheit, die sie morgens brauchte, um den Tag zu beginnen, originellerweise im prallsten Getöse: die Stimme des Rundfunksprechers vermischt mit dem Dröhnen des Kassettengeräts, und obendrein schrillte unausgesetzt das Telefon …

Sie rührte keinen Finger, dem Lärm ein Ende zu machen, so als hörte sie nichts. Von Zeit zu Zeit zwang sie sich, an dem Brief weiterzuschreiben, den sie auf ihren Knien hielt, doch die Worte wollten sich nicht einstellen oder verflüchtigten sich, bevor sie sie festhalten konnte.

Der schöne Frühlingsmorgen blieb fern von ihr. Die Frische der neuen Jahreszeit drang nicht durch die verrammelten Fenster mit den dicken Gardinen.

In Jeans, mit nacktem Oberkörper, die nackten Füße auf der Platte des massiven Schreibtisches, bot das Mädchen das gewöhnliche und herausfordernde Bild unbekümmerter Jugend – ganz wie es sich für eine polyglotte, sportliche und zynische junge Dame gehörte. Sie sah zufriedenstellend aus, dem ausdruckslosen, frechen Durchschnitt der Serie entsprechend. Kurz geschoren, Herrenschnitt, die großen Augen mit Wimperntusche umrandet, die Brüste voll entwickelt, wie übrigens der Körper insgesamt, keine Halbheiten nirgendwo. Im Grunde ein schüchternes Mädchen, behaupteten die Eltern, eine glänzende Studentin des Polytechnikums, sagten die Lehrer, ulkig-fetzig-okay, gaben die Kommilitonen an.

Auf dem Recorder Ray Charles, im Radio Kindertheater, am Telefon sicherlich Sorin, der jeden Morgen stundenlang anklingelte, aber sich nie dazu bequemte, ihr mal einen Besuch abzustatten, um endlich zu erfahren, was er so dringend zu erfahren wünschte. Ihm schrieb sie übrigens, jeden Tag eine Zeile, schrieb eine kleine Geschichte für ihn, damit er im gegebenen Augenblick, wenn er den Umschlag fand, Bescheid wisse; damit er dann wisse, wieso und warum. Nicht allein diese zwei letzten Wochen des Abtauchens und Schweigens wollte sie ihm erklären. Zum Abschied sollte er die ganze Motivationskette haben, die, wie sie entdeckt hatte, tief hinunterreichte bis in die farbenprächtigen Fältelungen ihrer privilegierten Kindheit hinein. Deren Freuden hatte sie, das mußte sie gestehen, wie selten ein Mensch genossen.

Wer weiß in diesen Dingen schon sehr genau, was wie wann gekommen ist? Die unerschütterliche Beharrlichkeit, mit der die junge Avantgardistin trotzdem die letzten Gründe zu erkennen, das Knäuel der auslösenden Impulse zu entwirren suchte, bezeugte immerhin, nicht wahr, die theoretischen und anwendungspraktischen Fähigkeiten der Top-Studentin.

Die Wörter kamen nicht sehr schnell zusammen, täglich eine Zeile, höchstens zwei. Schließlich waren es dennoch gut anderthalb Heftseiten geworden, sie las sie ohne Begeisterung immer noch einmal.

»Ich war noch Schülerin, als ich die Möglichkeit hatte – eine der vielen Möglichkeiten, die ich meinem Genossen Vater verdankte –, die Ferien bei uns zu Hause mit der zierlichen Yvonne, meiner Schweizer Mitschülerin, zu verbringen. Ich flippte beinahe aus, wie du dir denken kannst – Ehrfurcht und Bewunderung. Sie erschien mir als strahlende Märchenprinzessin: so locker, so fröhlich! Und dann die westlichen Kleider, natürlich, und die kleinen heimlichen Ausschweifungen, die in jenem Alter so wichtig sind. Sie hatte keine Hemmungen, keine Angst, keinerlei Zweifel. Sie wußte genau, was sie machen, wohin sie reisen würde, war ihrer selbst und der Welt vollkommen sicher ... Bis ich dann begriff, wie dumm sie eigentlich war. Das heißt, sie war nicht gerade dumm, aber ich war eben klüger, schöner, gebildeter – und total verschüchtert, unsicher. Ich hatte ihr nichts Bestimmtes entgegenzusetzen. Das war gar kein Vergleich zwischen uns, ich war unvergleichlich, Sorin, ja, genau das war's, ich sehe das ganz sachlich. Doch zugleich war mir klar: Wenn wir uns nach 20 Jahren wieder begegneten, stünde ich nicht besser da. Im Gegenteil, die affektierte Ziege würde mich wieder umhauen mit ihren Klamotten und Cremes und Reisen, mit ihrer gefestigten 'Persönlichkeit'. Klar und bestimmt in allem, was sie sagte und tat, 'hat doch jeder etwas Eigenes und ein Recht darauf, so zu sein, wie er ist' – das sprach aus jeder ihrer Gesten. Ich habe viel darüber nachgedacht, der Genosse Vater wollte mich zu jener Zeit nie bis zu Ende anhören.«

Diese Sätze füllten lediglich eine Seite. Die Autorin sah ein, daß die Geschichte nichts Außergewöhnliches hatte, doch verständlich zu machen, warum die Gewöhnlichkeit in ihrem Fall nicht zu verachten sei, dazu fehlte ihr die Kraft. Daß ihre eigene Wahrheit und die Träume einer Maniküre, zum Beispiel, in die gleiche Kategorie gehörten, machte die Wahrheit ja nicht weniger wahr. Und das *ist* die Wahrheit, Sorin! hätte sie am liebsten geschrien, ganz umsonst versuchen wir im Unvermögen, im Scheitern, in allerlei unnützen Komplikationen Befriedigung zu finden.

Sie hatte keine Lust, nein, nicht die geringste Lust, weiterzulesen, wahrscheinlich bestand auch der Rest aus ähnlich abgeschmackten Sätzen. Sie sah schon den arroganten Sorin die Lippen spitzen: »Schau-schau, wo sich die Midinette verbirgt, die Modistin, das Flittchen – ach, der überlegene Geist, der von Kierkegaard und Einstein gar nicht zu heilen war!« Versuche ihm einer beizubringen, daß die Frau Dinge empfindet, die der Partner erst nach zwanzig Jahren begreift, wenn nämlich ein anderes Lebensalter ihn normalisiert und seinen Realitätssinn geschärft hat.

Das Band war abgelaufen. Also hüpfte die Philosophin auf einem Bein um den Schreibtisch, die Kassette zu wechseln. Im Spiegel glänzte geschmeidige Nacktheit. Die Frau sah, betrachtete sich. Sie sah ihre großen blassen Brüste, legte je eine Hand darunter, musterte sie ... Ein Jahr noch, fünf, das ist alles, das war es dann, unser kurzes Leben, lächelte sie angewidert und legte geübt eine neue Kassette ein.

Sie drückte die Taste, die Hölle brach los. Und das Telefon läutete, läutete immer noch oder schon wieder, der arme Sorin. Eine Regung guten Humors, die Glücksritterin gab ihr nach. Sie hatte den Hörer bereits ergriffen, hielt ihn noch eine Weile unentschlossen vor sich in der Hand ... Sorin, natürlich Sorin, der kindliche Revolverheld, namhafte Nörgler und Gelehrte. »Ja, ich, Dolores, wer denn sonst? Gar nichts, was soll schon los sein? Quatsch, meine Stimme ist unverändert ... Was heißt Grille? Nix Grillen ... Nichts hab' ich, gar nichts. Das heißt, die Regel, nur die Regel, sonst nichts ... Ja, mein Herr, die betreffende, von der Ihr geschätzter Autor sagt, man müßte uns ihretwegen verbieten, Richter oder weiß Gott was zu werden. Also mir würde man an diesen Tagen das Schicksal der Menschen nicht anvertrauen. Vielleicht auch anderen nicht, wer weiß ... Ja, Mann, die Menstruation, das ist alles!«

Der Hörer ruhte wieder auf seinem Platz, und die impulsive, verträumte Abenteurerin hatte wieder Muße zur Einsamkeit. Sie nahm ihren Kopf in die Hände, schob ihn tief zwischen die Knie, schien eingenickt; dabei hörte sie die Beatles, den Landfunk, das Telefon. Das Telefon läutete wieder, läutete immerzu, pausenlos, mag es läuten! Beatles, die Milchproduktion, das Telefon – Gott befohlen!

Die Beobachtungsarbeit in einem Lokal, einem Sportclub, als Taxifahrer, in einer Kindertagesstätte, einer Sparkassenzweigstelle, einem Gericht, am Flughafen, bei der Müllabfuhr, unter Straßenbahnschaffnern, Zeitungsverkäufern, Verkehrspolizisten oder in der Notfallklinik, beim Arbeitsamt, beim Wohnungstausch, in einer Bibliothek, einem Friseurladen würde zu interessanten Ergebnissen führen. Erste konkrete Untersuchungen vor den eigentlichen Arbeitssitzungen. Der merkwürdige junge Mann, der die Phantasie der Anfangszeit beflügelt, den spekulativen Appetit angeregt hatte, wäre nicht im Saal zu finden. Völlig unerklärlicherweise tauchte er auch in den Namensverzeichnissen der Redaktionskollektive nicht auf. Sein Fehlen würde nicht als Skandal empfunden, die Zusammenkünfte nähmen einen betont sachlichen Arbeitscharakter an, jeder kümmerte sich um seine eigenen Pflichten. Wahrscheinlich würden sie ihn vergessen. Würden ihn – bedauerlich, aber wahr – gleichsam verlorengeben an eine unbestimmte Vorwirklichkeit; so daß man sich dereinst geradezu fragen dürfte, was es gewesen war, wenn es denn gewesen war: dieses Aufwirbelnde, das alle in einer kurzen Sequenz der Verblüffung und des Aufbruchs in Bewegung brachte ... Nur selten noch würden sie, wenn mal jeder an seinem wohlverdienten Platz säße, an ihre Gesichter von damals zurückdenken, die gespannten und erhitzten Gesichter junger Leute, die sich für einen Augenblick in der lauernden Ungeduld eines seltsamen Eindringlings wiedererkannten. Nunmehr wären sie nur noch eifrig und methodisch, nur noch darauf bedacht, die Lohnarbeit Schritt für Schritt, gründlich und fachgerecht auszuführen.

Man wüßte nicht mehr zu sagen, ob der Unbekannte noch dabei war, als die kühnen Hypothesen von der »Energie- und Charakterkrise der Welt«, von der »zerstörerischen Intervention als Verneinung des Zufalls« und zahlreiche andere dieser Art aufgestellt wurden.

Noch zweifelhafter wäre, ob er die Vorführung des lehrreichen Films miterlebte, den der Direktor seinen Untergebenen kurz vor ihrer Entlassung in die Ferien zeigte.

Das Werk eines bedeutenden Regisseurs, das die wirtschaftliche und moralische Krise im Deutschland der zwanziger und dreißiger Jahre behandelt. Elend, Polizei, Mißtrauen, Überwachung, das allmähliche Anwachsen der Unzufriedenheit, die Mechanismen der Druckausübung auf den einzelnen, dessen Arbeitssituation ungesichert ist, den die immer härteren Selektionskriterien in Angst und Schrecken versetzen, der von der lautstarken Propaganda betäubt wird, sich auf Schritt und Tritt beobachtet fühlt, täglich neue Rubriken mit Angaben über sein Leben, seine Gesinnung, seine Verwandten ausfüllen muß, der, immer hilfloser in die Enge seines gefährdeten Heims getrieben, vor Entsetzen zu ersticken droht. Es ist zu sehen, wie Humor und Kunst immer strenger geahndet werden, wie der Zweifel, die Ironie mit Verbot belegt werden, wie sich der Terror der Posaunen – als Einstimmigkeit und Preisgesang – unaufhaltsam ausbreitet, wie die Jagd auf Verdächtige beginnt, auf Fremde, Kranke, Gelehrte, Revolutionäre, Prostituierte, Künstler, Schieber, wie die Demagogen schneidige Uniformen anlegen und die Schurken, die Versager, die Sadisten, die Spitzel und die Fanatiker langsam und sicher nach oben kommen.

»Der Triumph dieser Diversion ist die Aggressivität der Menschen gegeneinander. Das Mißtrauen, das leicht zu manipulieren ist. Ich denke, es ist aufschlußreich, wie hier ganz methodisch verfälschende Faktoren zwischen die wirkliche Ursache und die katastrophale Folge geschaltet werden«, würde der Professor sagen, während er Licht machte. »Der Wissenschaftler untersucht Ursache und Wirkung, aber auch solche Deviationskräfte mit der gleichen Objektivität. Von Interesse ist weniger die Vorgeschichte des deutschen Nationalsozialismus, die hier so genau durchleuchtet wird, sondern vielmehr die Intuition des Künstlers. Ich war der Meinung, ein gutes Kunstwerk würde die Imagination anregen, jetzt, wo Sie vor dem verdienten Urlaub stehn ...«

Es würde spät geworden sein und kühl, so daß die ehrenwerten Wissenschaftler sich beim Ausgang nicht gerade sehr rücksichtsvoll drängelten und keiner mehr festzustellen imstande wäre, wer an der Veranstaltung teilgenommen hatte und wer nicht.

III.3.

Nachdem Seine Heiligkeit der Metropolit das Zeitliche gesegnet hat, wird Vasile Cotigăs Lage schwierig, und er gibt die Stellung auf. Einige Monate lang arbeitet er bei einer Philatelistenzeitschrift.

Zwei Monate nach dem Erdbeben erleidet Vasile Cotigă eine Netzhautablösung am rechten Auge und wird im Militärkrankenhaus operiert. In dem Zimmer, in dem er zehn Tage zubringt, liegen außer ihm ein Beamter der Fluggesellschaft Tarom und ein wenig bekannter Schriftsteller, Verfasser mehrerer Romane. Aus den Berichten geht hervor, daß es zwischen diesem Schriftsteller und Vasile Cotigă zu heftigen Meinungsverschiedenheiten gekommen ist. Als der Schriftsteller erfährt, wo sein Bettnachbar gearbeitet hat, will er Einzelheiten über das Kirchenoberhaupt wissen. Cotigă beschreibt ihn als Oberhaupt, nicht als Heiligen. Als einen geschickten Kirchenaktivisten, der die Interessen der Institution und seine eigenen gleichermaßen wahrzunehmen versteht. Autoritär, praktisch veranlagt, ein Mensch, in dessen Anwesenheit die Untergebenen es vorziehen, ihre persönlichen Meinungen für sich zu behalten. Eine Führergestalt von großem organisatorischen Eifer, zupackend, gewohnt, allein zu entscheiden, ganz gleich, ob es sich um Wichtiges oder um Kleinigkeiten handelt. Ein Vorgesetzter, der seine Mitarbeiter durch seine Energie und seine Launen beherrscht, in den Beziehungen zu anderen Chefs aber zweckdienliche Kompromisse eingeht; der also bereit ist, all jenen gewisse Dienste zu erweisen, die ihm seine Stellung sichern, ihm eine relative Immunität gewähren. Von diesen sachlich vorgetragenen Informationen geht in einer warmen Sommernacht, da sie nicht einschlafen können, eine Auseinandersetzung aus, die sich über mehrere Tage hinzieht. Den Schriftsteller scheint das Gehörte zu beschäftigten, er erfragt weitere Details bezüglich Struktur und Ablauf des Kirchenbetriebs. Vasile Cotigă antwortet präzise, aber ohne innere Beteiligung. Dies bringt den sogenannten Schriftsteller, von dem weder Cotigă noch der Tarom-Dispatcher je gehört hatten, völlig aus der Fassung ... »Sie machen mich allein deshalb nervös, weil ich in Ihnen weiß Gott welchen Onkel oder Vetter oder Schulkollegen zu entdecken suche; vielleicht gar ein Gesicht von mir selbst, ein unmögliches, unbewußtes, das ich nicht als meines zu erkennen vermag! Ich suche nach den Gesichtern dieser Zeit, das heißt, ich versuche zu begreifen, was ich erlebt habe, erlebe und in Zukunft erleben werde – vorausgesetzt, ich bleibe derselbe, mit demselben idiotischen Bedürfnis, die Dinge zu verstehen, Kriterien zu haben; und ich seh' schon, ich werd's nicht ändern können.« Derlei Unsinn verzapft der Schriftsteller massenhaft, wohl in der Absicht, Cotigă zu reizen. Der aber antwortet ruhig: »Wichtig ist, glaube ich, daß man seine Sache gut macht, egal wo man hingestellt wird; das ist alles.« Am nächsten Tag oder Abend wirft dann dieser Federakrobat, da er sich schlaflos von einer Seite auf die andere wälzt, folgende Frage auf: »Sagen wir, ich kenne einen genialen jungen Maler. Einen Picasso. Oder einen sensationellen Dichter, meinetwegen Rimbaud, der irgendwo in einer Dachkammer haust. Krank, mittellos, ohne jeden Rückhalt. Nehmen wir an, er ist zugleich ein Mensch, der nicht stiehlt, nicht lügt, weder dies noch jenes – eine Art Engel. Schwer vorstellbar bei einem Künstler, noch dazu einem genialen, aber nehmen wir das mal an. Ich komme zu Ihrem Oberhaupt und erzähle ihm: Sehn Sie, dies und das ist der Fall, in einer Dachkammer quält sich ein Großer durchs Leben, einer von den begnadeten Geistern, er geht nicht zur Kirche, betet zu keinem Gott, huldigt weder den Gewaltigen auf der Erde noch dem im Himmel, ist ein guter Christ, ohne es zu wissen. Er malt etwa so und so, Bilder, aus denen keiner so richtig schlau wird, ich aber und ein paar andere, die was davon verstehen, wir garantieren dafür, daß sie ganz außerordentlich wertvoll sind, irgendwann werden sie auch einen entsprechenden Wert haben. Wird nun dieser, wie nennt man ihn, wird Seine Heiligkeit fragen, ob der Junge jemals die Auferstehung gemalt hat? Oder wird er verlangen, daß er irgendwo auf dem Bild das Kreuz oder dergleichen anbringt?« Selbstverständlich, antwortet Cotigă. »Andernfalls interessiert ihn das ganze nicht? Wäre er nicht bereit, ihm einfach so, als Christ, zu helfen?« Selbstverständlich, antwortet Cotigă abermals, selbstverständlich interessiert ihn die Sache nur, sofern sie in seinen Zuständigkeitsbereich fällt. Ansonsten ist es eben nicht seine Sache, sondern die anderer. »So, dann ist dieser, ist Seine Heiligkeit ein Beamter... Gibst du mir, so geb ich dir; entsprichst du meinen Anforderungen und zahlst den Beitrag, so biete auch ich dir, was du brauchst. Mit einem Wort: kein Unterschied.« Herr Habenichts fügt noch mancherlei Ungereimtes hinzu, sinngemäß: schlag dich auf unsere Seite, dann lassen wir dich sogar den Rebellen spielen, ab und zu gar die Wahrheit sagen, Hauptsache, du gehörst zu uns. Cotigă läßt sich nicht provozieren. Der andere immer weiter drauflos, und ja und nicht doch, schwadroniert und schimpft, protestiert – Humbug. Der Clou: die beiden freunden sich an. Es gibt Belege dafür, daß jener Hungerleider späterhin zu Cotigă gewisse Beziehungen unterhält, ihn sogar zu Hause aufsucht. Nach der Entlassung aus dem Krankenhaus wird Cotigă nahegelegt, in Rente zu gehen, doch er lehnt ab. Er sucht ein paar Monate lang nach Arbeit. Die Information, seine Einstellung bei der Versicherung sei auf Grund der Intervention des betreffenden Schriftstellers zustande gekommen, erweist sich als falsch. Vasile Cotigă verdankt seine Stelle – zunächst als Versicherungsinspektor, dann als Rechnungsführer bei der Sparkasse – auch diesmal dem Genossen

Petre Petru, dem ehemaligen Redaktionskollegen, jetzt im Ruhestand, dessen Sohn Vladimir Petru in der Sparkassenzentrale eine leitende Position innehat.

I.5. »Was mach' ich bloß mit dieser Schule«, stöhnte Viorica und rollte den Stapel Vordrucke zusammen. »Die sind wahrhaftig von allen guten Geistern verlassen. Die Kinder sollen saubermachen, sollen die Fenster putzen. Sie haben keine Putzfrau, gibt's denn das! Und jetzt dies: monatlich soll jedes Kind fünf Korken bringen und ich weiß nicht wieviel Papier. Und Flaschen. Vier Flaschen oder Gläser, und obendrein noch Heilkräuter sammeln! Wo nehm' ich in Bukarest Heilkräuter her? Das hab' ich gestern die Klassenlehrerin gefragt, wir hatten Elternabend. Da hat sie gelächelt, die Ziege! Wir werden halt welche kaufen müssen, sagt sie. Hat man das schon gehört! Kaufen! Damit die Schule verkaufen kann, was wir gekauft haben! Und keiner hat die Courage, den Mund aufzumachen. Was man ihnen sagt, das schlucken sie, nicken mit dem Kopf, jaja, wird gemacht, kriegen wir schon hin. Aus lauter Angst, sie könnten ihren gepolsterten Sessel verlieren, mitsamt Hintern.« Geta hörte zu oder auch nicht, jedenfalls war sie ganz derselben Meinung. Auch sie hatte eine Tochter, wußte also Bescheid. Sie zog die dicke Wolljacke enger um sich, gähnte, war dann ein paar Sätze lang wieder bei der Sache, im Grunde aber dachte sie nur noch daran, daß in einer Stunde die Fete anfing. Gottseidank, denn sie war schon ganz klamm von der Kälte dieses trübseligen Tages. Teller, Töpfe, Flaschen und Gläser standen in schöner Ordnung bereit, hinterm Schrank, der als Sichtblende diente. Sie hatte sich mit Viorica ausgesöhnt: sind ja nicht wirklich schlecht, diese Mädchen: Das Leben ist nun mal so. Es war gar nicht schwierig – sie brauchte nur eines Morgens zu ihr hinzutreten und ihr schlicht und gradheraus zu sagen: »Komm, vertragen wir unss, bei Gott! Ich hab' genug geheult, weil du mich nicht mehr angeshaut hasst ... Du weißt ja, wie'ss isst, wenn die Tssunge ssich sselbständig macht. Klar, ich hätte dass Maul halten ssollen, shtatt zu quatshen ... Aber auch du hasst ja meine Geshichte mit den Nertsen im gantsen Betrieb ausspossaunt. Daß ich in meinem Hof eine Tssucht aufgemacht hab' und bald reich ssein werde. Hasst außerdem auch noch gelogen, ich hätte vor drei Jahren im Keller Piltse getssüchtet, du weißt genau, daß dass nicht shtimmt. Wass soll'ss, keiner isst ohne Fehl. Shau, ich hab' dir was Shönes mitgebracht, komm her zum Versöhnungsskuß.« Und sie packte das chinesische Armband aus und schob es ihr über die Hand.

Viorica schossen die Tränen in die Augen ... Ist ja kein schlechter Mensch, nur eben etwas heftig, braust immer gleich auf; aber wenn man sie zu nehmen weiß, beruhigt sie sich wieder, ist hilfsbereit und lieb ... Heute, zu ihrem Geburtstag, hatte ihre Tischnachbarin und unzertrennliche Schwatz-Genossin die Krautwickel und die Sülze zubereitet, also das Hauptstück des Festgelages. Hielt man Puius gefüllte Eier und Inas Käsekuchen dagegen, ja selbst die Torte der Genossin Carmen, so hatte Pummelinchen damit ganz klar ihrer besonderen Beziehung zu der redseligen Viorica Ausdruck verliehen, die nun als Freundin und Vertraute wiedergewonnen war, mit der sie sich nie mehr entzweien würde, was auch passierte. War ja kein Klacks gewesen, die Geschichte mit dem Ehemann im Pyjama, und das Gerede um die Nerze und Pilze auch nicht. Und dennoch – das ist erledigt, die Freundschaft hatte sich als stärker erwiesen! Jetzt blickte Viorica mit frisch frisiertem Wuschelkopf und in einem neuen grünen

Stoffkleid fröhlich dem Fest entgegen, mit dem die Kolleginnen sie heute feiern wollten.

Ach, die Feiern zu Ehren der verschiedenen Heiligen, von Getas heiligem Georg, dem heiligen Gabriel der Gabriela, genannt Puiu, und vom heiligen Johannes der Ioana Carmen Petroianu!

Viorica s Fest aber war üppiger noch als selbst das der Genossin Carmen, es fiel nämlich auf den 25. Dezember. Da gab's dann eben Sülze und Krautwickel und mehr Wein als sonst und feinere Schnäpse…

Es war allerdings noch keine Woche her, daß sie die ebenfalls im Dezember geborene Madame Carmen gefeiert hatten. Sie befolgten hier in der Zweigstelle 46 eine andere Regel als sonst üblich: Nicht die Gefeierte hatte für Speise und Trank zu sorgen, sondern die Kolleginnen. Damit das Festtagskind sich auch wirklich verwöhnt, umsorgt und geehrt fühlen konnte, damit es verschont blieb vom Streß des Schlangestehens und von der Mühsal der Küchenarbeit. Die meisten von ihnen wohnten in den Neubauvierteln, weit weg vom Stadtzentrum, wo sie ihre Einkäufe machten. Da zwängte man sich dann bepackt und schweißtriefend in die überfüllten Busse, nachdem man vielleicht stundenlang an der Haltestelle gewartet hatte, bis das zusammengeflickte Wrack endlich aufgetaucht war, schwankend unter dem Druck der eingepferchten Menge, die bei jedem Halt dichter wurde.

Nein, in der Zweigstelle 46 wurde die Gefeierte tatsächlich verwöhnt. Brauchte nur zum Friseur zu gehen, gegebenenfalls zum Schneider – wie Viorica, die sich mit Afro-Look und in grünem, gestreiftem Kleid präsentierte.

Mittwoch war auch Ina aufgetaucht, genesen von einer Grippe, so daß die Belegschaft komplett war. Am Geburtstag der Madame Carmen hatte ausgerechnet der Liebling gefehlt, und mit ihm war auch das gewohnte außergewöhnliche Geschenk ausgeblieben, mit dem Ina Murguleţ gewissenhaft Jahr für Jahr ihr apathisches Reagieren auf die Tag für Tag erfahrene Zuneigung der Chefin ausglich. Natürlich ließ es ihnen keine Ruhe, natürlich konnten sie nicht an sich halten, mußten die Frage loswerden. Und natürlich war's Vioricas Plappermäulchen, das auszusprechen wagte, was allen auf der Zunge brannte: »Und was hat Ina Ihnen diesmal gekauft? Denn wenn sie nicht kommt, können wir's ja nicht wissen ...« Carmen antwortete ohne Zögern, es machte ihr sichtlich Vergnügen: »Ach, Kinder, also gestern nachmittag ruft sie mich an. Konnte kaum sprechen, hatte hohes Fieber. Und nachdem sie mir alles Gute gewünscht hat – sie war ja so traurig, daß sie heute nicht mitfeiern kann –, sagt sie, sie schickt mir etwas Besonderes, ihr Geschenk, der Junge wird's bringen. Außer ihrem kleinen Töchterlein hat sie nämlich noch einen Jungen im Schulalter. Ein überaus süßes, keckes Bürschchen. Mit einem Taxi, einem Lasttaxi, wird er kommen. Lasttaxi! Ja, was schickst du denn da, Tochter Sewastopols – ihr wißt ja, wie ich sie nenne. Wird doch nicht etwa ein Kühlschrank sein oder eine Waschmaschine ... Also, was glaubt ihr: ein Samowar war's! Ganz toll! Ein wahres Schmuckstück! Versilbert und mit allerlei Verzierungen drauf, wundervoll.« Sie war sehr glücklich, die Genossin Carmen, und zeigte es offen, Ina war für sie wie eine Schwester. Ein bißchen beschwipst war Carmencita auch schon, als das Witzeerzählen losging, und da konnte sie es nicht lassen, Puiu einen kleinen Stich zu versetzen. »Hab' ich's doch geahnt, Kinder, daß der Gockel, den sie uns für drei Monate im Jahr beschert haben, diesmal nicht kommen wird. Was heißt, diesmal! Er mag diese Feten nicht. Dennoch, zu meinem Geburtstag ist er immer gekommen ...«

In der Tat hatte sich Victor Scarlat mit diesen Feiern nicht anfreunden können, er mied sie. Vioricas Geburtstag, der ausgerechnet auf den 25. Dezember fiel, hatte er immer geschwänzt. Manchmal fand er auch für den 31. Dezember eine Ausrede. Aber zum Geburtstag der Genossin Petroianu war er jedesmal erschienen, stimmt, auch wenn er dann nicht bis zum Ende blieb. Aber an diesem 18. Dezember war der Meister Scarlat fortgeblieben, und er kam auch am 19. und an den folgenden Tagen nicht. Sie brauchten ihn also auch nicht zu erwarten.

Carmen hatte sich über den überraschenden Affront des ansonsten so netten Inspektors gewundert. Doch sie hätte der Sache wahrscheinlich keine besondere Bedeutung beigemessen, wäre sie nicht angeheitert gewesen und somit besonders kommunikationsbedürftig. »Nun sag du mir mal, Puiu, du weißt ja immer alles: Was geht seit ein paar Wochen mit unserem Inspektorchen vor?« »Ich kann nicht viel dazu sagen«, wich Puiu naturgemäß aus. »Was ich auf der Konferenz erfahren habe«, fuhr Madame Carmen fort, während sie das Kaviarbrötchen auf den Teller legte und sich den anderen Mädchen zuwandte – die hatten eh schon gespannt die Ohren gespitzt, plauderte die Gnädige ansonsten doch niemals aus, was sie in den Sitzungen des Leitungsbüros gehört hatte, beschränkte ihren Klatsch tunlichst auf Privates –, »was mir Pia, die Sekretärin, gesagt hat, ist folgendes: Der Genosse Scarlat hat einen Vorschlag bei der Leitung eingebracht oder einen Bericht eingereicht, worüber er x-mal mit dem stellvertretenden Direktor, dem Genossen Petru, diskutiert hat. Etwas ganz und gar Außergewöhnliches, eine Bombe!« Und Carmen blickte Puiu durchdringend an, als erwartete sie, daß diese nun mit den entsprechenden Details rausrückte. Puiu aber schwieg und tat äußerst interesssiert, als wenn sie nicht die geringste Ahnung hätte. »Also ich muß es euch sagen, Kinder, denn das übertrifft einfach alles.« Madame Petroianu schien wild entschlossen, und damit der Mut sie auch nicht verlasse, leerte sie das Glas bulgarischen Rotweins bis auf den Grund.

Alle waren in guter Stimmung, wenngleich, zu so vorgerückter Stunde, etwas erschöpft. Die Nachricht hatte sie nicht von den Socken gerissen. Eine langweilige Geschichte, gar zu trocken, und obendrein verrückt, etwas für Besessene und Spinner, die nach weiß Gott welchen Vorteilen gieren oder eine fixe Idee haben, irgend so einen Knacks; bitte, jedem das Seine. Überraschenderweise gab sich die Genossin Petroianu aber mit solch vorschnellen Abfertigungen nicht zufrieden, ja, sie war empört über das sehr niedrige Niveau des Gesprächs. »Ach kommt, Kinder, wir sind doch keine Waschweiber! Hier geht's um eine mordsmäßige Sache, um ein Grundsatzproblem. Ich hab' auch mit Bebe den ganzen Abend darüber gesprochen. Er hat mir die Augen geöffnet: Warum gerade einer wie Scarlat und seinesgleichen, Leute eben, die diesen eigenartigen Blick für die Dinge haben, woher das alles kommt, und was es bedeutet ...«

Also bequemten sich die Kolleginnen schließlich dazu, das Thema ernstzunehmen. Und es zeigte sich, daß sie alles andere als dumm waren, nein, wirklich nicht, ganz im Gegenteil, jeder mußte merken, daß hier keine Waschweiber beim Kaffeeklatsch saßen, nichts wie Kinder und Klamotten und Suff im Kopf; sie hatten immerhin doch das eine und das andere mitbekommen, wenn von solchen Dingen die Rede war.

»Natürlich ist es dem Anschein nach eine gerechte Lösung. Aber gerade darin besteht ja das ganze Problem, hat mir Bebe erklärt.« Carmen hatte gewissermaßen vom

Start weg die Diskussion gesteuert, und es bestätigte sich, daß, ja wirklich, auch ein Fall wie dieser, den sie ursprünglich so uninteressant fanden, als echt spannend beurteilt werden konnte.

»Wie ist ihm nur die Idee gekommen? ... Ich hab' oft daran denken müssen, was mancher doch für'n Schwein hat. Man sagt ja, Geld kommt zum Gelde. Es erwischt immer dieselben: gerissen und überall gute Beziehungen, und obendrein dann auch noch so'n unverhofftes Glück – man könnte wahnsinnig werden. Und wir wurschteln uns mit unserem Gehalt durch. Recht hatte meine Mutter, als sie sagte, vom Gehalt wird man nirgendwo reich. Selbst das dickste Gehalt ist nur ein Gehalt. Nicht durch Arbeit bringt man's zu etwas, nein, durch Arbeit gewiß nicht!« Viorica maulte, während sie aß, ließ hastig zwischen den Bissen Dampf ab, dann stellte sie den Teller hin und setzte sich auf dem Stuhl zurecht, stützte den Kopf in die Hände und die Ellbogen auf den Tisch, bereit, sich anzuhören, was die anderen über diese merkwürdige Geschichte zu sagen hatten.

Die anderen saßen erstmal ziemlich ratlos da, bis Ina das Wort ergriff. Kurz und ungeahnt skeptisch, doch was sie sagte, kam offenbar aus tiefstem Herzen, sie waren alle überrascht. »Das man soll nicht machen. Dummheit, große Dummheit. Tun sie zuletzt doch nur die hin, die sie wollen ..., nur die sie wollen. Alles Worte, nur Worte. Das man nicht darf erlauben.« Pummelinchen amüsierte sich jedesmal köstlich über Ina Nikolajewnas Sätze, auch jetzt war sie dabei, loszuprusten, hätte sich beinah beim Kuchenessen verschluckt; doch sie wischte sich flink mit der Hand über die Lippen und nahm sehr bestimmt den Dialog auf: »Aber man könnte dass ja überprüfen. Man ssetsst halt eine Kontrolle ein. Mir kommt die Idee gar nicht sso idiotish vor. Viorica hat recht, bei mir im Block gibt'ss einen, der arbeitet in einer Kneipe. Er hat eine Fachshule für Matritsenmacher besucht, aber irgendwer hat ihn zum Koch gemacht. Der Betreffende hat ihm 800 Lei täglich vershprochen! 800 täglich! Da iss er Koch geworden. Der macht ein Geld, weiß nicht mehr, wohin damit. Ihr ssolltet mal die Wohnung von denen ssehn: Portssellan, Persserteppiche, Kühltruhe, Sstereoanlagen – wass dass Herts begehrt. Und ssooft man ihnen begegnet, haben ssie irgendwo gewonnen! Mal im Lotto, mal im Toto, mal bei einem Pferderennen in Ploieshti! Letstess Jahr hat ihnen die Monatssausslossung der Shparkasse ein Auto beshert! Wer ssoviel Geld hat, kann überall mitshpielen. Da gewinnt man dann auch, klar. Und wie bleibt ess unter ssolchen Umshtänden mit der Gerechtigkeit? Na? Den einen dass gute Leben, und densselben einen auch noch dass Glück datsu.«

Natürlich nahm die Genossin Petroianu rechtzeitig die Fäden wieder in die Hand. Sie berichtete ausführlich, was ihr der aus Brasilien zurückgekehrte Bebe über die unerhörte Gefahr gesagt hatte, die eine Initiative dieser Art darstellte. Die »letzten Luftlöcher«, hat er gesagt, würden dadurch zugemauert werden. Das heißt, das Leben sollte doch auch ein bißchen sich selbst überlassen bleiben. »Wenn du alles kontrollierst, kommt überhaupt nichts dabei heraus. Vergeblich all die besten Absichten und die strenge Zucht wie beim Militär. Der Mensch kann nur auf beschränkte Zeit Soldat sein«, zitierte die Genossin Carmen aus der Dissertation, die ihr der Gatte vorgetragen hatte, nachdem er von der langen Reise nach Rio zurück war.

Das dürfte der Augenblick gewesen sein, als Puiu scheu und leise, wie zu sich selbst, fragte: »Sollte Scarlat diese

Sache wirklich betrieben haben?« Die Blicke der anderen wandten sich in gespannter Aufmerksamkeit dem zarten, starren Gesicht zu, ein scharfer Appell gleichsam, nun endlich zu sagen, was sie wußte, denn daß sie etwas wußte, hatte sie jetzt ja eingestanden. Natürlich kam von der Porzellan-Geisha nur eine sanfte Andeutung, die jedwede Auslegung zuließ: »Ich weiß nicht, in seinem Alter schien ihn nichts anderes mehr zu beschäftigen als sein Gehalt und die Rente ...«

Eine Weile plätscherten Gespräch und Wein noch so dahin; der Sache auf den Grund zu gehen, hatten sie keine Lust mehr, mochte sich die Gefeierte noch so sehr darum bemühen. Es war spät geworden. Die Geburtstagsfeier der Genossin Carmen fand nach Arbeitsschluß statt, im Gegensatz zu den anderen Feiern, die in der Mittagspause absolviert wurden; obgleich auch diese in kleinen Reprisen weitergeführt wurden, zu zweit, zu dritt, heimlich im Hinterzimmer. War die Schwatzpartie auch lustig und das Essen gut, die Uhr blieb nicht stehen. Sie mußten sich hüten, in den Nachtbusverkehr zu geraten, da war es noch schlimmer als am Tage. So verstauten sie also Teller, Gebäck, Flaschen, Tortenreste in Plastiktüten und stellten alles fein säuberlich ins offene Fenster, ins Kühle, als kleinen Imbiß für den kommenden Tag.

Heute nun: Vioricas Geburtstag und Weihnachten zugleich – da waren von vornherein zwei Etappen eingeplant worden, die erste in der Mittagspause, von halb zwei bis halb drei. Um halb eins hatten sie mit dem Herrichten der Festtafel begonnen. Der Anblick der leckeren Gerichte und der einfallsreich dazwischen plazierten Flaschen auf den beiden Tischen im Nebenraum riß die gesamte Belegschaft in schöner Einigkeit zu einem Pfeifen hin. Man naschte vom Stollen und kostete den Salat, die Blutwurst, die Sülze, von jedem eine Gabelspitze. Da klopfte es an der Eingangstür. Durch die unerwartete Störung verärgert, riß Viorica höchstselbst sich von den angenehmen Vorbereitungen los und ging nachsehen, wer der Störenfried war.

Sie blieb länger als geboten fort. Und als sie wiederkam, war sie fassungslos, entzückt, gab vieldeutige Sätze von sich: »Er hat mich beglückwünscht! Er hat mir auch Blumen gebracht. Man höre und staune. Aber er hat sich entschuldigt, mitmachen kann er nicht. Er hat was mit Carmen zu besprechen. Frau Petroianu, er wartet drüben auf Sie. Etwas Besonderes.« Erst nachdem Carmen gegangen war, unwirsch, verärgert, weil sie sich nicht denken konnte, wer der Eindringling sein mochte, platzte Viorica mit der Lösung des Rätsels heraus: »Scarlat, Kinder! In recht mitgenommenem Zustand. Er hat mich nur gebeten, Carmen rüberzurufen.«

Sie überlegten nun aufgeregt hin und her, ob sie ihn nicht doch noch zum Bleiben bewegen könnten. Vielleicht sollte eine von ihnen ihn nochmals einladen gehen. Die Unterredung zog sich in die Länge. Viorica war der Meinung, es habe alles keinen Sinn. Alle blickten immer wieder auf ihre Uhren, Carmen kam und kam nicht. Als sie endlich doch erschien, trat sie nicht mal mehr ins Zimmer. »Los Kinder, wir haben geöffnet. An die Arbeit, wir machen heute abend weiter.«

Tatsächlich war's bereits halb drei durch, sie mußten auf ihre Plätze hinter den Schaltern. Scarlat war nicht mehr da. Carmens allzu lakonische Auskunft – »Ach, die alte Schnapsidee!« – konnte die allgemeine Neugier selbstredend nicht befriedigen, stachelte sie im Gegenteil erst richtig an.

Doch am Abend, nach Dienstschluß, wurde das Thema nicht mehr aufgegriffen. Da ging es um die Qualität des

Weines, dieses gepanschte Zeug, von dem einem schlecht werden konnte, und die minderwertigen Erbsen und die Mayonnaise, die vom Öl einen merkwürdigen Geruch angenommen hatte, und kranke Hühner verkaufen sie uns auch, Kinder, ach was machen wir bloß ... Ein unaufhörliches Gemeckere, den ganzen Abend hindurch, denn sie hatten sich beduselt, hatten das Vorhängeschloß vom Schnabel genommen, wie die Chefin sich auszudrücken beliebte, als sie fröstelnd zu später Stunde an der Bushaltestelle standen. Ja, so hat die Genossin Carmen Petroianu sich ausgedrückt, die Chefin der Zweigstelle 46.

III.4. Der Genosse schlägt vor, die Gewinnzahlen der Monatsauslosungen bei der Sparkasse, aber auch bei Lotterien anderer Art, etwa beim Toto, bei den Auslosungen der staatlichen Versicherung usw., nicht mehr dem Zufall zu überlassen, sondern zu gewährleisten, daß sie jenen zugute kommen, die sich verdient gemacht haben. Dadurch wird vermieden, daß Ungerechtigkeiten entstehen, wie sie das blinde Glück so oft verursacht, indem es Personen trifft, die es nicht nötig haben, oder solche, die es zwar brauchen könnten, jedoch nicht verdienen. Es gibt zahlreiche Fälle, bei denen unerwartete Gewinne in die mit ehrlosem Geld gefüllten Taschen verruchter Elemente gelangen, in die Taschen von Schiebern und Betrügern, die bereits mehr als nötig davon besitzen, oder auch in den Sparstrumpf irgendeines habgierigen alten Weibes, das ohnehin nicht mehr lange zu leben hat. Die Gelder oder Güter, die bei derartigen Glücksspielen verlost werden, sollten den Tüchtigsten und Ehrlichsten unter den Arbeitern, Bauern, Intellektuellen eine Belohnung sein. Auf diese Weise hätte man ein zusätzliches Mittel in der Hand, die Produktion in der Industrie, der Landwirtschaft, im technischwissenschaftlichen Bereich anzukurbeln, einen qualitativ höheren Stand in der gegenwärtigen Phase der allseitigen Revolution zu erreichen. Dies entspräche auch der materialistisch-dialektischen Auffassung von der Welt und vom Leben, von der aktiven Rolle des Menschen, der nicht dem Schicksal ausgeliefert, sondern Herr der Entwicklungen, ja ihr Urheber ist.

III.5. Der Genosse ist der Ansicht, daß die Ziehungen der Sparbuchnummern und Gewinnlose in scheinbar unveränderter Weise vor sich gehen sollten, im gewohnten Zeitabstand, unter den gleichen Umständen und mit den gleichen Gewinnsummen. Die Auswahl der Gewinner soll rechtzeitig, aber nicht zu früh, nicht lange vor Ziehungstermin von einer kompetenten, streng geheimen Kommission vorgenommen werden. Die Mittel und Wege absoluter Geheimhaltung der Namen der Gewinner müssen noch gründlich erörtert werden; es darf auch nicht der geringste Verdacht im Zusammenhang mit der Einführung der neuen Auswahlmethoden entstehen. Der Genosse schlägt vor, mit viel Sorgfalt zu untersuchen, ob und wie es möglich wäre, die Belohnten dennoch spüren zu lassen, daß der Erfolg sich eigentlich ihrer vorbildlichen Führung verdankt und dem Vertrauen, das sie bei den Gremien genießen. Nur Genossen mit absolut einwandfreier Einstellung und uneingeschränkter, über die Jahre erprobter Ergebenheit würden die noblen Motive solcher Maßnahmen verstehen und das Staatsgeheimnis zuverlässig wahren, das nur den Besten unter den Besten anvertraut wird.

II.4. Die Schlaflosigkeit quälte ihn seit einigen Wochen Nacht für Nacht. Das stotternde Frühlicht traf ihn zusammengekrümmt, vor Müdigkeit wie erschlagen in seinem Schlafzimmer an.

Die Tabletten zeigten keinerlei Wirkung, gerade daß er mal für ein Stündchen eindämmerte. Vor seinen Augen pulste das milchige Weiß der Zimmerdecke, Flächen und Kanten schienen mitweilen in Wellen aufgelöst. Er schloß und öffnete die Augen, wälzte sich von der linken auf die rechte und von der rechten auf die linke Seite, versuchte es auf dem Bauch, vergebens. Sobald der Morgen aufblinkte, setzt er sich auf den Bettrand und wartete fröstelnd, daß ihn die klare Stille des Tages umfing.

Es war nicht so sehr die Einsamkeit des Alternden, die ihn plagte, auch nicht, nachdem seine Frau zur schwangeren Tochter ins Ausland gefahren war. Im Gegenteil, ans wiedergewonnene Junggesellendasein hatte er sich schnell gewöhnt. Das Alleinsein ermöglichte ihm gewissermaßen eine freiere Wahrnehmung der Wirklichkeit; da schob sich die häusliche Routine nicht mehr dazwischen, die Schubfächerordnung eines bis zur Bewußtlosigkeit durchgespielten Szenarios, all diese Ticks und Tricks, durch die man es sich bequem macht, die jedesmal, immer und immer wieder, die kleinen Tücken und Liederlichkeiten des Alltags zu bändigen wußten. Es war, als öffnete sich ein großes Tor, dessen Vorhandensein man vergessen hatte, so gründlich war es von Nebel und Schlick verborgen. Der Horizont nichts als träge dahinziehende dicke Rauchwatte, man irrt umher und kommt nirgendwo an. Er schlendete durch die Läden, ging in den Parks spazieren, stürzte sich in die Straßenbahn und fuhr in die Vorstadt, um irgendeine idiotische Räuber-und-Gendarm-Geschichte im Kino zu sehen. Täglich entdeckte er – ja, entdeckte – irgendwas Zähes, Filzartiges, Diffuses, das von allen Seiten herandrängte. Als füllte sich die Luft mit Tausenden unsichtbarer giftiger Heuschrecken und als machten diese den Blick und die Glieder der Menschen so schwer. Sie ächzten und stöhnten, die Menschen, todmüde bereits vor Arbeitsbeginn, sie begegneten einander verdrossen, argwöhnisch, gereizt, ohne anderen Wunsch, als in Ruhe gelassen zu werden. Was ging denn vor, was war das? Immer nur dieser Unsinn, mehr fiel ihm nicht ein: Zu unserer Zeit ... das gab es doch nicht ... da war es doch anders. Er wurde wohl tatsächlich alt, dieses Gewinsel ist immer schon die Hefe gewesen, die die Nostalgie und das Unvermögen der Tattergreise zum Blähen brachte. Wann ist das gekommen und wie? Auf leisen Sohlen, so gehen die Jahre dahin, ohne daß du es merkst, setzt sich der heimtückische Giftstaub ab, verpestet die Lungen ebenso wie den Himmel. Ja, es war, als hätte sich der Himmel verfinstert, als wären es nicht nur die Lungen. Offenbar geschah nicht nur mit seinen eigenen Kräften etwas Unerklärliches und zugleich Unausweichliches, sondern mit allen anderen auch. Energie und Gerissenheit der Schurken, ja, die hatten sich ausgewachsen; was diese Typen betraf, sie waren schneller geworden, durchschlagskräftiger, einfallsreicher, sie waren witzig und unternehmungslustig, hatten sich enorm vermehrt, besetzten immer ausgedehntere Verkehrsflächen, verkehrten mit rasender Geschwindigkeit, unter der Erde, in den Korridoren, auf den Dächern. Doch er dachte auch an seine ehemaligen Freunde und ihr Gerede, wie sehr sie geglaubt und wie sehr sie gezweifelt hätten – Unsinn! Quatsch! Keine Spur! Sie waren, genau wie er selbst, ganz gewöhnliche Leute, wurden eben vom Strom erfaßt. Ein Quentchen Schulweisheit, ein bißchen Dummheit, etwas Elan, ein Körnchen Ehrgeiz – das war's. Durchschnittsbürger, die sich aber immerhin anstrengten, sich richtig anstrengten, jawohl, da gab es nicht diese jämmerliche, trostlose Indolenz, die er in dem Getuschel ringsum und in der vorzeitigen Krümmung der Rücken entdeckte.

Als hinge rein gar nichts mehr von ihnen ab! Als könnten sie nichs mehr in eigener Sache unternehmen: Andere trafen die Entscheidungen, anderswo entschied man für sie, steuerte ihre Absichten, brachte sie ab davon, sich etwas vorzunehmen oder gar zu handeln. Man befreite sie von der Verantwortung, von ihrer Persönlichkeit, machte sie fertig: sinnlose Existenzen, die sich nur noch vorgefertigte Teilstücke zulegen, Fremdes, Gleichgültiges, ja ihrem Wesen Zuwiderlaufendes: Es würde sich nichts ändern, egal wie man sie umverteilte...

Was ihnen nottäte, wäre ein fanatischer Glaube oder tiefe Angst vor Strafe: bis an die Grenze des Wahnsinns! Wenn ihnen die Freude an den Früchten wohlgetaner Arbeit nicht zuteil wird, wenn ihnen an nichts gelegen ist, wenn sie immerzu nur Widerwillen, Bosheit, Apathie in sich anhäufen...

Es alterte in der Tat nicht nur der Geist oder der Körper des einzelnen, sondern es geschah auch, daß eine schreckliche Vergreisung die Gesamtheit erfaßte. Ein Zustand, losgelöst vom Alter, diese Selbstaufgabe, diese stille Verkümmerung ... Teufelswerk, Verkörperung des Bösen, mit unsichtbaren Mündern und Armen, die sich über unseren einfältigen Tagen öffnen und die Hoffnungen rauben, den Mut.

Der Nachmittag war klar und rosig, und die seltsamen Gedanken zogen ihre Kreise immer enger, gaben keine Ruhe. Seit der Abreise seiner Frau waren noch nicht mehr als zwei Wochen vergangen. Ein fahles, süßes Abendrot weitete sich aus, er war allein, es dämmerte seit langer Zeit. Er hatte gedankenlos den Fernseher angestellt, viertel, halbe Stunden waren vergangen, seine Augen hatten sich festgekrallt an dem bekannten, in zahllosen Wiederholungen auf dem Bildschirm und in den Straßen und wo nicht überall prangenden Gesicht, kein Wort war zu hören, der Ton war abgestellt. Sie haben zu nichts mehr Lust. Sorgen, Tränen, Faulheit durcheinandergeworfen, das Haus und das Bett, hörte er sich plötzlich brummeln; und der Schaltknopf des Fernsehers sprang auf den Teppich, so fest hatte er draufgedrückt.

Das Bild verschwand, Dunkelheit schluckte alles im Zimmer. Der schweißnasse Bewohner öffnete den Hemdkragen. Er tappte zum Telefon, nein, zum Lichtschalter, überlegte es sich abermals und fand schließlich die Tür zum Bad, hielt seinen buschigen Schädel unter den Wasserstrahl.

Er konnte nicht allein in der Wohnung bleiben, hatte nicht die Kraft dazu. Er mußte um jeden Preis raus, mußte diesen verdammten Nachmittag vergessen.

War er noch am gleichen Abend zu seinem ehemaligen Kollegen gegangen, dessen Einladungen in letzter Zeit immer beharrlicher wurden? Er wußte es nicht mehr. Im Grunde war ihm die Vorstellung zuwider, mit großer Wärme und jenem bekannten Freudenglanz in den Augen von einem Mann empfangen zu werden, dem er vor Jahren, warum es verschweigen, Böses angetan hatte, den er, genauer gesagt, vor dem Bösen nicht bewahrt hatte; obwohl, er hätte es ja gar nicht gekonnt, es hätte, genau bedacht, gar nichts genutzt ... Nie die geringste Spur eines Vorwurfs, nicht einmal die normale Verunsicherung oder dergleichen, ein gereizter Unterton etwa, nichts! Nichts als Anhänglichkeit und Geschwätz ... Er muß total vertrottelt sein, das war's wohl. Da sieht man's, erlittenes Unrecht macht nicht immer hart, fordert nicht immer die Kräfte heraus. Oder vielleicht war es doch anders gewesen. Bis zu seiner Rehabilitierung war er schließlich ein kluger, hartnäckiger, ungebrochener Mann gewesen. Möglicherweise hat er die Segel erst gestrichen, als man ihn in seine Rechte wiedereinsetzte, als er die angemessene Wohnung, die Dienstjahre voll anerkannt und die entsprechende Rente zugesprochen bekam; war dann zusammengeklappt, als hätte er plötzlich den Verstand verloren. Wie anders ließe sich begreifen, daß der Genosse Soundso, der große Redner und Dialektiker vergangener Tage, als Statist – man höre: als Statist! – in einem historischen Schinken auftrat, mit dem ganzen Gesindel von alten Vetteln, Greisen, Huren, Müllmännern, Gammlern ... »Ich vertreib' mir eben die Zeit, wie ich kann«, hatte der Unglückselige erklärt, als er erzählte, wie er einen ehemaligen Untergebenen zu dem gleichen Zeitvertreib überredet hatte. Eine Geschichte, die ihm unsinnigerweise sehr aufschlußreich dafür schien, wie sich im Laufe der Zeit die Verhältnisse angeblich änderten: »Aber natürlich ändern sie sich. Auricus spielt die Rolle eines Generals, ich bin nur Major. Da sollst du mal sehen, wie kurz angebunden er mir gegenüber in den Drehpausen ist, wenn wir zusammen eine Zigarette rauchen oder ein Bier trinken. Kaum daß er mal mit mir redet, knapp, herablassend, das macht die Uniform, die verändert den Menschen ...«, breitete der Weise seinen spinnerten Gedankengang aus.

II.5. Irgendwann, an einem schalen, öden Abend, vielleicht als er beinahe den Fernseher zertrümmert hätte, stand er schließlich unversehens vor der schönen Villa auf der Calea Dorobanţi und läutete. Fand sich ebenso unversehens tief ihm Lehnsessel wieder, ungelenk im Wörtermus zappelnd wie die Fliegen im Eimer. Bis der Sturm ihn losriß, der summende Schwarm. Das heißt, er sträubte sich, heißt, er platzte vor Ärger heraus. Er mußte jetzt mal was sagen, irgendwas Mißtönendes, Verkehrtes, Anstoßerregendes, um den süßlichen Abgeschmacktheiten und dem wehleidigen Blöken des Gastgebers ein Ende zu setzen. Genau in diesem Augenblick trat der Herr Sohn zur Tür herein, der junge Direktor, Sproß des Hauses, vor dem man sich, du lieber Gott, zu erheben hatte, und immer schön lächeln und opamäßig schön mit dem Knopf nicken, alter, vom Rausschmiß bedrohter Beamter, der man war. Als ob man das Jüngelchen seinerzeit nicht erlebt hätte, als es in die Windeln machte, als es Scharlach hatte und von der Schule flog, weil man es im Mädchenklo erwischt hatte, und dann als es ein Semester lang im Krankenhaus lag, nach einer Keilerei mit dem Eishockeyschläger ... Und jetzt klopfte er einem gönnerhaft auf die Schultern: Wohlauf, wohlauf Meister Sile, wie geht's, ich höre, die Rechnungen flutschen nur so durch die Hände von Onkelchen Victor, so nennen Sie die Kolleginnen, was kann man machen, die Kolleginnen nennen Sie so. Interessant, interessant, sehr interessant, was ich da gehört habe, Sie hätten damit lieber zu mir kommen sollen statt zu Vater, mich interessiert das wirklich, im Ernst, ganz im Ernst, ich finde, das iss'n Ding, iss'n echtes Ding, nein wirklich, das iss'n Ding. – Mal Sile, mal Victor, um zu zeigen, daß man sich noch aus der Zeit vor der Namensänderung kannte.

Ja, in der Tat: ein Ding, das konnte man wohl sagen! Der Satan hatte an die Zündschnur des verfluchten Abends Feuer gelegt. So erklärte er denn seine wunderliche Idee noch einmal, sehr überzeugt und mit Nachdruck. Aber klar bringt er sie gern auch zu Papier. Na bitte! Zu Papier bringen soll er sie! Damit dieser Laffe und andere seinesgleichen das Papier studieren konnten, damit sie das Maul verziehen konnten: was für ein Querkopf, unser Onkelchen Victor: Sieh mal an, was dem alten Knacker Sile durch den Schädel geht: sind gefährlich geblieben, diese Veteranen, haben Ideen: sieh mal an ...

An einem verdreht-überdrehten Abend, das kranke, schrottreife Herz ein einziges Wespennest, hat die Wut ihm dieses wahnwitzige Beschwörungsmittelchen eingegeben. Gleichsam, als hätte der Gedanke seit eh und je im Hinterhalt auf der Lauer gelegen, um im geeigneten Augenblick hervorzuschießen; rot glühendes Geschlängel, besoffener wegelagernder Kurzwellenschelm, der extra verschlüsselte Botschaften sendet, und Tohuwabohu für die Sommerfrischler im Narrenhaus ...

Mag sein, es war wirklich so: daß die Wut sich im Gifttaumel überschlagen hatte und kindische Paradoxe in die Menge spie, bis den Leuten die Sinne schwanden und der Mund offenblieb, wie vor den Wundertaten des Maglaviters. Eijaja, jadoch, Mann, wieso haben wir bisher nicht dran gedacht ..., diese Möglichkeit, jaja, gewiß, eine Sache, die ernstgenommen zu werden verdient!

Alle Achtung, natürlich, höchste Aufmerksamkeit, obwohl es doch nur eine unvorhersehbare Verhaltensabweichung war, das große Kotzen umgesetzt in einen provokativen Gedanken. Wie lange mag das da schon versteckt herumgelegen haben, dieser vergorene, abgestandene Sprengstoff, Nahrung für noch viele Jahre der Niedertracht und der Fehde, daß keiner mehr Zeit finde zur Langeweile! Letzten Endes war der Scherz, der Unsinn, der Sprengsatz gar nicht so unnütz und skandalös – die Ganoven und Schwätzer hätten, Hand aufs Herz, weitaus Saftigeres verdient. Beile und Kanonen! Nicht diese harmlose Schüttelpartie im kleinen, örtlich beschränkt und verstohlen ... Ist ja bloß ein unschuldiger Kunstgriff, ein ganz gewöhnliches Sieb, ein Stückchen Rationalisierung, wir schränken ja nur das Chaos ein bißchen ein, belohnen gerecht, befolgen die Grundsätze, die uns einstmals ... und mit denen wir auch heute noch gewisse Tage der Scherereien und Schalmeien, heruntergekommene Bühnen und Kanzeln schmücken.

Messjöh, der Gast, hatte also das Gaspedal durchgetreten, der Ventilator wirbelte die Idee effektvoll durch den Raum. Ob sie ihm in seinem Anfall von Wut und Katzenjammer einfach zugeflogen war oder ob er sie unbewußt lange Jahre des Wartens, des untergründigen Schwelens, des Überdrusses mit sich herumgetragen hatte – jetzt schäumte es und sprühte Regenbogen, daß dem Direktor Hören und Sehen verging. Das joviale Lächeln erfror ihm auf den Lippen, der Abgrund der Möglichkeiten, die sich plötzlich hundertfach vor ihm auftaten, war bodenlos.

Es mußte wohl mehr sein als eine flüchtige Laune, hatte der kleine Beamte sich doch bereiterklärt, den Vorschlag auch schriftlich darzulegen und zu begründen. Woher sollte er wissen, daß der Genosse Direktor in dieses Papier den Genossen Generaldirektor einpacken und ihn flugs auch gleich einbalsamieren wollte. Nein, es war in der Tat keine Marotte; der Referent willigte ein, die Eingaben mehrmals neu zu machen und öfter mal vorzusprechen, aber daß er die Insistenz ins Endlose, bis zum Schädelbrummen getrieben hätte, davon konnte nicht die Rede sein. Onkelchen Victor verfolgte die Sache im Grunde nur, solange man Erläuterungen und weitere Argumente von ihm haben wollte – keinen Schritt weiter. Er hatte ja keine Ahnung, daß den Heutigen alles Höhere schnurz war, die pfiffen ja auf Vater und Mutter ebenso wie auf den Papst und die heiligen Prinzipien, da stellte jeder jedem ein Bein, scharwenzelte, stieg auf dem Rücken des anderen hoch, rutschte aus, fiel auf die Nase, da blickte ja keiner mehr durch. Der Mensch mit Ideen und patriotischem Bewußtsein, der arme, steckte sehr bald zurück, war nahe dran aufzugeben ... Eine Marotte? Nicht einmal das. Etwas schlicht Unerklärliches, aufgestiegen aus den Tiefen des Unbewußten, wie alles, was dir fremd erscheint, wo du doch selber der Fremde bist; besoffene, tollwütige Maus, du; Winterabend, Narrenhaus, Fernseher, Tod und Verderben, Langeweile ... Etwas anderes mußte her, egal was, egal wie, nur anders! Und so hast du's ihnen gezeigt, hast ihnen gezeigt, wie sie sich rächen könnten: böses Blut machen, die Rudel gegeneinanderhetzen, sich immer wieder und immer heftiger ineinander verbeißen lassen... Daß sie rasend werden, daß sie sich winden, daß man ihnen den Schritt und die Bissen bemißt: da hast du, friß! ... Ordnung und Disziplin, so geschieht's uns recht, seid, macht, wacht ..., kein Mondkalb wird da mehr durchkommen, es wird sich kein Fehler mehr einschleichen, keine Ruhepause, keinerlei Panne, keine freudige Überraschung mehr wird es geben. Wir werden alles filtern, daß sie nicht mehr ein noch aus wissen, werden unter dem Druck der Daumenschraube brüllen, was das Zeug hält; wie sie gegrinst haben, damals, in jener Nacht, als ich knisternd vor Bosheit und Energie aus der Villa auf die Calea Dorobanţi hinaustrat. Ich lebte auf, hatte Blut geleckt, war außer Rand und Band, und der Schnee knirschte unter meinen Sohlen, während ich immer neue Siebe, neue Kontrollausgänge, neue Erfassungsnetze erfand. Das Bettlaken war kalt und rauh, ich schlief sehr schnell ein, wie seit langem nicht; ich schloß die Augen, um das Gesicht nicht mehr zu sehen, das an der Zimmerdecke, am Bildschirm des Fernsehers und am Fenster klebte, öffnete die Augen, es war immer noch da, schloß sie wieder und schlief ein; schlief ein wie – naja, wie ein Kind, das sich für den Ärger des Tages mit einem Bubenstreich gerächt hatte und dafür belohnt worden war.

Und die Nacht spann den Schlaf zu einem festen grauen Knäuel, spann dicke Fäden, dick und morsch. Es gab nichts mehr auf der Welt außer dem dicken, schwarzen Schlaf, weg der Gedanke und alle Ruhelosigkeit, weggetaucht die Erde selbst, die nur noch zählflüssige Wogen von Schlaf und Vergessen wälzte, rot aufschäumte, gurgelte, Unverständliches stammelte, schnarchte, ein krankes Tier, fiebernd und träge: wenn sich die Motoren mit Blut füttern ließen; wenn sich für die Autos ein anderer Treibstoff fände, Genosse Vasile. Wann würde dann, Meister Victor, das Benzin durch Blut ersetzt? So knurrte, grunzte die müde Nacht, gluckerte der dickflüssig kochende Teer. Alptraum wiederkehrender Worte, lange, gedehnte Abstände dazwischen ... Die Brust hob sich mühsam, erschöpft von der Last der zynischen Kadenzen, Straflast, *stellen wir uns das Blut als neuen Treibstoff vor,* male dir aus, wie die Motoren liefen und das Gemetzel losginge, *Hühner, Katzen, Spatzen und Pferde, Fische und Schweine und Menschen,* jawoll, Mann, Blutbad, nach Strich und Faden, diese Geschichte mit dem Glück und dem Los und den gelenkten Gewinnen, eines Menschen Verdienst ermessen von einem anderen Menschen, ein Winterabend, Narrenhaus, Fernseher, Tyrann, Tod und Verderben, Langeweile, etwas anderes, gell, das Wahre, *Hühnerblut, Schweineblut Walfischblut und dann, selbstverständlich, Menschenblut,* selbstverständlich gelangen wir schließlich ins Blickfeld. Erstmal *die Mörder, die Irren, die Krüppel, die unheilbar Kranken, dann die Alten, die Gegner, die Wiederholungstäter, dann der Onkel, dann die Nachbarn,* und dann und dann und dann, oweh, Mann, den Zufall kontrollieren: die Chancen manipulieren: die Belohnungen, die Überraschungen auswählen, dirigieren. Ein Klacks, albernes Zeug, Rentnerpossen! ... das Jahrhundertding, die Energie, der Mittlere Osten, der Petrodollar, der Islam, die heiligen Mauern, die tollste aller Entdeckungen! Der Treibstoff der Zukunft! Seht nur, wie weit die Disziplin geht, und die Angst, die Erniedrigung, die Unterwürfigkeit, die Schizophrenie, seht, wozu der höchstentwickelte Primat und Computer fähig ist ... Und wir werden alle unseren Beitrag leisten und dann endlich das Gemeinschaftsporträt haben, den Roboter, der Zeit und Ort und einzelnes Wesen wiedergibt.

Es wird also eine schwarze, frostige Nacht sein. In schweißdurchtränkten Kissen wird sich die zarte Puiu, gepeinigt von dem monströsen Kind in ihrem Bauch, vor Schmerzen krümmen und angsterfüllt die Arme hochwerfen, um Hilfe flehn: In einer verlassenen Berghütte wird ein Wanderer von jungenhafter Gestalt und Ausdrucksweise, aus dem bösen Traum der Nacht emporfahrend, durch die schlagartig auffliegenden Fenster katapultiert werden und sich im kalten Scheinwerferlicht des in Stummheit erstarrten Mondes wiederfinden; der Safe mit den Aktenordnern voller Biographien wird die Wände irgendeiner elenden Schreibstube unvermittelt durch ein Ächzen zum Erzittern bringen, so als hätte den Tyrannen in einem Augenblick des Jammers und des Müllgestanks etwas fürchterlich aufgebläht: In der Straßenbahnhaltestelle nahe des Schlachthofs wird der arme verirrte Beamte sich vor Kälte und Entsetzen zusammenkauern, Entsetzen über den Riesenschalk, der ihm im Nacken saß und ihn seit Stunden wie einen Besessenen das aberwitzige, schwachsinnige Projekt wälzen ließ, das ihn erleuchtete und schaudern machte, das ihn in einen Zustand viriler und zugleich ohnmächtiger Begeisterung versetzte und ihn damit quälte – als wäre er jählings in den Wahnsinn seiner verrückten Kindheit zurückgefallen, in der sein Ebenbild zu erkennen er längst nicht mehr die Kraft hatte...

Und es werden nur noch trübe, tintige Strudel sein, wenige Stunden vor Anbruch eines heiteren und bescheidenen Tages, der uns erneut ans verwackelte, unleserliche Zeilennetz eines zweideutigen Paragraphen anschließen wird, Romanzenklänge im Kasernenhofton; und wir werden, namenlos und solidarisch, unsere immer wieder verratene, hingehaltene Hoffnung dazu beisteuern, diesen armseligen, vergessenen persönlichen Beitrag leisten. Der anonyme Kurzzeit-Wetterbericht der Gemeinschaft! Dilettierende Melomanen, serienweise eingebaut in die Wirrnis des kontinuierlich unregelmäßigen Roboterpulses, der die ohrenbetäubende Summe unserer punktuellen Verstörtheiten darstellt, unseres augenblicksweise aufzuckenden Elans, das gesamte Tamtam unseres Schweigens.

IV. Wiederhergestellt nach einer kurzen Konvaleszenz im Gebirge, wird er zurückkehren in die große flache flickenreiche Stadt. Er wird frühmorgens ankommen und eine Zeitlang im Dunkel der unbeleuchteten, aufgewühlten Straßen herumstolpern: Vom Bahnhof bis zu den neuen Betonschachteln am Stadtrand, wo er früher gewohnt hatte, geht man zu Fuß und mit einem zerschlissenen Rucksack auf dem Rücken gut und gerne so lang, wie es dauert, bis sich über den Tümpeln der Vorstadt ein klarer Wintermorgen erhebt.

Es wird ein sanfter, sonniger Morgen sein, da er haltmachen wird an der vom dröhnenden Lärm der Busse und

Straßenbahnen erfüllten Ecke, vor der Tür eines ehemaligen Krämerladens, gegenwärtig Zweigstelle der staatlichen Sparkase CEC. Er wird seinen Rucksack von den Schultern nehmen und die Tragriemen um den Arm wickeln, wird die Klinke niederdrücken und sacht die Tür aufschieben. Jetzt erst wird das Erklingen eines bestimmten Tones ihm die seltsame Verirrung bestätigen. Ein Glöckchengebimmel, wie es früher in den kleinen Vorstadtläden üblich war. Die Sparkassendamen hatten das Glöckchen nicht abmontiert, es mag sie mit seinem Ferien- und Markttagsgeläute ursprünglich erheitert haben, und später hatten sie es wohl nicht mehr beachtet.

Ein ganz gewöhnlicher Bürger, ein etwas ermatteter, höflicher Herr, der langsam und mit unaufdringlicher Neugier die Leute musterte, diesen Anblick bot der jungenhaft wirkende Fremde – Gymnasiast, Student, altersloser Gelehrter, Einsiedler, Bergsteiger oder was er nun war. Er stellte den Rucksack auf den Stuhl neben dem Stuhl, auf dem er selber saß. Er schaute zu, hörte zu, prägte sich die Worte und Bewegungen des Quartetts ein, das sich um eine elegante, blasse, Puiu genannte junge Frau geschart hatte und der Geschichte lauschte, die diese flüssig und in ruhigem Rhythmus zum besten gab: »Heute nacht ging's mir schlecht, ich war allein in der Wohnung. Das Telefon hat mich erschreckt, es dämmerte noch nicht einmal. Er sagte, die Idee sei von ihm, aber er hätte sie nie benutzt. Sie sei ihm ganz nebenbei zugeflogen, und er fand sie ungewöhnlich, interessant. Auch der Chef habe sich dafür interessiert. Doch erst als er merkte, daß der sie sich aneignen, sich damit schmücken wollte, da erst stach ihn der Ehrgeiz. Kannte er den Chef doch seit langem, als Kind schon. Und er erschrak, als dann doch wieder er den Vorschlag verteidigen sollte. Er hätte nicht nachgegeben, aber der Chef konnte die Idee nicht verwerten. Er wurde sogar gemaßregelt. Ihm aber konnten sie nichts anhaben. Ihm kann nichts mehr passieren ... Nur daß der Chef sich über ihn lustig zu machen schien, als er gemerkt hatte, daß er ihn für seine Pläne nicht gebrauchen konnte. Anfangs war er begeistert, nötigte ihn, die Sache genauer zu fassen und grundsätzlich zu rechtfertigen, mit diesen und jenen Zitaten zu untermauern, er aber war sich nicht ganz sicher, ob nicht auch das nur ein Manöver war, mit dem er ihn für eine Weile zu entmutigen hoffte, um die Sache dann unter günstigeren Umständen wieder auf eigene Faust durchzubringen, doch mir war die ganze Nacht kotzspeiübel, ich begriff kein Wort von dem, was er mir sagte. Er war allein zu Hause und schien irgendwie angeschlagen zu sein. Hauptsächlich aus Mitleid hörte ich mir das ganze an. Stundenlang hatte er an einer Haltestelle gestanden, beim Schlachthof irgendwo, war mit Müh und Not heimgelangt. Mir aber drehte sich alles im Kopf, ich hörte ihn kaum.«

Die Kolleginnen schienen über die Redseligkeit der Kranken mehr verwundert als über die Dinge, die sie von ihr erfuhren. So gingen sie bald wieder auseinander, jede an ihren Platz. Die spärlich besuchte, abgelegene Zweigstelle machte auf den Fremden den Eindruck, als sei sie ihm seit langem vertraut. Das Glöckchen an der Tür erinnerte ihn ... er wußte nicht, woran. Die Beamtinnen ließen ihn in Ruhe, wie er da auf dem Stuhl neben dem Eingang saß, als müßte er sich erholen. Sie hätten sich wohl denken können, daß ein Überlebender, der soeben von den noch rauchenden Brandstätten des Krieges zurückgekehrt war, ohne andere Habe – Identität – Biographie als das Mitgliedsbüchlein des Vereins ehemaliger Kämpfer und Häftlinge, für sich notgedrungen irgendein Gesicht finden mußte, vielleicht ein Zweitgesicht, Drittgesicht, vom Nachbarn vielleicht, falls neben dem Haus, das es vielleicht ja mal gegeben und aus dem man ihn vor langem, für immer und ewig weggeschleppt hatte, ein Nachbar wohnte. Sie hätten erfahren können, *was in all den Jahren mit dem Kopf und den Armen des gewöhnlichen Bürgers geschehen ist,* alle die Wege und Pfade des Aufstiegs und Falls, und wie es kam, daß jener Gedanke sich dermaßen festsetzte, welchen Zusammenhang es zwischen einem hypothetischen Nachbarn oder Onkel oder Propagandisten und diesem Mannskind gab, das am Nachmittag im Institut für Futurologie einen Vortrag zu halten hatte, und zwar über den *»Konditionalis und wie er sich in der Biographie der Extrapolationsglieder spiegelt«;* ein recht hochtrabender Titel für das ehemalige Vereinsmitglied, ein Kind wie viele andere, das zum Zeugen geworden war, Treibstoff auch er, im Jahrhundert des Blutes, das Blut, welches selbst der kleine Direktor des futurologischen Instituts gern in »Oktanzahlen« hätte. Dabei wartete er mit immer neuen Mätzchen und Paradoxen auf: *das Roboter-Gesamtporträt!* Werbeslogan einer nutzlosen, verlogenen Institution, Sammelbecken gescheiterter Existenzen, die bereit waren, das Zeitverbummeln in eine Ruhmestat umzumünzen, und sich in raffinierten Ausflüchten und Tricks gegenseitig den Rang abliefen.

Als ich in der Sparkasse erschöpft auf jenem Stuhl an der Eingangstür saß, wurde mir klar, daß in meiner Personalakte, die ich dem Bericht über die irremachenden Symptome der letzten Jahre beifügen sollte, unbedingt auch die sehr wirkungsvollen Späße der Schaltertäubchen vorkommen müßten, ebenso wie der Aufruhr im gegenüberliegenden Lebensmittelladen, wo die Käseschlange über die Meckerer und ihren Anhang herfiel, und der Stromausfall, da alle Straßenbahnen in der Kreuzung stecken blieben, eben aus Mangel an Energie. Das heißt: *Der neue Treibstoff, der alles, alles, absolut alles modifizieren, mobilisieren, massakrieren könnte ...* Zu berücksichtigen und in Beziehung zu setzen! Geschichtet, gebündelt, damit es als Ganzes erscheint, mit allen Zutaten des Lebens und der Bevölkerung – wie jener Saufbruder sich ausdrückte, von dem die Sparkassendamen behaupteten, er könne Hunderte Seiten aus Lebensläufen und Empfehlungsschreiben hersagen, er habe sich seinerzeit ausschließlich damit beschäftigt, ja er bringe überhaupt nur noch Sätze nach jener rigiden, streng funktionalen Grammatik zustande. Auch darauf werde ich in meinem Vortrag ausführlich eingehen und dabei auf die Quellen hinweisen, auf die sich eine deskriptive Arbeit von so hoher Gelehrsamkeit und von so zaghaftem analytischen Ansatz stützt ... Ambiguität der stetigen Funktionen, wie das die Fachleute nennen.

Es gibt keine andere Stetigkeit als den banalen hellichten Morgen, also werde ich mit dem blöden Gesicht und den zappeligen Bewegungen eines hervorragenden Studenten welcher Wissenschaft auch immer dastehen. Ich werde mich zusammenreißen, fest dazu entschlossen, meinen Gewinn einzustreichen, den ich vor Zeiten abzuholen vergaß – irgendwann vor dem Krieg, vor der Krise, als die großen Gewinne in Sachwerten, in Reisen, in Wohnungen oder in ich weiß nicht mehr was aufkamen; ich aber hatte davon keine Ahnung, nicht mal die Farbe meines Sparbuches war mir bekannt.

Doch es gab dann kein Staunen, keine bösen Gesichter, nur ein gewisses Mißverständnis hat es gegeben, vielleicht aus Unachtsamkeit; denn die zarte, blonde Beamtin sprach schlecht Rumänisch. Immerhin bemerkte sie schließlich den Fehler. In der Tat, die Adresse stimmte nicht mehr, meine alte Adresse, der Personalausweis war abgelaufen, mußte unbedingt erneuert werden, mit Angabe des aktuellen festen Wohnsitzes und mit den dazugehörigen Stempeln.

Und sie hatte Humor, war anmutig wie der süße, schlaffe Wintermorgen selbst. Sie hatte nichts dagegen, den Tatbestand aufzunehmen, das heißt, in einem Protokoll festzuhalten. Vor der Niederschrift mußten wir den Text natürlich erst einmal mündlich vorsprechen, und zwar beide, einer nach dem anderen, indem wir mit gespitzten Lippen tuschelnd ein Wort neben das andere setzten ... Eine Vorübung, die wir dann schriftlich vollenden, sanktionieren, verbindlich machen sollten, jetzt, in der Gegenwart. *Nur so kamen wir in den Besitz eines Beweises, das heißt, nur so war die Gegenwart zu verlängern, aufzubewahren.* Demzufolge gingen wir daran, alles niederzuschreiben; mit Zittern und Zagen, nach jedem Wort innehaltend, um die genaue Entsprechung zu suchen, die sämtliche Schichten eines bestimmten Morgens erfaßte, die Vorgeschichte der Begebenheit, die handelnde Person, den Tag – oder, wenn Sie so wollen, etwas, das sich in der Folge als Tag, Jahrhundert oder Woche zu erkennen gäbe und immerfort *gegenwärtig, weil eingetragen* wäre: »Wir bestätigen hiermit, daß XY heute, den soundsovielten des, zwecks Abhebung von, unsere Zweigstelle aufsuchend verbindlich erklärte, daß in Wahrheit, also de facto ebenso wie de jure ...«, was heißen konnte: unser mittelmäßiger Morgen, winterlich, mild, es geht vorwärts, und wir nehmen alles mit: Kalender, Zertifikate, Kartogramme, Gefahren, Geschichten, Possen, Zierrat, die kühle, alberne Erwartung des Tages, unsere Strafe, Freude und Verzweiflung, jeder seinen Sack voll.

NACHWORT

Novellen und Erzählungen des rumänischen Autors Norman Manea – hier nun zum erstenmal auf Deutsch als Buch; zusammen ergeben diese Stücke einen geschlossenen Kosmos, eine Art »Bildungsroman«, sie sind ein Ausschnitt aus einem umfangreichen Werk, lassen ahnen, welch ein Reichtum dahintersteht.

Heinrich Böll hat sich begeistert über diese Prosa geäußert; die Kritik in Bukarest und Siebenbürgen verglich ihren Autor mit Joyce, Malcolm Lowry, Robert Musil oder Ernesto Sabato und Vargas Llosa. Weltliterarische Lebenszeichen aus Rumänien also? Nach Eugène Ionesco, Mircea Eliade oder E. M. Cioran, die aus Bukarest nach Paris kamen, waren diese Zeichen rar geworden.

Norman Manea gilt als Erneuerer narrativer Strategien für schmerzliche und sehr komplexe geschichtliche Lebensvorgänge, und für die Analyse von Prozessen einer Gegenwart, die am Kippen ist, eines Prozesses, der uns zur Zeit allen gemacht wird.

Im vorliegenden Band erscheint eine kleine Kostprobe aus dem Werk dieses Autors. Er wurde 1936 geboren, debütierte aber erst 1966; auch diese Verspätung schon, diese Verhinderung einer Generation, der ich selbst angehöre, gehört mit in das Trauma einer Lebensverspätung, von dem diese Generation geprägt ist, deren Sozialisation schwer gestört worden war.

Mit dem »Tauwetter« nach 1965 erst konnte also der erste, schon damals Aufsehen erregende Text Maneas in

Miron Radu Paraschivescus Zeitschrift »Die Geschichte des Wortes« (Povestea vorbii) erscheinen. Wie unter Zwang veröffentlichte dieser Autor dann ein Buch nach dem andern; 1974 gab er auch seinen Beruf als Wasserbauingenieur auf. Fünf Romane hat er seit 1970 geschrieben und zwei Bände kurze Prosa. Eine Auswahl aus »Oktober, acht Uhr« (Octombrie, ora opt) erscheint hier nun in deutscher Sprache. 1979 veröffentlichte er »Die Lehrjahre des dummen August« (Anii de ucenicie a lui August Prostul), ein Textgewebe aus Erzählelementen, Essays, Collagen, die geistige Biographie eines Mannes aus jener verhinderten und gebeutelten Generation, deren Jugend von der Stalinzeit tief geprägt worden ist; das Trauma blieb im verletzten Bewußtsein zurück.

Im Herbst 1986 ist Maneas vielleicht reifstes und wichtigstes Werk erschienen, »Der schwarze Briefumschlag« (Plicul Negru), ein Epochenroman.

Nirgends in Maneas Prosa gibt es nur private Wehwehchen. Der reifste und schönste Text als Beispiel dafür ist die Novelle »Wendepunkt«: Ein Fünfzigjähriger, ein Double von Thomas Manns Gustav Aschenbach, besucht das Schwarze Meer. In der Jugend war es Metapher für Freude, Ferien, Freiheit und Ferne, Hoffnung, auch Liebe. Nun ist alles alt, hoffnungslos. Für jenen, der keine Zeit mehr hat, gibt es jenes Versteck vor dem Tod nicht mehr, das Meer wird zum Symbol für Schicksal als akkumulierte Zeit, Naturgewalt, Entropie.

Früher, als dieser Mann noch »Zeit hatte«, war das Meer offen, sehnsüchtig, frei, jetzt steht es für den Tod; paranoisches Näherrücken enger dunkler Wände der Hoffnungslosigkeit. Doch es wird deutlich, daß dieser – sich hier selbst erfindende, sich selbst erzählende – Alternde, eben nicht nur sein jugendliches Fernweh und die Liebesfähigkeit verloren hat, sondern vor allem seine utopischen Kräfte verbraucht sind. Und ist das nicht auch unsere Erfahrung im senilen Umfeld dieser Zeit, daß sogar Kinder und Jugendliche das »Späte« empfinden, sich wie Alternde fühlen, hoffnungslos sind. Wir sagen 'postmodern', 'Nachachtundsechzig', 'Restauration'; im Osten kann man es vielleicht 'postrevolutionär' nennen. Jedenfalls ist jener Mann am Meer, der sich selbst Erzählende in einer Art »Wort-Verhörzelle«, in der Textur der Novelle selbst, wird dort in einen Gewissensprozeß verwickelt und zu einem kollektiven Zeugen gemacht, er soll nämlich darüber berichten, »wie und warum sich im Verbrennungsprozeß aller seither verstrichenen Jahre die Schwächen und Sehnsüchte dermaßen verfärbt und verfinstert haben und alle guten Vorsätze nur Lügen gestraft werden.«

Zeitgeist auch im realen Balkansozialismus also: Dieser deprimierende Geist hat das 'Gespenst des Kommunismus' ersetzt. Das alte Chaos levantinischer Traditionen kommt wieder hoch, vermischt sich mit der Armut einer Mangelgesellschaft und den Symptomen einer Oligarchie. Das Resultat – furchtbare Aussichtslosigkeit. Dies wäre von außen und etwas simpel gesagt der Hintergrund der komplexen seelischen und sozialen Verwicklungen im Gros dieser Prosa: Vernichtung der Zukunft. Doch in der Wort-Verhörzelle Norman Maneas geschieht viel mehr, denn da sitzt jene wache und sehr sensible Seele drin, die nie ins Fragen gekommen wäre, hätte sie sich »nicht ein winziges Körnchen von jenem lächerlichen Geheimnis bewahrt ... die Hoffnung.«

»... die überlebenden Erzähler würfeln.//Inzwischen ist der Tod vorgedrungen bis zu uns/aber wir sind weniger gewarnt ...« Verse von Nicolas Born. Wir sehen, Norman

Manea ist leider kein levantinischer Exot. Auch zu Günter Kunerts literarischer Todeskunde gibt es Parallelen. Zu Alexander Kluge. Oder zu Thomas Bernhard. Das Thema ist nur zu gut bekannt: das Abgetötetwerden, das Absterben, die seelische Vernichtung. Doch unter dem Erfahrungsdruck der Diktatur ist es unmöglich, in rein private »Freiheit« zu entkommen. Das Privateste wird sozial. Als wären ihre Vertreter miese und gescheiterte Künstler, parodiert, nein kehrt Manea ihre Methoden um: verwendet Phrase, Verhör, Wirklichkeitsherstellung in eigner Regie und in *seiner* Textur. Das Buch als Lebensrettung, wo Realität gewaschen, wieder sinnvoll aufbewahrt, jenen »Künstlern« entrissen wird.

In einem Interview antwortete dieser Autor auf die Frage, weshalb er denn solch eine komplizierte Prosa schreibe, so: »Es ist etwas geschehen im Leben dieses Planeten, zwangsläufig also auch in seiner Kunst!« Und: »Alle Wahrheiten, die wir verwenden, sind Gemeinplätze.« Komposition müsse nun das leisten, was bisher erzählbar gewesen war. Die Überschreitung der Entpersönlichung heute sei erst im Überschreiten des Erzählvorganges und damit des Realen möglich, dann nämlich, wenn sich der Mensch »gleichzeitig von innen und außen sehen kann«.

Dieses eine Zeitlang von Illusionen und Ideologie mühsam zusammengehaltene Reale fällt nun auch im Osten auseinander. Mit dem offiziellen Gewissen von oben ist es aus. Eine viel hautnähere und gefährlichere Nachholübung als im Westen steht in der Literatur dort an.

In der Novelle »Wendepunkt« gibt es ein schönes parodistisches Symbol für jenen neuen Zustand: Die Schwiegermutter, eine alte Genossin und Widerstandskämpferin, die Schwiegermutter des Erzählers hat Selbstmord begangen. Sie war so mörderisch prinzipientreu, daß sie, um eine Sitzung nicht zu versäumen, einen schreienden Säugling in einen Kühlschrank 'abgelegt' hatte. Diese Frau ist als Schatten von Anfang an da. Zitiert wird sie vor allem in einem Bar-Gespräch auf der Calea Rahovei in Bukarest. In dieser Bar beginnt auch das schwebende Verfahren, Verhör und Befragung des Erzählers.

Das Verhör ist bei Manea ein Dauerthema. Am eindrucksvollsten in seinem dritten Roman »Das Buch des Sohnes«. Hier wird der Hauptheldin, einer Künstlerin, von einem anderen 'Künstler', einem raffinierten Verhörexperten, sozusagen Konkurrenz gemacht, sie muß immer wieder die Wohnung malen, wo sie sich mit ihren Genossen konspirativ getroffen hat. Der erste Teil des Romans handelt zur Zeit des Faschismus: Die Malerin erscheint ihren Mithäftlingen gegenüber als Verräterin; sie gibt aber aus ethischen Gründen im Gefängnis das Malen auf. In jener Zeit gehörte Größe dazu, der Folter, den Versuchungen zur Kollaboration zu entgehen. Die Malerin hat keine Kinder; für ihren virtuellen Sohn aber, mit dem Manea die Nachkriegsmöglichkeiten im Konjunktiv durchspielt, ist diese Probe im »Frieden« fast noch schwieriger, er muß sich gegen viel zermürbendere Feinde wehren, gegen den zähen Alltag nämlich, gegen die Routine, die Zwänge des Banalen, die jede Moral langsam aber sicher zerbrechen.

Es ist jenes diffuse Magma, jenes »Epische«, jene versteinernde Gorgo, die Manea in allen seinen Texten bekämpft. Denn im Alltag zähle eben jenes »Epische«, das Erzählbare, nicht das »Unsichtbare«, heißt es zum Beispiel in der Erzählung »Wendepunkt«; das »Epische« aber stelle ja das Material der »Rubriken für die Personalakte«, fürs Spinnennetz tausendfacher Überwachung also.

Es ist ein ambivalentes Spiel; manchmal trauert dieser Erzähler, so scheint es, doch diesem »Epischen« nach, jener Zeit, als noch mit einem gläubigen Blick aus der Zukunftshoffnung sich die Konturen der Realität fast klassisch abbilden ließen, alles klar war. Auch dem allwissenden Erzähler. Bei Manea aber erscheint dieser wie ein Unbekannter, Fremder, der in die Realität reinplatzt. In der Erzählung »Roboterbiographie« ist es ein Überlebender des Krieges, der so spät hier ankommt; »hier« ist eine Bukarester Sparkassen-Filiale, und der Erzähler will sein »Guthaben« abheben, das ihm seit dem Kriege zusteht. Anstatt des »Guthabens« allerdings muß er so manches einstecken, womit er gar nicht gerechnet hatte. Er ist erschrocken, als er erkennt, was mit dieser Stadt und ihren Menschen seit Kriegsende geschehen ist. Und er beginnt zu fragen, erkennt dann freilich, daß eine Antwort nur auf Strukturebene, nicht etwa nur so hinerzählt und hinerklärt, also simpel und mit »gesundem Menschenverstand« möglich ist. »Alles« müßte nämlich in dieser Weltsekunde des Jetzt zusammengeführt, es dürfte nichts ausgelassen werden, weder die Witze, die eben erzählt, noch der Korruptionsskandal von gegenüber oder die Käuferschlange von nebenan oder der Stau der Straßenbahnen, da der Strom ausgefallen ist. Energiekrise ...

Der eben aus dem Jahre 1945 Angekommene hat kein Sparbuch mehr, statt dessen gibt es »Protokoll« und »Niederschrift«; auf der anderen Seite, der Buchseite erst steht der »Gewinn«. »Nur so konnten wir einen Nachweis haben, aufheben den gegenwärtigen Augenblick, ihn verlängern.«

Norman Manea ist Wasserbauingenieur, er ist es gewohnt, mit dem Reißbrett umzugehen. Die schmerzliche

Lage der Personen, denen der »Gewinn« abhanden gekommen ist, versucht der Erzähler in »Wendepunkt« graphisch aufzuzeichnen. Lebenskurven von Leuten, die er kennt, sich selbst bezieht er in diese Reißbrettarbeit natürlich mit ein. Abnahme der Sinne, der Lebenslust. Erschöpfung. Anstatt Frauen, Süchte, Initiativen, Laster, nichts als das Bedürfnis zu schlafen! »Jede Kurve hat den gleichen Wendepunkt, wo Gesang in Gejammer umschlägt.« Und da ändert sich zugleich auch die Richtung der Lebenskurve. Dieser Bruch und Wendepunkt, diese Peripetie ist das Zentrum von Maneas Prosa, die ja oft zugleich eine Groteske ist und eine Parodie auf jeden Versuch, dem Menschenleben ideologisch und mit Plänen und Graphiken 'wissenschaftlich' oder politisch beikommen zu wollen! Dies kann nur Ekel und tiefe Abwehr auslösen. Die Modellerzählung dafür ist »Roboterbiographie«. Die wirkliche Reißbrettarbeit ist die komplizierte Zeichnung einer unsichtbaren Grammatik und sieht anders aus als eine simple Graphik; sie wird diktiert von der schmerzhaften Chaotik der Lebensvorgänge selbst. Diese Zeichnung entsteht wie von selbst, ähnlich wie ein Muster von Eisenfeilspänen, das sich selbst schreibt, wenn man einen Magneten unter die Glasplatte hält, auf der sich diese wirre Unordnung der Partikel befindet. Nur sind die Lebens- und Seelenpartikel eben anders und vorbereitend schon in sich aufgeladen, haben eine Geschichte, sind immer in einem Muster angeordnet, freilich einem unbewußten. Der Magnet aber ist das Zentrum der Person, der sozusagen anderen fremden, sozialen Magneten, die automatisch das Muster herstellen, entgegenwirkt, sich durchkämpfen muß, zuerst eher ein Chaos herstellt, so daß ein Leidensdruck entsteht, ein Vakuum, eine Krise, die dann zu einer Wende führt. Dies sei ja auch der Unterschied zur Wissenschaft, sagte Manea in einem Gespräch, die Kunst gehe aus »von affektiven Schocks, deren Bodensatz lange gärt, dann plötzlich sehr heftig ausbricht«. Jenes Zentrum führt dazu. Bei Manea ist es die dauernde Harmonie-Erwartung, trotz schlimmster Erfahrungen, die unausrottbare Gewißheit, das Vertrauen auf eine Kraft, die in einer Logik des Gleichgewichts Unglück austariert, Opfer und Seelenarbeit zu einem guten Wachstumsresultat führt, genau entsprechend dem moralischen Arbeitsaufwand. Die Personen sind zwar gefangen in einem sozialontologischen Inferno der Dissonanzen, doch im Text geborgen, der ja schließlich zum Muster eines sinnvoll geordneten Ganzen führt. So imitiert der Erzähler sozusagen im Ästhetischen jene transzendentale Gleichgewichtskraft des tiefsten Grundes. Die heimische Kritik hat diesen verborgenen Antrieb in Maneas Prosa erkannt, daß etwa »der Zustand eines ins Vakuum Fallende, einer unerträglichen Depression« (Valeriu Cristea) paradoxerweise erst Hoffnung und dann jenen Umbruch möglich macht. Und der wird »vorbereitet durch Vorahnung und verworrenes Warten«, sagt Norman Manea selbst. Hiobs-Mentalität? Man muß nur lange genug ausharren, dann tauchen die Konturen des Lebensplanes auf, Sinn wird sichtbar, vor allem freilich im Schock eines Unglücks! Zweifel und Verzweiflung erscheinen nach sehr altem Rezept als Grad unbewußter Auflehnung, die die Wende anzeigt. In der Hölle erst ist irdische Identität möglich. Erst dort fängt es an zu singen.

Dramatische Bruchmomente sind für diese Prosa typisch, es geschehen Einbrüche jenseits der Masken sozialer oder nationaler Identität, geraten mit diesen in Konflikt, Einbrüche aus dem Kern der Person, die sich gegen die falschen Gewißheiten wehren, dieser Kern, diese

»Identität ohne Identität« bleibt sich immer gleich. Sie bedarf des Empirischen nicht, jedoch einer extremen Lage, um sichtbar zu werden, sich zu äußern.

In den Novellen und Erzählungen erscheint auch immer dieses gleiche Ich. Ein Ich nicht im Sinne des Ego, eher im Sinne des augustinischen »ego animus«, das eng an Konfession, Bekehrung, Umkehr, an die »conversio« gebunden ist im blitzartigen Verstehen. Wenn wir die Art der Kindheitserinnerungen dieses durchgehenden Helden aller Texte Maneas lesend miterlebt haben – es ist immer sein Alter ego –, verstehen wir, woher diese Vorliebe für emotionale Schock-Situationen kommt: Es ist seine traumatische Erfahrung; denn Norman Manea ist ein Überlebender, ein Gezeichneter, er kann nirgends mehr heimisch werden. Als kleines Kind kam er in ein Todeslager, seither gibt es für ihn dieses Gefühl, tot zu sein; die Wahrnehmungen sind zerbrochen, es ist schwierig, mit ihnen weiterzuleben, sie sind unbrauchbar geworden für die normale Abfolge von Zeit. Wenn er schreibt, vereist sein Blick die Dinge, staut die Zeit, mit ihm sieht er alles, was geschieht, wie hinter Glas, Menschen wie Schemen und Tote auf Urlaub. Dieses Auge sieht Ost *und* West heute als Relikte, museale Objekte, die so tun, als lebten sie noch – ein indezentes und bewußtloses Dahindämmern von Zombies.

Wenn wir nach Parallelen dieses Lebensgefühls suchen, fällt uns natürlich Kafka ein, aber auch Bruno Schulz, dann Semprún; aber vor allem 'Spätgeschädigte' wie Jean Amery oder Paul Celan (der übrigens aus der gleichen Gegend stammt wie Manea). Es ist die immer wieder aufgerissene Wunde, eine permanente Selbstzerstörung des sozialen Ichs durch die Psychologie einer höllischen Wahrheit, mit der man nicht 'normal' leben kann, wenn überhaupt. Aber gleichzeitig ist es ein möglicher Ort der RÜCKKEHR: Das »große Exil eines fast initiatischen Perpetuum mobile der Verstoßung . . . aus dem Universum der Bedeutung. . .« aufzuheben, wie Manea in einem Brief schrieb.

Am Anfang steht das Rare einer nicht abreißenden tödlichen Authentizität. Ganz nahe treten uns ihre Alpträume; ein Kinderblick nimmt die Schrecken der Konzentrationslager-Welt, des nackten schonungslosen Modells auch unserer Gegenwart, gleichwertend und naiv auf. Jenes Kind, das er einmal war und das überlebte, während er starb, sieht alles in der Sonne dieser Welt, nimmt es ins eigene Kinderspiel wie eine Traumgrenze, die überschreitbar ist, als wäre alles wieder gutzumachen, auch der Tod. In einer Erzählung spielen Kinder »Tod«, erstarren auf ein gegebenes Signal und »sterben«, vom Wachturm aus von Scharfschützen beobachtet.

Wirklichkeit erscheint Manea weiter – und ohne jede Einschränkung – als das, was sie ist: als eine Höllenmaschine. Keuchen prägt seinen Stil, Atemlosigkeit, und manchmal versteinern die Worte mitten im Satz.

Gleichnisse und Parabeln entstehen ganz »natürlich« unter dem Druck der Zensur, um Botschaft in Form von Konterbande ungesehen an den Leser weiterzugeben. Fast nahtlos der Übergang vom Kriegsterror zum totalitären Nachkriegsterror! Doch diese heutige Welt braucht kompliziertere Mittel zu ihrer Darstellung als jene alte, überschaubare; obwohl diese extremen Lagen, die Manea schildert, unser gewohntes Bewußtsein, aber auch Literatur überschreiten, werden sie merkwürdigerweise fast 'traditionell' erzählt, jedenfalls auf den ersten Blick. Beim zweiten Blick aber zeigt sich, daß diese unerwartet eingesetzte Naivität des Kindes eben diese 'Einfachheit' möglich macht, die Sicht allerdings sehr schärft und kompliziert. Sieht man noch genauer hin, wird deutlich, daß dem Autor hier das Kunststück gelingt, fast unbemerkt die meisten modernen Techniken einzusetzen, Rückblenden, inneren Monolog, Zeitverschiebungen, cinéastischen 'Schwenk', Schnitte, Großaufnahmen, Wechsel des Rhythmus. Sogar das 'Fließen' des Bewußtseinsstromes von einer Person zur anderen oder zum Erzähler, ein gleitender Wechsel, der Nähe und Ferne mischt, Erzählzeit und erzählte Zeit in Spannung bringt, Klammer für weit auseinanderliegende Räume, gelingt in »Prousts Tee«, im »Tod« und im »Pullover«; und wenn das Kind den toten Großvater als eine Art guten Geist in seinen Fluß der Erinnerung aufnimmt, wird auch die Grenze zwischen Lebenden und Toten gesprengt. Ebenso im »Pullover«, wo ähnlich wie in den Mythen, Märchen oder Legenden der Tausch dieses Kleidungsstükkes, der einem Mädchen, einer Typhustoten gehört hat, nun von einem Jungen übernommen, diesem fast den Tod bringt; es entspricht genau dieser Lebenslage, in der die Überlebenden Zeugen an der Grenze unserer Vorstellung sind, jenseits jedes Menschenmaßes leben, in einer Alptraumsphäre, die nur in solchen 'bewußtseinserweiterten' Formen noch transportiert werden kann, die zwar 'einfach' sind, aber jede 'normale' Vorstellung überschreiten. Und das Grauen der Geschichte wirkt hier nun wie das Zeichen von etwas anderem, Unfaßbarem.

Norman Manea ist kein Autor des Holocaust. Der Holocaust ist aber sein Ausgangspunkt, permanenter Verweis, höllisches Existenzgefühl, das seinen Stil prägt.

Das Leben im Lager war ein Inferno, in dem Heldentum und Verbrechen immer möglich waren. Nie werden die Opfer heroisiert, im Gegenteil, die Umstände machen sie oft so böse wie den Henker. Nach der Befreiung wird alles komplizierter, die Gefahr von Anpassung und Kollaboration, von Zweideutigkeit wächst. Doch hier wirkt nun wieder stärker jene innere Instanz, die störend in den Anpassungsvorgang eingreift. Weniger in den »Hochzeitsfesten«, in dieser Erzählung ist die Hauptfigur noch ein Kind, das mißbraucht und gequält wird, noch nicht selbst verantwortlich sein Leben gestaltet. Es wird zum Instrument der sozialen Maskerade. Kaum der Hölle entkommen, soll es nun aus dem erlittenen Leid eine Nummer machen, Sensation und ideologisches Programm für Feiern und Amüsement bei Hochzeiten, die damals aus Lebenshunger und aus Nachholbedürfnis massenhaft stattfanden.

In den »Hochzeitsfesten« lehnt sich jenes transzendentale Ich und Wahrheitszentrum nur passiv auf, erscheint im direkten Gedächtnis: Erinnerungen an Krankheit, Tod und Grauen im Lager als Kontrast zum papageienhaften 'Aufsagen' des Erlebten, wo Leid zur Phrase gerinnt.

In der Novelle »Lehrgeld« wird diese Technik radikaler eingesetzt. Hier steht Maneas Alter ego und Hauptheld, seelisch gespalten, zwischen Marx und Moses; der Schauplatz – ein Jugendlager mit Phrasen, Fahnen, Lagerfeuer wird der Hintergrund für eine ganz neue Art Pubertätsgeschichte. Der Held tritt sich in einem gestellten Propagandafilm über das Lager selbst gegenüber. Dies löst die Umkehr aus im höllischen Gewissenskonflikt; der für Maneas Prosa typische Mechanismus wird in Bewegung gesetzt: Das Ich erkennt die Unwahrhaftigkeit der Umgebung, die Schändlichkeit der eigenen Rolle in diesem Spiel. Ein Sog erfaßt es. Schon im Lager quält diesen Jungen die Zweideutigkeit, als er zur Briefzensur seiner Mitpioniere abkommandiert wird. Körperliche Übelkeit überkommt ihn, er wird krank. Angst vor der »Kinderlähmung« grassiert im Lager, Symbol für 'Linksinfektion'. Seine Geheimnisse bleiben unaussprechbar: der Wald, die Vögel, aber auch die eigenen Schmerzen und Gewissensbisse. Der Innenraum des Erzählers kann weder erzählt, noch gar auf der Leinwand oder dem Bildschirm sichtbar gemacht werden. Jener nicht verbalisierbare »innere Besitz« ist grenzenlos und streng persönlich, er ist gegen die Menge, die Märkte, die Stadien, Aulen, Kirchen gerichtet; Prestige, Karriere, Folgsamkeit jeder Art sind nur Lüge.

Doch die Ambivalenz bleibt, die aristokratischen, sich abschirmenden Züge des Erzählers, der nur jenes Zentrum, wo das eigene Selbst der Richter ist, gelten läßt, zeigen sich schon hier im Jugendlichen. Und erst im Nicht-Sagbaren äußert sich, was wirklich wahr ist, das »Unmögliche und die Liebe«, »das Wunder, herausgerissen zu werden für einen Augenblick aus der despotischen Kralle des Familiären, dem Hammer eines Pendels der Volks-Uhr« zu entgehen und dem 'normalen Alltag', der nichts ist als ein Vorurteil und Klischee. Dieses Mißtrauen Maneas ist so groß, daß es eigentlich alles umfaßt, sogar die Logik und ihren Syllogismus.

Am eindrucksvollsten wird dieser höllische Alltag in der »Roboterbiographie« und in der Erzählung »Trennwand« vorgeführt. Mit der 'Trennwand' ist auch diese sich wehrende innere Trennwand des Erzähler-Ichs gemeint, das sich gegen die zudringliche Neugierde der Nachbarn, gegen die peinliche Indiskretion eines Hauswarts in einem Häuserblock abschottet. Der Hauswart sitzt am Eingang wie in einer Abhörzentrale, »er wacht unermüdlich, fragt, registriert, memoriert, merkt an«.

Der Ich-Erzähler aber verweigert sich, entzieht sich in seine wohlgehütete Intimität, schirmt sich gegen die

Aggression der Außenwelt und ihre infernalen Spektakel einer großen osteuropäischen Metropole ab, vor allem aber gegen die schmierige Konspiration zwischen Hauswart und Bewohnern. Freilich, der Zudringliche, Joviale bleibt diesem reservierten Intellektuellen gegenüber ohnmächtig. Der ist eher dem wahnsinnigen Ansturm des stinkenden, knatternden, hupenden Stadtinferno ausgesetzt, im Osten dringt es durch alle Poren, kommt ganz nahe, ist unerträglicher, chaotischer, schmerzlicher und – elender als anderswo. Das Elend verkörpert sich vor allem in den langen Warteschlangen vor den Läden.

In »Trennwand« und »Roboterbiographie« entwickelt Manea sein stilistisches 'Keuchen' zur besonderen Kunst, seine elliptischen Sätze wirken so, als ziehe sich hier eine verletzte Seele auch sprachlich zurück, als sei es eine Satz- und Atemkontraktion, angesichts des Überfalls der Außenwelt, wie schon der Bukarester Kritiker OV. S. Crohmălniceanu festgestellt hat. Stadtbild als Sprachbild sozusagen: Fetzen von Dialogen, Monologen, Geschwätz, Geräusche, Höllenlärm, Gerüche, Sprachfilm einer grauenhaften Nähe, Partikelgestöber von Menschen, Bad im Chaos, daß einem Hören und Sehen vergeht. Doch diese Abbreviaturen, Sätze ohne Verben, so daß keine Melodie, kein Sprachton aufkommen kann in diesem Beobachtungstelegramm und Psychogramm, spiegeln auch Maneas Grundthema, die Entpersönlichung. Der Mensch ist eine anonyme Nummer geworden im »Fleischwolf« dieser Stadt, einer stinkenden Riesenmaschine. Die Aura freilich existiert hier noch, aber es ist eine Aura der Armut. Und im Medium der Sprache kommt uns der gequälte Bewohner nah, die Menschen; Manea, der Stilvirtuose, setzt uns mit ungeheurer Realistik ins Bild, setzt seine Sprachschleuder in Gang. Und wir nehmen Teil an einer spannungsreichen Begegnung mit einer geschlossenen, unentrinnbaren und gefängnisartigen Larvenexistenz in diesem Stadtgehäuse.

Maneas Dickicht der Oststadt erinnert in manchen Teilen an Saul Bellows Bukarest-Roman »The Dean's December«, wo ein fünfzigjähriger Dekan aus Chicago zum Begräbnis seiner Schwiegermutter nach Bukarest kommt. Alles ist für ihn wie auf einem fremden Planeten. Schrecken, Erstaunen, Mitleid seine Reaktion.

Norman Manea jedoch sieht alles von innen, sieht als Mitbetroffener seine Landsleute mit weniger Sympathie und Mitleid. Das Leben in jener östlichen Stadthölle muß jedem den letzten Nerv rauben.

Die bedrückende Enge des Alltags erscheint auch im Spiegel des Stils. Das Erzählbare nämlich, ein möglicher Lebenslauf, wird in einem Magma des Banalen erstickt, das überschaubar Epische verschlungen, resorbiert, so daß syntaktische Stockungen eintreten, der Sprachfluß sich verknotet und zu Wortblöcken staut, oder auch zu einer Verflüchtigung, einem sprachlich-rhythmischen Auf-der-Stelle-Treten führt. Der Autor selbst beschrieb diese Eigenart seines Stils so: »Die Handlung versinkt in einer zähen, dunklen und aalglatten Alltagsmaterie, aus der nur mit großen Schwierigkeiten die Pulsschläge des darin begrabenen Lebendigen, Schmerz und Hoffnung durchdringen können.« Das Individuum aber wird in dieser »Alltagsmaterie« fertiggemacht, sein Wille, seine Initiative, seine Moral gebrochen, der Tod, der Schlaf sind letzte Orte der Flucht in diesem wabernden und erstickenden Kollektivwesen Stadt. Auch 'Trennwände', fast die einzige Rettung, werden im Spiegel der Sprache von Maneas Prosa aufgelöst, die Übergänge in den Redesträngen von einer Person zur anderen sind oft fließend, die Personen kleben verbal sogar im gleichen Satz aneinander. Und doch gibt es bei den meisten Leuten in diesen Texten noch einen unzerstörbaren Glauben an die Möglichkeit, man könne sich in diesem unheimlichen Gewusel noch irgendwie »arrangieren« – und zwar mit Hilfe einer gewitzten Anpassungstechnik. Und wahrscheinlich ist dies real die einzige Möglichkeit zu überleben. Eine Metapher für diesen Glauben an den engsten und ordinärsten Zufallsort, dem man, falls man etwas 'nachhilft', mit Geduld und Ausdauer bessere Chancen abgewinnt, ist in einer der Erzählungen die Glückslotterie.

Die Instanz der Hoffnung ist der Erzähler, er leistet auf imaginärer Ebene Widerstand. Das Imaginäre aber ist die Spiegelung jenes inneren Zentrums, das unverlierbar bleibt, berührbar nur noch schreibend, lesend, als Präsenz in der erweckten Erinnerung. »Indem die Kunst dem Lärm der Natur eine Tonleiter entgegenstellt«, zitiert Manea in einem Essay Malraux, »widersetzt sie sich mit ihrer kreativen Arbeit der Schöpfung selbst.«

Der Versuch, auch hier jenem »Lärm« schöpferische Ordnung entgegenzustellen, ihn sogar im Buch aufzuheben, macht das Buch zum Gebetsschemel und Mikroskop in einem: wider das Infernale, Reale. Manea beobachtet es wie in einem Laborexperiment im Sprachraum: distanziert, genau, aber eben mit dem Mikroskop seiner Erzählstrukturen, Linsen diverser Zeit- und Stilebenen. Etwa in »Roboterbiographie«, diesem kompliziert verschränkten parodistischen Prosaexperiment, das im Konkav- oder Konvexspiegel einige Arten des rationalen Aberwitzes zeigt, Unvorhergesehenes, Hasard und Chaos, den rätselhaften Moment Zufall mit 'wissenschaftlichen' Kopfgeburten, gar mit doktrinärer Politik und Kontrolle in den Griff bekommen zu wollen.

Maneas großes Textgewebe hat drei Ebenen: Die kursiv gesetzte Ebene der Forschung eines Instituts für Futurologie, das 'Lebensmaterial' auswertet, um zu erkennen, »wer wir sind«, denn die Horrormaschine der Gesellschaft erzeugt wie in einem statistischen Modell nur Nummern und Masken, Passanten, Genossen, Bewohner, Käufer, Passagiere usw., die alle im Banalen versinken. Diese Larvenmenschen haben in »Roboterbiographie« ihren Platz auf der zweiten Ebene: wo der »Dämon der Mediokrität« agiert; die tratschenden Angestellten in einer Sparkassenfiliale, wo Geld und Glück verwaltet werden und wo am Schluß der schon erwähnte Unbekannte auftaucht, um seinen »Gewinn« abzuheben.

Der Erzähler distanziert sich auch hier, zieht sich angeekelt zurück. Wie schnatternde Gänse umgeben die Damen den Inhaber der dritten Ebene, Victor Scarlat, den Kontrolleur und Inspektor, Spezi eines jüngeren Chefs aus der Leitung der Sparkasse.

Das Institut für Futurologie wird auch nur ironisch eingesetzt: Zukunftsforschung als Planung und Ablenkungsmanöver, hohle Versprechungen als »Wissenschaft«. Als Kontrastebene dazu die wirklichen Lebensläufe mit fast tödlichem Ausgang, wo Absurdität und Leid im Mittelpunkt stehen, das unnötige Leid, Wahnsinn und Erniedrigung. Die wahre Geschichte aber machen diese »Geschichten«, nicht die abstrakten, zurechtgemachten jener, die mit der Lebenslüge hausieren gehen, es ließe sich Leid ausmerzen, Tod aufheben, die wahren Lebensgeschichten ließen sich zurechtbiegen, 'verbessern': im todsicheren Glück der großen Zahl. Scarlat ist der Spießer als Schreibtischtäter, er widmet sein Leben der »Ordnung« wider »Unordnung« und »Chaos«, wirkt gegen Hasard und alles Unvorhergesehene. Darin trifft er sich mit den offiziellen

Ängsten vor der unkontrollierten Lebensvielfalt, dem Zufall, dem Schicksal, der Individualität, dem offenen Augenblick, der in der restriktiven Weltsicht jener, die alles für planbar und machbar halten, nicht vorkommt. Scarlats Traum ist es, dieses Chaos des Alltags, auch das Geschwätz der Frauen in der Filiale etwa, zu unterbinden, »Filter« einzusetzen gegen das Banale: Als wäre er darin ein negatives Alter ego des Erzählers.

Dieter Schlesak

Charles Baudelaire: Die Blumen des Bösen
Mit Zeichnungen von Horst Janssen

»Die Blumen des Bösen« von Charles Baudelaire (1821–1867) sind die berühmteste Gedichtsammlung der literarischen Moderne, ihr Grundstein und Ausgangspunkt, vielzitiert und oft übersetzt, bis heute ein unausgeschöpftes Reservoir an Herausforderndem und Vorbildlichem, ein Meilenstein, der Beginn einer anderen Zeitrechnung in der Lyrik. Baudelaire reagiert mit seinen 1857 erstmals in Buchform erschienenen Gedichten auf etwas, was Heine ein Jahr zuvor das »Ende der Kunstperiode« genannt hatte: Das demokratische Zeitalter hatte begonnen, die Literatur war ihrer privilegierten Stellung beraubt, sie war ein Einfluß unter anderen auf das Bewußtsein der Zeitgenossen geworden, sie mußte den Kampf um ihre Wirkung aufnehmen, um ihre Wirkung als Literatur.

Das erste Gedicht »An den Leser« führt vor Augen, daß Baudelaire einen von Sensationen und Reizen abgestumpften Konsumenten vor sich sah, ein Wesen, dem er sich selbst durchaus ähnlich wußte:
»Es würde gern die ganze Welt in Trümmern sehn
Und schlänge sie mit einem Gähnen gern hinein ...
Scheinheiliger Leser du – mein Bruder – meinesgleichen!«
Trotz großer Vorläufer unter den Übersetzern, zu denen unter anderen auch Benjamin gehört, hat Wilhelm Richard Berger 60 Gedichte aus den »Blumen des Bösen« neu übersetzt: in einer Vers-Übertragung: »Man mag freilich fragen, ob im Falle der »Fleurs du Mal« eine Vers-Übertragung mit all ihren durch Reimnot, Silbenzwang und prosodische Rücksichten bedingten Unzulänglichkeiten überhaupt noch nötig oder gar wünschenswert sei, da doch seit Jahren mit Friedhelm Kemps Prosa-Transposition eine mustergültige deutsche Fassung vorliegt ... Trotzdem kann die Prosa-Transkription eines metrisch gebundenen Textes nicht der übersetzerischen Weisheit letzter Schluß sein.« (Berger)

Der Übersetzer hat das Schwierigste gewagt, und der Versuch ist überraschend geglückt: Die freiest mögliche Bindung an das Original im Deutschen ist gelungen, eine überzeugende Annäherung an das Ideal jedes Übersetzers: Harmonie zwischen poetischer Schönheit und genauem Wortlaut.

Horst Janssen hat das Buch mit farbigen Zeichnungen ausgestattet.

196 Seiten, Ganzleinenband mit Schutzumschlag 20 x 12 cm, Scheufelen-Papier, zweifarbiger Werkdruck, farbige Zeichnungen von Horst Janssen, ISBN 3-88243-056-7, DM 25,00

Steidl Verlag · Düstere Straße 4 · 3400 Göttingen